视频讲解版

Excel VBA 跟卢子一起学
早做完，不加班

实战进阶版

陈锡卢 李应钦 ◎著

·北京·

进入 VBA 的实战进阶 >>>

本书首章通过学习 Range 对象数据的获取、拆解等操作，对常用的属性、方法进行语法讲解并举例。修改或提取单元格内文本字符（内容、字体颜色、加粗等）、批注的创建和运用、单元格内容的分列、替换单元格内容格式，高级筛选、排序、筛选、数据有效性、条件格式等属性及方法也都将在本章中讲解。

本书使用了 4 章的篇幅来说明 Excel 自动化的主要操作是由运用不同对象内置的事件过程来达到的，并分别对工作表、工作簿及 Application 三大对象的常用事件过程做了讲解。在讲解这三大对象事件时，伴随着运用对不同属性及方法进行语法讲解并举例，讲解 Application 对象时简要说明了【类】及其运用(十字星标识、创建目录模板等)。

第 5 章先讲解 Excel 运用中对图片（形状）的操作，例如，插入图片、调整图片位置或者将图片作为标准的背景；接着介绍表单控件，其中重点讲解常用 ActiveX 控件以及 UserForm 窗体的简单运用及举例。

目录

第1章
Range 对象的进阶语法

- 1.1 获取/修改单元格内指定位置字符：Range.Characters ······ 2
  - 1.1.1 给指定字符串设置上标或下标 ······ 2
  - 1.1.2 提取单元格中指定颜色的字体 ······ 5
- 1.2 创建批注和获取批注信息：Range.Comment ······ 7
  - 1.2.1 创建批注：Range.AddComment ··· 7
  - 1.2.2 获取批注中的相关信息 ······ 8
  - 1.2.3 删除批注后新建批注：Comment.Delete ······ 10
  - 1.2.4 修改或增加批注内容：Comment.Text 方法 ······ 12
- 1.3 查找替换单元格内容：Range.Find 和 Range.Replace 方法 ······ 16
  - 1.3.1 查找单元格中的指定字符：Range.Find 方法 ······ 17
  - 1.3.2 单元格内容的替换：Range.Replace 方法 ······ 27
- 1.4 文本分列：Range.TextToColumns ······ 31
  - 1.4.1 使用内置分隔符分列 ······ 33
  - 1.4.2 使用其他指定字符分列 ······ 35
- 1.5 Range 对象的筛选方法 ······ 39
  - 1.5.1 单元格的高级筛选：Range.AdvancedFilter 方法 ······ 40
  - 1.5.2 单元格的自动筛选功能：Range.AutoFilter 方法 ······ 42
- 1.6 数据排序：Range.Sort ······ 51
  - 1.6.1 Range.Sort 排序运用 ······ 51
  - 1.6.2 新建/删除自定义序列 ······ 55
  - 1.6.3 使用 Sort 对象排序 ······ 57
  - 1.6.4 Range.Sort 方法和 Sort 对象的排序差异 ······ 60
- 1.7 自定义名称：Names 和 Name 对象 ······ 61
  - 1.7.1 创建自定义名称：Names.Add 方法 ······ 62
  - 1.7.2 显示/隐藏自定义名称：Name.Visible 属性 ······ 64
  - 1.7.3 删除自定义名称对象：Name.Delete ······ 65
- 1.8 数据有效性：Validation ······ 66

1.8.1 创建数据有效性：
Validation.Add 方法 …… 67
1.8.2 无效数据的提示和清除 …… 72

1.9 条件格式和样式：FormatConditions 和 Styles …… 75
1.9.1 创建条件格式 …… 75
1.9.2 删除条件格式 …… 79
1.9.3 删除自定义样式：Styles …… 80

1.10 小结 …… 82

第 2 章 Excel 自动化的那档事——Worksheet 对象

2.1 什么是事件 …… 84
2.2 如何识别事件过程 …… 85
2.3 预设事件有哪些 …… 87
2.3.1 Worksheet 对象的主要预设事件 …… 87
2.3.2 Workbook 对象的主要预设事件 …… 88

2.4 Worksheet 对象的常用事件及相关方法/属性 …… 89
2.5 选中区域时触发事件：Worksheet_SelectionChange …… 89
2.5.1 计算欠款账龄 …… 90
2.5.2 DateDiff 函数和 C 转换函数 …… 91
2.5.3 绩效考核数据填写 …… 93

2.6 当单元格内容或链接改变时触发事件：Worksheet.Change …… 96
2.6.1 汇率价格填写 …… 96
2.6.2 实时保护录入的数据 …… 98

2.7 工作表的保护和解除 …… 100
2.8 工作表激活触发事件：Worksheet.Activate …… 103
2.8.1 提示当月生日的员工 …… 103
2.8.2 提示当月需要续约的员工信息 …… 104

2.9 双击单元格事件：Wokrsheet.BeforeDoubleClick …… 107
2.9.1 通过双击单元格从与其内容相同的单元格创建新表 …… 108
2.9.2 新建工作表：Worksheets.Add 方法 …… 110
2.9.3 工作表的 Name 和 CodeName 属性 …… 114
2.9.4 运用 Worksheets.Add 和 Name 批量创建新表并命名 …… 116
2.9.5 通过双击跳转到当前工作簿的指定工作表 …… 119
2.9.6 通过超级链接跳转：Hyperlinks 集合 …… 122

2.10 右击事件：Worksheet.BeforeRightClick …… 127
2.11 其他 Worksheet 事件的简要说明 …… 128
2.11.1 触发单元格超级链接事件：Worksheet.FollowHyperlink …… 128
2.11.2 刷新透视表并获得合计明细表：Worksheet PivotTableUpdate …… 130

2.12 Worksheet 对象的
常用方法和属性 ················ 131
- 2.12.1 激活和选择工作表的方法：Worksheet.Activate 和 Worksheet.Select 方法 ············ 131
- 2.12.2 工作表的移动和复制 ············ 134
- 2.12.3 删除工作表 ············ 137
- 2.12.4 隐藏和显示工作表 ············ 138
- 2.12.5 限定工作表滚动区域 ············ 140
- 2.12.6 工作表的打印输出 ············ 140

第 3 章
Excel 自动化的那档事——Workbook 对象

3.1 与 Worksheet 对象事件相似的事件 ················ 144

3.2 工作簿双击事件合并工作表：Workbook.SheetBeforeDoubleClick ················ 144

3.3 工作簿单元格改变事件拆分工作簿：Workbook.SheetChange ······ 146

3.4 激活任意工作表时显示班组合计信息：Workbook.SheetActiavte ······ 152

3.5 背景色十字光标：Workbook.SheetSelectionChange ······ 154

3.6 Workbook 对象常用方法和属性介绍 ············ 155
- 3.6.1 获取工作簿的名称和路径 ············ 155
- 3.6.2 工作簿的新建及保存方式 ············ 157
- 3.6.3 工作簿的打开方法 ············ 166
- 3.6.4 关闭工作簿 ············ 171

3.7 打开工作簿时触发事件：Workbook.Open ················ 172

3.8 激活和转非激活时触发事件：Workbook.Activate 和 Workbook.Deactivate ············ 174
- 3.8.1 激活工作簿时检查是否存在外部链接：Workbook.Activate ··· 174
- 3.8.2 工作簿转入后台时检测保存提示：Workbook.Deactivate ············ 177

3.9 保存工作簿触发事件：Workbook.AfterSave 和 Workbook.BeforeSave ············ 178
- 3.9.1 保存后刷新数据并打印：Workbook.AfterSave ············ 178
- 3.9.2 保存工作簿前提示备份：Workbook.BeforeSave ············ 179
- 3.9.3 反转、定位字符及字符的比较模式 ············ 181

3.10 打印前触发事件：Workbook.BeforePrint ············ 182

3.11 关闭工作簿前触发事件：Workbook.BeforeClose ······ 184
- 3.11.1 Workbook.BeforeClose 事件的简单运用 ············ 184
- 3.11.2 获取工作簿的内置文档信息 ··· 185

3.11.3 限制文档使用 187
3.12 新建表时触发事件：Workbook.NewSheet 和 Workbook.NewChart 194
3.12.1 填充数字系列：Range.DataSeries 197
3.12.2 ListObject 对象的简单运用 198
3.12.3 表的页面设置：PageSetup 对象 200
3.12.4 Workbook.NewChart 事件的简述 201

第 4 章
Excel 自动化的那档事——Application 的常用属性方法及类

4.1 父对象：Parent 属性的用法 ... 204
4.2 TypeName 函数的用法 206
4.3 运用【打开】对话框选择文件 ... 207
4.4 不打开文件获取文件名信息 ... 208
4.5 后台打开文件 213
4.5.1 使用特定对话框 216
4.5.2 打开特定的对话框：Application.Dialogs 216
4.5.3 获取文件信息对话框 ... 218
4.6 将文本表达式、名称转为引用或值 223
4.6.1 将名称转换为对象或者值：Application.Evaluate 223
4.6.2 方括号（[]）等同于 Evaluate ... 225
4.7 给过程指定快捷键：Application.OnKey 227
4.8 用系统快捷键代替人工单击：Application.SendKeys 230
4.9 预约时间：Application.OnTime 233
4.10 使用工作表函数和 ThisCell 属性 236
4.10.1 工作表函数 236
4.10.2 当前单元格：Application.ThisCell 238
4.10.3 给函数一个"易失"：Application.Volatile 方法 239
4.11 返回 Application 的相关信息 241
4.11.1 获取程序路径：Application.Path ... 241
4.11.2 获取程序名称：Application.Name 242
4.11.3 读写程序标签：Application.Caption 242
4.11.4 读写状态栏信息：Application.StatusBar 245
4.11.5 获取 Excel 版本号：Application.Version 247
4.11.6 显示隐藏程序：Application.Visible 248

4.11.7　退出 / 结束 Microsoft Excel ⋯⋯ 250
4.12　控制程序提示操作的属性⋯⋯ 250
　　4.12.1　屏幕刷新：
　　　　　　Application.ScreenUpdating ⋯⋯ 251
　　4.12.2　事件启用（触发）控制：
　　　　　　Application.EnableEvents ⋯⋯ 255
　　4.12.3　常用控制提示
　　　　　　信息属性一览表 ⋯⋯ 257
4.13　Excel 对象事件——
　　　类的简单运用 ⋯⋯ 259
　　4.13.1　什么是类 ⋯⋯ 259
　　4.13.2　插类模块 ⋯⋯ 260
　　4.13.3　类模块的名称和属性 ⋯⋯ 260
　　4.13.4　类的声明 ⋯⋯ 262
　　4.13.5　加载（调用）/ 卸载类事件 ⋯⋯ 262
　　4.13.6　利用类的事件来操作 Excel ⋯⋯ 265
　　4.13.7　新建工作簿自动保存 ⋯⋯ 267
　　4.13.8　打开工作簿时
　　　　　　自动创建目录表 ⋯⋯ 269
　　4.13.9　十字光标 ⋯⋯ 271
4.14　小结 ⋯⋯ 274

第 5 章
图片的操作、认识表单控件和 Active X 控件对象

5.1　控制、调整图片图形 ⋯⋯ 276
　　5.1.1　通过 Shape 对象
　　　　　　批次删除工作表上的图形 ⋯⋯ 276
　　5.1.2　通过 DrawingObjects 对象
　　　　　　一次性操作 / 设置图形 ⋯⋯ 281
　　5.1.3　获取形状的类型 / 名称 ⋯⋯ 285
　　5.1.4　创建带指定宏的内置
　　　　　　Excel 表单控件 ⋯⋯ 288
　　5.1.5　插入图片到 Excel 表中 ⋯⋯ 292
　　5.1.6　将图片调整与单元格相同大小 ⋯⋯ 295
　　5.1.7　按名字导入图片到指定位置 ⋯⋯ 298
　　5.1.8　将图片导出到指定路径 ⋯⋯ 300
　　5.1.9　将图片导入批注以及
　　　　　　设置多样化的批注外观 ⋯⋯ 306
5.2　工作表常用的按钮控件 ⋯⋯ 310
　　5.2.1　什么是表单控件和
　　　　　　ActiveX 控件 ⋯⋯ 310
　　5.2.2　插入 ActiveX 控件及
　　　　　　修改控件的部分常用属性 ⋯⋯ 311
　　5.2.3　标签（Label）控件：
　　　　　　文字说明性控件 ⋯⋯ 314
　　5.2.4　文本框（TextBox）控件：
　　　　　　在控件上写文章 ⋯⋯ 315
　　5.2.5　复选按钮（CheckBox）控件：
　　　　　　有多的你就选吧 ⋯⋯ 317
　　5.2.6　选项按钮（OptionButton）控件：
　　　　　　多选一的抉择 ⋯⋯ 320
　　5.2.7　切换按钮（ToggleButton）控件：
　　　　　　开启或关闭的开关 ⋯⋯ 322
　　5.2.8　列表框（ListBox）控件：
　　　　　　给你一列数据，你给我选 ⋯⋯ 327
　　5.2.9　组合框（ComboBox）控件：
　　　　　　让你选数据，也让你写入 ⋯⋯ 339

5.2.10	按钮（CommandButton）控件：		5.3.3	用户窗体工具箱的运用 ………… 359
	你点我，我就按命令执行 …… 344		5.3.4	用户窗体下控件的
5.2.11	分组框 / 框架（Frame）控件：			ControlTipText 属性 ………… 359
	兄弟姐妹们集合了，开团 …… 348		5.3.5	用户窗体的 Initialize 和
5.3 用户窗体的运用 ………… 353				Terminate 事件 …………… 360
5.3.1 什么是用户窗体 …………… 353		5.4 小结 ……………………………… 368
5.3.2 如何显示 / 隐藏 / 卸载用户窗体 … 354				

第1章
Range 对象的进阶语法

在《Excel VBA 跟卢子一起学 早做完，不加班（基础入门版）》一书中讲解了如何读取或设置 Range 对象的常用属性或方法，本章将继续延伸讲解有关 Range 对象的相关方法，以及在使用 Range 对象的过程中涉及的其他类似的相关方法或属性。

1.1 获取修改单元格内指定位置字符：Range.Characters

无言：在《Excel VBA跟卢子一起学（基础入门版）》中讲解Range.Font属性时，有两个属性没有介绍到，这里结合Range.Characters属性进行讲解。

在使用 Excel 时，可能会在单元格中设置某些指定的字符为上标或下标，例如平方单位或立方单位——mm^2、cm^2、m^2 或 mm^3、cm^3、m^3 等类似单位；还有可能会对单元格内某些字符单独进行加粗、倾斜或者设置颜色，而非针对整个单元格内的字符进行设置，此时需要通过Range.Characters 属性来获取指定所需字符的位置并进行相应的设置。

 给指定字符串设置上标或下标

无言：先来看下Range.Characters属性的语法。

> 获取对象文本内某个区域的字符
> Range.Characters(Start, Length)

Range.Characters 属性用于获取对象内指定位置的字符并截取指定字符个数，同时通过Characters 对象的属性对截取的字符进行格式设置。

其中，Start 参数指定对象内字符串中字符的开始位置——例如 123456，要由第 4 位的 4 开始截取字符，那么 Start 参数的值为 4；而 Length 参数则是从开始截取字符位置算起要截取的总字符数。

无言：该属性类似于Excel函数中的Mid函数。下面举个简单例子。

> Range("A1").Characters(4,3)   'A1 单元格的值为 123456，那么返回的字符串结果为：456

因为 Range.Characters 属性返回的是 Characters 对象，也是一个新的子对象。通过Characters 对象中的属性成员可对截取的字符串进行格式设置，其常用属性如表 1-1 所示。

表 1-1 Characters 对象的常用属性

成员名称	语 法	作 用
Count	Range.Characters[(Start, Length)].Count	统计字符个数。未设置Start参数时，获取整字符串个数，否则获取Start参数的赋值
Text	Range.Characters[(Start, Length)].Text	获取字符串的文本。未设置参数时，获取整字符串文本内容；否则获取截取的字符串内容
Font	Range.Characters[(Start, Length)].Font	设置指定字符串文本的格式

> 无言：通过表 1-1发现，要设置Range.Characters属性截取后的字符串格式，就需要通过该表的属性进行设置。现在按照上面的语句及属性来设置如图1-1所示的电缆清单，将面积单位mm²的2设置为上标样式，并且将这3个字符标识为红色，如图 1-2所示。

序号	型号及规格	单位	数量
1	YJV22-1KV 4×6mm2	m	5000
2	YJV22-1KV 2×10mm2	m	1000
3	YJV22-1KV 4×10mm2	m	900
4	YJV22-1KV 4×16mm2	m	3600
5	YJV22-1KV 4×25mm2	m	50
6	YJV22-1KV 4×35mm2	m	50
7	YJLV22-1KV 4×35mm2	m	150
8	YJLV22-1KV 4×70mm2	m	100
9	YJLV22-1KV 4×70mm2	m	1850

 图 1-1　将面积单位设置为上标（01）

序号	型号及规格	单位	数量
1	YJV22-1KV 4×6mm²	m	5000
2	YJV22-1KV 2×10mm²	m	1000
3	YJV22-1KV 4×10mm²	m	900
4	YJV22-1KV 4×16mm²	m	3600
5	YJV22-1KV 4×25mm²	m	50
6	YJV22-1KV 4×35mm²	m	50
7	YJLV22-1KV 4×35mm²	m	150
8	YJLV22-1KV 4×70mm²	m	100
9	YJLV22-1KV 4×70mm²	m	1850

 图 1-2　将面积单位设置为上标（02）

> 皮蛋：这些型号规格挺有规律的，应该可以简单搞定。

> 无言：这个可不一定，有些还可能在开头或中间呢，所以不能想得太简单了。示例代码如代码1-1所示。

代码 1-1　设置规格型号中的单位数字上标并标红

```vba
001|Sub Rng_Characters_Superscript()
002|    Dim Char_Rng As Range, F_Rng As Range, Zif As String
003|    Dim Char_Cou As Integer, F_Len As Integer
004|    Application.ScreenUpdating = False
005|    With Range("A1").CurrentRegion
006|        Set Char_Rng = .Offset(1, 1).Resize(.Rows.Count - 1, 1)
007|    End With
008|    Zif = "mm2"
009|    For Each F_Rng In Char_Rng
010|        If LCase(F_Rng) Like "*" & Zif & "*" Then
011|            Char_Cou = F_Rng.Characters.Count
012|            For F_Len = 1 To Char_Cou
013|                With F_Rng.Characters(F_Len, Len(Zif))
014|                    If LCase(.Text) Like Zif Then
015|                        .Font.ColorIndex = 3
016|                        F_Rng.Characters(F_Len + Len(Zif) - 1, 1) _
```

```
017|                   .Font.Superscript = True
018|               End If
019|           End With
020|        Next F_Len
021|     End If
022|  Next F_Rng
023|  Application.ScreenUpdating = True
024|End Sub
```

代码 1-1 示例过程是将单元格中含有指定字符的末位数字设置为上标并将该字符串标识为红色。过程中用到了 Like 和 Character 对象的相关属性相配合设置：

（1）Set Char_Rng = .Offset(1, 1).Resize(.Rows.Count - 1, 1) 语句为获取标题后第 2 列的有效区域并赋值给 Char_Rng；Char_Rng 作为 F_Rng 的循环对象集合。

（2）Zif = "mm2" 语句则是作为需要查找指定的面积单位字符串变量，并作为与 Range.Characters 获取的字符进行比较的重要变量。

（3）通过 F_Rng 循环比较字符内容。首先通过 If LCase(F_Rng) Like "*" & Zif & "*" 语句配合 Like 和通配符比较单元格中是否存在 Zif 变量中的字符，并且通过 LCase 函数将单元格中的所有大写字母转换为小写字母，这样有利于与 Zif 变量进行比较；当单元格中存在指定的字符时，将满足 If 的条件判断，并触发判断 If 语句的循环语句。

（4）F_Rng.Characters.Count 语句获取单元格中的字符总数并赋值给 Char_Cou，该变量为 L_Len 循环的终值。

（5）通过 L_Len 循环及 F_Rng.Characters(F_Len, Len(Zif)) 语句循环截取不同位置相同字符数，与 Zif 变量进行比较；If LCase(.Text) Like Zif 语句通过将字符转换小写字符后再次与 Zif 变量进行比较，若满足要求，则截取该位置的字符串并设置为红色 (.Font.ColorIndex = 3)。其中，.Text 为通过 With F_Rng.Characters(F_Len, Len(Zif)) 语句获取循环中截取后的文本对象内容。

（6）通过 F_Rng.Characters(F_Len + Len(Zif) – 1, 1) .Font.Superscript = True 语句将截取字符串的最后一个字符并设置为上标；F_Len + Len(Zif) – 1 语句为在循环位置加上 Zif 的字符个数再减去 1，为截取字符的最后一个字符的位置。

💬 无言：示例过程中，通过修改 Zif 变量的值进行字符匹配；若是需要将字体设置为下标时，可以使用 Font.Subscript 属性并赋值为 True。

1.1.2 提取单元格中指定颜色的字体

皮蛋：言子，Range.Characters属性挺好用的，它就是用来修改标识对象中的字符属性的，例如某字符的加粗或倾斜等。

无言：对，这就是它的用途。但它不仅用来设置格式，还可以提取已设置格式的字符。

皮蛋：还可以这样吗？上"栗子"。

无言：好吧，手上刚好有以前关于衣服尺码的表格。记得当时用户要提取表格中标红的尺码或数字到旁边的单元格内，如图1-3所示。具体示例代码如代码1-2所示。

题目	取值结果
科蒂卡诺 koodikanllo 女装流行桃皮绒面料收腰短款外套354 (M, 卡其色)	M
Koodikanllo 科蒂卡诺 新款韩版时尚经典中腰牛仔裤男做旧休闲直筒男裤082 (31)	31
科蒂卡诺 koodikanllo 男装V领撞色拼接T恤251 (XL, 白色)	XL
Koodikanllo 科蒂卡诺 新款韩版牛仔裤女修身提臀加厚小脚裤061 (32)	32
Koodikanllo 科蒂卡诺 新春新款女装低腰前袋装饰拉链小脚长裤 020 (27)	27
Koodikanllo 科蒂卡诺 男装V领撞色拼接T恤251 (L, 白色)	L
科蒂卡诺 koodikanllo 秋装女士彩色纽扣牛仔衬衫 358 (L, 蓝色)	L
Koodikanllo 科蒂卡诺 春装新款韩版低腰牛仔裤女深蓝磨白个性裤脚小直筒062 (27)	27

 图1-3 获取衣服尺码

代码 1-2 提取单元格中红色字体

```
001|Sub Rng_Font_Color_Characters()
002|    Dim Char_Rng As Range, F_Rng As Range, Zif_Col As Long
003|    Dim Char_Cou As Integer, F_Len As Integer, Tem_Str As String
004|    Application.ScreenUpdating = False
005|    With Range("A1").CurrentRegion
006|        Set Char_Rng = .Offset(1).Resize(.Rows.Count - 1, 1)
007|    End With
008|    Zif_Col = RGB(255, 0, 0)
009|    For Each F_Rng In Char_Rng
```

```
010|        If Len(F_Rng) > 0 Then
011|           Char_Cou = F_Rng.Characters.Count
012|           For F_Len = 1 To Char_Cou
013|               With F_Rng.Characters(F_Len, 1)
014|                   If .Font.Color = Zif_Col Then Tem_Str = Tem_Str & .Text
015|               End With
016|           Next F_Len
017|           F_Rng.Offset(0, 1) = Tem_Str
018|           Tem_Str = ""
019|        End If
020|    Next F_Rng
021|    Application.ScreenUpdating = True
022|End Sub
```

(1)代码 1-2 示例过程与代码 1-1 相似,但更简单。通过获取 Char_Rng 变量除标题外的有效区域作为 F_Rng 循环的集合,并通过 RGB 函数设置需要提取的字体颜色 Zif_Col 变量的具体值。

(2)过程中同样采用双层循环判断提取指定颜色的字符,首先通过循环中的 If Len(F_Rng) > 0 判断单元格是否为空,不为空则通过 L_Len 循环语句循环获取单元格中每个字符的颜色。

(3)If .Font.Color = Zif_Col 语句比较 F_Rng.Characters(F_Len, 1) 截取的字符中的字体颜色是否与 Zif_Col 变量一致,若一致则通过 Characters.Text 属性截取该字符并写入 Tem_Str 变量 (Tem_Str = Tem_Str & .Text)。

(4)当 F_Len 循环结束后,通过 F_Rng.Offset(0, 1) = Tem_Str 语句将 Tem_Str 的组合字符串写入循环单元格的右侧单元格(即 B 列)并将 Tem_Str 变量清空。

无言:重点说下Tem_Str = ""语句在这里的必要性。如果这里不先清空Tem_Str变量,那么在下一单元格内写入的结果将含有前面所有已经写入的红色字符串。

皮蛋:哦,明白了。

无言:好了,关于单元格格式的设置就先介绍这么多了,接下来介绍有关批注的。

1.2 创建批注和获取批注信息：Range.Comment

假设需要将某些信息体现在单元格的右上角处并显示或隐藏，使用 Excel 中的批注功能即可实现。那么在 VBA 中要使用什么对象和属性才能对应批注功能呢？

Excel 的批注功能对应了 VBA 中的 Comments 对象，但是该对象不可独立使用，必需依托于其他对象。例如，在 Rang 对象上创建或者显示批注，所以附属 Range 对象的 Comment 属性，并返回一个 Comment 对象。

💬 无言：先简单说下Range.Comment属性的具体作用及语法。

返回一个 Comment 对象，代表与区域左上角单元格相关联的批注
Range.Comment

Range.Comment 属性返回的一个批注（Comment）对象，也就是需要通过 Comment 对象的相关方法和属性才能操作或获取批注的相关信息内容。表 1-2 所示为 Comment 对象的常用成员及其作用。

表 1-2 Comment 对象的常用成员及其作用

成员名称	作用
Delete	删除批注对象
Text	设置批注文本内容
Author	返回批注的作者
Visible	显示或隐藏批注

1.2.1 创建批注：Range.AddComment

❓ 皮蛋：知道了，通过对Comment对象的成员进行操作和获取批注，那如何创建批注呢？
💬 无言：创建单元格批注需要使用Range.AddComment方法才行，语法如下：

为单元格区域添加批注
Range.AddComment(Text)

Range.AddComment 方法只有一个 Text 参数，该参数的作用是赋值为需要显示在批注中的文本内容；该参数可以通过单元格值引用或者其他变量等方式获取。示例如下：

Range("E1").AddComment Text:=" 无言 :" & Chr(10) & Now ' 在 E1 单元格创建批注，内容为指定文本和当前时间
ActiveCell.AddComment Text:= ActiveCell.Text ' 在激活单元格创建以当前单元格的数字格式为批注文本内容

> 💬 **无言**：先用示例说明，要求将B、C列单元格的内容作为A列单元格批注内容，其代码如代码1-3所示。

代码 1-3　创建单元格批注

```
001|Sub Rng_AddComment()
002|    Dim Com_Rng As Range, F_Rng As Range
003|    With Range("A1").CurrentRegion
004|        Set Com_Rng = .Offset(1).Resize(.Rows.Count - 1)
005|    End With
006|    For Each F_Rng In Com_Rng
007|        With F_Rng
008|            .AddComment Text:=.Offset(0, 1) & vbCrLf & .Offset(0, 2)
009|        End With
010|    Next F_Rng
011|End Sub
```

代码 1-3 示例过程中，Com_Rng 赋值为 A 列的有效连续区域，并用于 F_Rng 循环。循环中的 .AddComment Text:=.Offset(0, 1) & vbCrLf & .Offset(0, 2) 为引用 F_Rng 单元格对象，并以当前单元格向右偏移 1 和 2 列 (B/C) 的单元格的值作为新建批注的 Text 参数的赋值。

> 💬 **无言**：若要在单元格中的自定义数字格式，则需用Range.Text属性给Text参数赋值。

新建批注时，可通过 Comment.Visible 属性将批注显示或隐藏，赋值为 True 则显示批准，为 False 则隐藏批注，其语法如下：

```
设置批注是否显示
父级对象 .Comment.Visible = True|False
```

> ❓ **皮蛋**：新建批注的方法挺简单的！但要如何获取或继续添加批注中的内容？我工作上有时也需要处理这方面的问题。

1.2.2　获取批注中的相关信息

> 💬 **无言**：获取批注的相关信息内容，必需用到Comment对象的Text和Author属性，如表 1-2 所示。首先来了解下Comment.Text的语法及作用。

获取指定对象的批注文本内容
父级对象.Comment.Text

现在通过 Comment.Text 属性来获取图 1-4 中单元格的批注内容——邮箱地址,并写入 F 列中,如代码 1-4 所示。

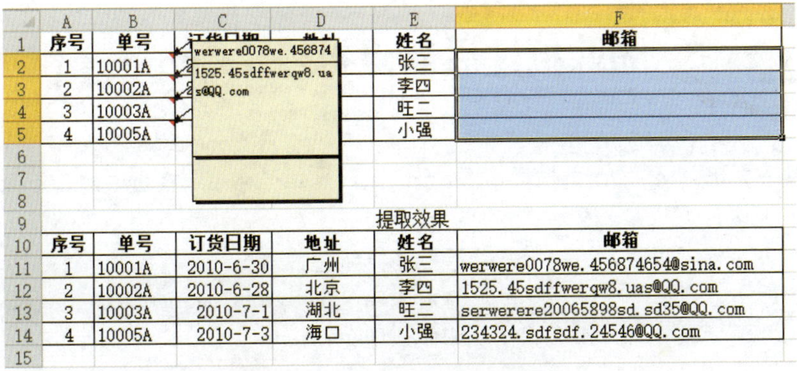

图 1-4 获取单元格批注内容

代码 1-4　获取单元格批注内容

```
001|Sub Rng_CommentText()
002|    Dim Com_Rng As Range, F_Rng As Range
003|    With Range("A1").CurrentRegion
004|        Set Com_Rng = .Offset(1, 1).Resize(.Rows.Count - 1, 1)
005|    End With
006|    For Each F_Rng In Com_Rng
007|        If Not F_Rng.Comment Is Nothing Then
008|            F_Rng.Offset(0, 4) = F_Rng.Comment.Text
009|    Next F_Rng
010|End Sub
```

代码 1-4 示例过程的前半部分语句与代码 1-3 示例基本相同,通过获取连续区域中 B 列除去标题外的有效区域,并作为循环集合对象。

(1) 在 F_Rng 循环语句中的 Not F_Rng.Comment Is Nothing 语句用于判断当前单元格中是否存在批注。Not 是反数的意思,如果 F_Rng.Comment Is Nothing 语句判断为 False,则代表

单元格中存在批注，那么通过 Not 运算符将 False 转换为 True，从而执行 If 判断的中间语句。

（2）F_Rng.Offset(0, 4) = F_Rng.Comment.Text 语句将当前单元格批注的文本内容写入当前循环的单元格同行偏移 4 列后的单元格内，即 F 列单元格，效果如图 1-4 所示。

1.2.3 删除批注后新建批注：Comment.Delete

皮蛋：言子，我操作的时候还遇到了一个问题：当单元格中存在批注时，不能直接在原批注写入内容，怎么办呢？

无言：分两种情况说明，先说下删除原批注再新建的情况。

如图 1-5 所示，当单元格中存在批注时，采用 Range.AddComment 方法是不可以直接新建批注，否则会出现错误提示，那么我们要如何处理呢？

序号	产品	装箱单	单价	开票日期	数量	金额	备注
1	GR-XF3709121001	161249/170215	34.41	2017-3-9	19	653.79	
2	GR-XF3709121001	161206/161249	34.41	2017-2-15	21	722.61	
3	GR-XF3709121001	161206/161249	34.41	2017-2-15	9	309.69	
4	GR-XF3709121001	161043/161206	35.47	2017-1-6	1	35.47	
5	GR-XF3709121001	161043/161206	35.47	2017-1-6	19	673.93	
6	GR-XF3709121001	169049/161043	35.47	2016-12-8	11	390.17	
7	GR-XF3709121001	169049/161043	35.47	2016-12-8	9	319.23	
8	GR-XF3709121001	168047/169049	35.47	2016-10-10	1	35.47	
9	GR-XF3709121001	168047/169049	35.47	2016-10-10	19	673.93	
10	GR-XF3709121001	168004/168047	35.47	2016-9-14	11	390.17	

图 1-5 删除/修改批注内容

若是要新建整个区域中的所有批注，通过 Range.SpecialCells 定位批注后使用 Range.ClearComments 方法删除已定位的批注，如代码 1-5 所示。

代码 1-5 定位批注后删除并新建

```
001|Sub Rng_Comment_ClearComments()
002|    Dim Comm_Rng As Range, Rng As Range
003|    With Range("A1").CurrentRegion
```

```
004|        Set Comm_Rng = .SpecialCells(xlCellTypeComments)
005|        Comm_Rng.ClearComments
006|        For Each Rng In Comm_Rng
007|            Rng.AddComment "批次号: " & vbCrLf & Date & Format(Int(Rnd * 1000), 0000)  '批次号
008|        Next Rng
009|    End With
010|End Sub
```

代码 1-5 示例过程中在 A1 连续区域中使用 .SpecialCells 方法定位含有批注的单元格,并将这些单元格赋值给 Comm_Rng 变量,通过 Comm_Rng.ClearComments 语句一次性删除批注;接着利用 Rng 循环在 Comm_Rng 单元格中创建新的批注——通过 Range.AddComment 方法新建批注,批注文本内容为指定字符、当天电脑日期(Date)和随机生成 1000 以内的正整数(Int(Rnd * 1000))格式组成的字符。

皮蛋:这是一次性批量删除的方法,如果我要指定删除含有特殊字符的批注,要如何处理呢?

无言:用 Comment.Delete 方法并配合其他方法。继续使用图 1-5 中的数据,核对批注中是否存在指定字符,并将该单元的批注删除,具体过程如代码 1-6 所示。

代码 1-6　删除单元格含有指定字符的批注

```
001|Sub Rng_Comm_Del_Str()
002|    Dim Comm_Rng As Range, Rng As Range, Zif As String
003|    Zif = "祝平"
004|    With Range("A1").CurrentRegion
005|        Set Comm_Rng = .SpecialCells(xlCellTypeComments)
006|        For Each Rng In Comm_Rng
007|            If Rng.Comment.Text Like "*" & Zif & "*" Then
008|                Rng.Comment.Delete
009|            End If
010|        Next Rng
011|    End With
012|End Sub
```

代码 1-6 示例过程首先定位区域中含有批注的单元格区域，将得到的区域赋值给 Comm_Rng 变量；Zif 变量指定查找的关键字；在 Rng 循环中通过 Rng.Comment.Text Like "*" & Zif & "*" 语句比较当前循环单元格的批注内容是否含有 Zif 变量的关键字，若有则通过 Rng.Comment.Delete 语句删除该单元格的批注。

> 皮蛋：好吧！问题继续，如果我不想删除，而只想修改/增加批注内容呢？

1.2.4 修改或增加批注内容：Comment.Text 方法

> 无言：容我喝口单枞茶，口都渴了，你的问题还真是连环炮啊。
> 皮蛋：必需的啊，要学习就要狠狠地榨你。
> 无言：好吧，既然你想狠狠地榨我，那我也狠狠地用刚才的表格，偷懒下。若要修改或增加原批注内容就需要用到Comment.Text，该方法不仅可以覆盖也可以插入新增文本内容。

设置批注文本
父级对象 .Comment.Text(Text, Start, Overwrite)

Comment.Text 方法共有 3 个参数，其中：
（1）Text 参数为要设置或插入的文本内容，必需参数。
（2）Start 参数则是所添加文本的起始位置（字符数）。如果省略此参数，则删除批注中的所有现有文字，可选参数。
（3）Overwrite 参数则是用于设置覆盖原批注或者插入新文本内容：如果为 True，则覆盖现有文件；默认值是 False（插入文本）；可选参数，具体示例如代码 1-7 所示。

代码 1-7　覆盖原批注内容

```
001|Sub Rng_CommText_Overwrite_01()
002|    Dim Comm_Rng As Range, Rng As Range
003|    With Range("A1").CurrentRegion
004|        Set Comm_Rng = .SpecialCells(xlCellTypeComments)
005|        For Each Rng In Comm_Rng
006|            Rng.Comment.Text vbCrLf & Date
007|        Next Rng
008|    End With
009|End Sub
```

代码 1-7 示例过程为在定位批注到的单元格集合中循环替换原批注,而 Rng.Comment.Text vbCrLf & Date 语句将原批注文本内容替换为换行符和当前日期,具体示例如代码 1-8 所示。

代码 1-8　批注最末插入新内容

```
001|Sub Rng_CommText_Overwrite_02()
002|    Dim Comm_Rng As Range, Rng As Range
003|    With Range("A1").CurrentRegion
004|        Set Comm_Rng = .SpecialCells(xlCellTypeComments)
005|        For Each Rng In Comm_Rng
006|            Rng.Comment.Text vbCrLf & Date, Len(Rng.Comment.Text) + 1
007|        Next Rng
008|    End With
009|End Sub
```

代码 1-8 示例过程使用了 Comment.Text 的 Text 和 Start 参数,分别指定要插入的新内容以及要插入新内容的位置。

Rng.Comment.Text vbCrLf & Date, Len(Rng.Comment.Text) + 1 语句中 Len(Rng.Comment.Text) + 1 语句为统计原批注中的字符个数并 +1,其作用是在原批注的末尾插入新增内容。

❓ 皮蛋:不+1,会怎么样呢?

💬 无言:不+1,会将原批注最末尾的字符移到新插入内容的最后。

❓ 皮蛋:原来是这样啊!那要指定某个位置的呢?

在指定位置插入内容,如代码 1-9 所示。

代码 1-9　关键字后插入内容

```
001|Sub Rng_CommText_Overwrite_03()
002|    Dim Comm_Rng As Range, Rng As Range, Zif As String, Zif_Wz As Long
003|    Zif = ":"
004|    With Range("A1").CurrentRegion
005|        Set Comm_Rng = .SpecialCells(xlCellTypeComments)
006|        For Each Rng In Comm_Rng
007|            Zif_Wz = VBA.InStr(Rng.Comment.Text, Zif)
```

```
008|            f Zif_Wz > 0 Then Rng.Comment.Text vbCrLf & Date, Zif_Wz + 1, Fasle
009|        Next Rng
010|    End With
011|End Sub
```

💬 **无言**：蛋蛋，代码 1-9 示例过程就是在指定的位置之后插入新内容。

（1）代码 1-9 先通过定位批注位置，并将指定查找的关键字赋值给 Zif 变量，接着在 Rng 循环中通过 VBA.InStr(Rng.Comment.Text, Zif) 语句获得 Zif 关键字的开始位置并将其定位值赋值给 Zif_Wz 变量。

（2）接着通过 If Zif_Wz > 0 语句判断，若批注中存在关键字，则执行 Rng.Comment.Text vbCrLf & Date, Zif_Wz + 1, Fasle 语句，在关键字的位置后 +1 插入新增内容，并将 Overwrite 参数设置为 False，保留原内容。

💬 **无言**：这里要注意的问题是，如果搜索的关键字多了一个字符的时候，则必需在查找的数字位置上加上关键字的字符个数，而后无需再+1。即，如果是2个字符以上可以省略+1。

❓ **皮蛋**：原来这样啊，那VBA.InStr干什么用的。

💬 **无言**：InStr函数可以参考Excel函数的SEARCH，它们挺相近的，先参考该函数后再回看InStr函数的语法。

指定一字符串在另一字符串中最先出现的位置
InStr([start,]string1, string2[, compare])

InStr 函数的作用是返回一个指定的字符串在被查找的字符串中最先出现的位置，该函数有 4 个参数，其中 2 个可选的，它们的作用如表 1-3 所示。

表 1-3　InStr 函数的参数说明

参数名称	作用说明
start	搜索字符的起始位置，省略则从1开始。如果指定了compare 参数，则一定要有 start 参数
string1	被搜索的字符串
string2	要搜索的字符串
compare	字符的比较模式。若指定则不可省略start参数，省略则按照Option Compare规则判断

语法示例如下：

```
InStr(1, "1234567890", "4")        '返回 4 在文本串中的位置，结果是 4
InStr(3, "ACBDFFABDF", "ac")       '返回 ac 在文本串中的位置，结果是 0，因为从第 3 位开始，后面不存在该字符串
```

InStr("ACBDFFABDF", "ac")　　　'返回 ac 在文本串中的位置，结果是 1，从第 1 位开始，而且为文本比较，而非二进制
InStr(1, "ACBDFFABDF", "ac", 0)　　'返回 ac 在文本串中的位置，结果是 0，采用二进制比较，字符串不同

💬 **无言**：从上面的示例中可以看出，当省略第1个参数和第4个参数的，InStr函数依照字符串中的字符逐个查找，并以第1个满足条件位置为返回值；当采用第4个参数且使用0（二进制）比较时，大小写字母间是存在差异的，所以最后一个示例找不到ac的位置。InStr函数的Compare参数常数值说明如表1-4所示。

表 1-4　InStr 函数的 compare 参数常数值说明

参 数 名 称	值	作 用 说 明
vbUseCompareOption	-1	使用Option Compare 语句设置执行一个比较
vbBinaryCompare	0	执行一个二进制比较
vbTextCompare	1	执行一个按照原文的比较
vbDatabaseCompare	2	仅适用于Microsoft Access，执行一个基于数据库中信息的比较

Option Compare 语句在模块级别中使用，用于声明字符串比较时所用的默认比较方法，必需在模块顶端声明才有效。

字符的比较模式
Option Compare {Binary | Text | Database}

该语句存在 3 种比较模式，它们的作用分别如表 1-5 所示，默认比较模式为 Binary。

表 1-5　Option Compare 语句的比较模式

参 数 名 称	作 用 说 明
Binary	二进制比较模式。字母大小写有区别：A<a，Z<z
Text	文本比较模式。字母大小写有区别：A=a，Z=z
Database	只能在 Microsoft Access 中使用，按数据库的区域ID执行比较

因 InStr 函数返回第 1 个被搜索字符在搜索字符串中出现的位置——只要匹配上了被搜索字符，只统计第 1 个字符出现的位置，而后面的字符不进行计数统计，所以在 Comment.Text 的 strart 参数获取的位置后必需加上被搜索字符的个数才是正确做法。

💬 **无言**：这里还有一个需要提到的对象：Comments集合，该对象指定存在工作表上的所有批注的集合，若不指定则为当前工作表。以刚才的批量删除批注为例，也可通过代码1-10批量删除工作表上的批注。

代码 1-10　运用 Comments 集合删除批注

```
001|Sub Comms_Del()
002|    Dim Comm As Comment
003|    For Each Comm In Sheet1.Comments
004|        Comm.Delete
005|    Next Comm
006|End Sub
```

代码 1-10 示例过程，声明了一个名为 Comm 的 Comment 对象并作为循环变量，Sheet1.Comments 则是指明 Comm 循环变量为 Sheet1 表中的 Comments 集合；Comm.Delete 则是运用 Comment.Delete 方法逐个删除批注。

🐦 无言：使用Comments集合循环的好处是：不会因为表中不存在批注而出现错误提示，还可以通过该集合的Comments.Count属性统计表中存在几个批注。

统计批注个数语法如下：

```
统计批注个数
Comments.Count
```

🐦 无言：好了，关于批注的问题也讲完了，接下要讲其他的了。

❓ 皮蛋：好的，这些已经够我琢磨一段时间了。

1.3　查找替换单元格内容：Range.Find和Range.Replace方法

🐦 无言：在Excel中，对图1-6所示的界面一定非常熟悉。

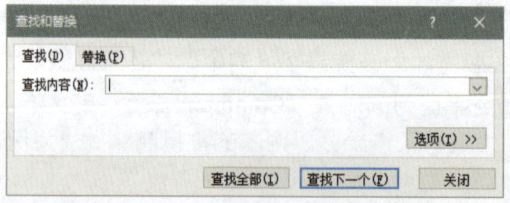

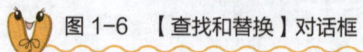
图 1-6　【查找和替换】对话框

> **皮蛋**：对于这家伙，就算不仔细看也认得它——【查找和替换】对话框嘛。怎么今天和它联系上了呀？不过说真的，这家伙的使用频率挺高的。
>
> **无言**：对嘛，我当然也是挑平时操作比较多的说。来吧，开拔！

1.3.1 查找单元格中的指定字符：Range.Find 方法

在 Excel 中，查找功能对应 Range.Find 方法——该方法用于查找区域中的特定信息，返回 Range 对象。其语法如下：

> 查找特定信息
> Range.Find(What, After, LookIn, LookAt, SearchOrder, SearchDirection, MatchCase, MatchByte, SearchFormat)

> **皮蛋**：这么多参数啊！我的乖乖，能少点不？
>
> **无言**：少是不可能的，只能说在实际使用时，挑需要的用。我也只会对必要和常用参数进行详解，用得少的就按需讲解。先来看看每个参数的作用吧，如表1-6所示。

表1-6 Range.Find 方法参数说明

参数名称	必需和可选	数据类型	作用说明
What	必需	Variant	被搜索的字符，可以为空白无字符状态
After	可选	Variant	指定从某单元格之后开始查找，不指定则从最左上角开始
LookIn	可选	Variant	被搜索信息的类型：公式、值、批注
LookAt	可选	Variant	单元格匹配查找模式：XlWhole（精确）或XlPart（模糊），默认模糊
SearchOrder	可选	Variant	按行列方向查找：XlByRows（先横后竖）或XlByColumns（先竖后横），默认XlByRows
SearchDirection	可选	内置常量	区域搜索方向：XlNext（向上搜）或XlPrevious（向下搜），默认向下
MatchCase	可选	Variant	区分大/小写：True（区分）或False（不区分），默认False
MatchByte	可选	Variant	区分全/半角：True（区分）或False（不区分），默认False
SearchFormat	可选	Variant	搜索的格式，Application.FindFormat属性

> **无言**：以上就是Range.Find方法的9个参数的作用说明，其中What参数是必需的，也就是【查找和替换】对话框中的【查找内容】栏。

1. Range.Find 的模糊查找

Range.Find 查找除了 What 参数是必需的之外，经常会用到带有 LookAt 参数的模糊或者精确查找。就像 VLOOKUP 函数一样，不同的匹配模式可以找到的数据量也不同。

无言：下面通过Range.Find的What和LookAt参数配合，讲解如何在图 1-7中查找包含指定关键字的单元格后将底色设置为红色。

序号	订单号	下单时间	地址	付款方式
1	20171129074337741282	2017/11/29 07:43:37 Am	纺西街中铁缤纷新城	货到付款
2	20171129005900309566	2017/11/29 12:59:00 Am	王官营中学	微信支付
3	20171129004714918019	2017/11/29 12:47:14 Am	生米镇南昌工学院	微信支付
17	20171128211420594615	2017/11/28 09:14:20 Pm	四季花城F13	微信支付
20	20171128210834813788	2017/11/28 09:08:34 Pm	市沙坪坝区青木关镇青木关中学校	微信支付
24	20171128203558265663	2017/11/28 08:35:58 Pm	民和镇云桥南路汇洋格林郡小区	微信支付
28	20171128193042861484	2017/11/28 07:30:42 Pm	民航街龙城半岛小区	微信支付
29	20171128190500967622	2017/11/28 07:05:00 Pm	南三环金牛装饰大市场名品装饰城	微信支付
30	20171128190101328146	2017/11/28 07:01:01 Pm	庐城镇东方华庭对面依佰服饰	微信支付
31	20171128185857831190	2017/11/28 06:58:57 Pm	辛集市王口镇孟家庄村	微信支付
32	20171128182441132431	2017/11/28 06:24:41 Pm	长丰镇竖村工业区大江公司	货到付款

 图 1-7 Range.Find 模糊查找指定字符

具体示例代码如代码 1-11 所示。

代码 1-11 单元格值关键字模糊查找

```
001|Sub Rng_Find_LookAt_Part()
002|    Dim Gjz As String, F_Rng As Range, Rng As Range
003|    Dim F_RngAdd As Range, St_Rng As String, Tem_Rng As Range
004|    Gjz = InputBox("请输入需要查找的关键字。", "查找关键字", "区")     '提示关键字输入
005|    If Len(Gjz) = 0 Then MsgBox "查找关键字不能为空，过程将退出": Exit Sub
006|    With Sheet2.Range("A1").CurrentRegion
007|        Set F_Rng = .Offset(1, 3).Resize(.Rows.Count - 1)
008|        F_Rng.Interior.ColorIndex = xlNone
009|    End With
010|    With F_Rng
011|        Set Tem_Rng = .Find(What:=Gjz, LookIn:=xlValues, LookAt:=xlPart)
012|        If Not Tem_Rng Is Nothing Then
013|            Set F_RngAdd = Tem_Rng
014|            St_Rng = Tem_Rng.Address
015|            Do
```

```
016|            Set Tem_Rng = .FindNext(Tem_Rng)
017|            If Tem_Rng.Address <> St_Rng Then Set F_RngAdd = Application.Union(F_RngAdd, Tem_
                Rng)
018|            Loop While Tem_Rng.Address <> St_Rng
019|        Else
020|            Exit Sub
021|        End If
022|    End With
023|    With F_RngAdd
024|        .Interior.ColorIndex = 3
025|        .Select
026|        MsgBox "区域中找到" &.Count & "个含有" & Gjz & "的单元格" & vbCr&.Address(0, 0)
027|    End With
028|End Sub
```

代码 1-11 示例过程，通过查找单元格的值是否含有指定关键字，若含有，则将该单元格并入 F_RngAdd 变量，最后对这些单元格进行涂色。

（1）首先通过 InputBox 函数的指定关键字赋值给 Gjz 变量，并通过 If 语句判断 Gjz 变量是否为空，若为空则退出过程。接着将 D 列标题行以外的区域赋值给 F_Rng 变量，该变量作为查找关键字的区域；F_Rng.Interior.ColorIndex = XlNone 语句将该区域的底色设置为无。

（2）Set Tem_Rng = .Find(What:=Gjz, LookIn:=XlValues, LookAt:=XlPart) 的作用以查找单元格值的方式在 F_Rng 单元格中模糊查找匹配满足 Gjz 变量的单元格。

（3）F_Rng 区域中若查找不到含有 Gjz 的单元格，那么过程将退出；若找到含有该关键字单元格，则将单元格对象赋值给 F_RngAdd 和 St_Rng 变量——F_RngAdd 变量存放所有满足 Gjz 变量存放 Rang 对象；St_Rng 变量则是存放查找到的第 1 个单元格的文本位置，作为后面比较。

（4）到第 1 个含有单元格区域后通过 Do 循环获取 F_Rng 区域中其他单元格。在循环语句中使用了 Set Tem_Rng = .FindNext(Tem_Rng) 语句查找区域中相同要素的下一个单元格。该语句使用了 Range.FindNext 方法，其语句和作用如下。

继续由 Find 方法开始的搜索
Rnage.FindNext(After)

Rnage.FindNext 的作用是继承 Find 方法所有的设置,从已找到的单元格位置查找下一个相同条件的单元格,继续往后查找;其中 After 参数为上一个已找到的 Range 对象。

(5) If Tem_Rng.Address <> St_Rng 语句判断下一个单元格是否与第 1 个单元格地址相同。若不同,则通过 Set F_RngAdd = Application.Union(F_RngAdd, Tem_Rng) 将 Tem_Rng 单元格并入 F_RngAdd;直到 Do 循环中找到的下一个单元格位置与 St_Rng 相同时退出该循环。

(6) 将 F_RngAdd 变量中的所有单元格位置底色设置为红色(.Interior.ColorIndex = 3),并选中这些单元格,通过 Msgbox 函数提示单元格数量及具体位置。

无言:代码 1-11 示例过程中,运用了 Range.Find 方法的 What、LookIn、LookAt 三个参数,在单元格的值中查找含有关键字单元格。

皮蛋:Rnage.FindNext 是向下查找,那如果我想向上查找呢?

无言:那可以使用 Range.FindPrevious 方法,它的作用是依据已找到的单元格向上查找相同的下一单元格,语法如下。

继续由 Find 方法开始的搜索
Rnage.FindPrevious (After)

FindPrevious 和 FindNext 方法都是针对向已查找到的 Range 对象位置继续向下或向上查找。

2. Range.Find 的精确查找

皮蛋:嗯,好的!那精确查找呢?

无言:Range.Find 的精确查找只需将 LookAt 参数值设置为 XlWhole,代表只有当单元格中的内容与所要搜索的字符完全一致时才能匹配。现在用一份大餐来进行查找,并设置一个查找方向参数,如图 1-8 所示。

存货	规格型号	采购单位	存货	规格型号	采购单位	存货	规格型号	采购单位
鲜三文鱼		公斤	虾饺	400G	包	小鳗鱼		公斤
鲍鱼	20头	公斤	松花菌		公斤	食用干冰		公斤
蛤蜊		公斤	鲳鱼		公斤	牛仔骨		公斤
生蚝		个	鲈鱼		公斤	大雄鱼		公斤
黄丫头		公斤	生蚝		个	鱼尾巴		公斤
活桂鱼仔		公斤	鲜三文鱼		公斤	鲜三文鱼		公斤
鲍鱼		公斤	鲍鱼	20头	公斤	鲍鱼	20头	公斤
白鱼		公斤	基尾虾(海鲜池)		公斤	生蚝		个
鱼尾巴		公斤	生蚝		个	冻羊腿(国产)		公斤
大雄鱼		公斤	鲈鱼		公斤	珍宝蟹		公斤

 图 1-8 Range.Find 精确查找指定字符

精确查找示例如代码 1-12 所示。

代码 1-12　单元格值关键字精确查找

```vb
001|Sub Rng_Find_LookAt_Whole()
002|    Dim Gjz As String, F_RngAdd As Range, St_Rng As String, Tem_Rng As Range
003|    Gjz = InputBox("请输入需要需要查找的关键字。","查找关键字","鲍鱼")        '提示关键字输入
004|    If Len(Gjz) = 0 Then MsgBox "查找关键字不能为空,过程将退出": Exit Sub
005|    With Sheet1.Range("A1").CurrentRegion
006|        Set Tem_Rng = .Find(What:=Gjz, LookIn:=xlValues, LookAt:=xlWhole, SearchOrder:=xlByRows)
007|        If Not Tem_Rng Is Nothing Then
008|            Tem_Rng.Select
009|            Set F_RngAdd = Tem_Rng
010|            St_Rng = Tem_Rng.Address
011|            Do
012|                Set Tem_Rng = .FindPrevious(Tem_Rng)
013|                If Tem_Rng.Address <> St_Rng Then Set F_RngAdd = Application.Union(F_RngAdd, Tem_Rng): Tem_Rng.Select
014|            Loop While Tem_Rng.Address <> St_Rng
015|        Else
016|            Exit Sub
017|        End If
018|    End With
019|    With F_RngAdd
020|        .Interior.ColorIndex = 20
021|        MsgBox "区域中找到" & .Count & "个含有" & Gjz & "的单元格" & vbCr & .Address(0, 0)
022|    End With
023|End Sub
```

（1）代码 1-12 示例过程，将 LookAt 参数设置为 XlWhole（精确查找），并将查找方向 SearchOrder 参数设置为 XlByRows，即 Find 查找的方向是从左至右（一行一行查），若为 XlByColumns 则是从上到下（一列一列查）。

（2）过程通过在 A 列连续区域中精确查找。当 Gjz 变量为"鱼"时，除非单元格中存在着只有一个"鱼"字的单元格，否则无法匹配到满足的单元格；当将 Gjz 变量为"鲍鱼"时，可以找到数个完全匹配"鲍鱼"的单元格。

（3）Tem_Rng.Select 语句的作用是显示 SearchOrder 参数的设置，将查找到完全匹配到的单元格选中（这里的主要用于演示 SearchOrder 参数的作用）；.Interior.ColorIndex = 20 语句则是将 F_RngAdd 集合中的所有单元格底色设置为浅蓝色。

💬 无言：对LooAt参数的设置将影响查找时的具体结果，而且Range.Find方法有一个特性。

> Range.Find 的特性，每次查找都需要重新设置参数值，否则将延续上次已设置的参数

3. Range.Find 使用通配符的精确查找

💬 无言：在使用Range.Find方法时，也可配合通配符进行精确查找。

可使用的通配符有 * 和 ?，当使用这两个符号时，即使是精确查找，Range.Find 都会产生模糊查找的效果，但是依据使用的符号不同，查找到的单元格也不同。

❓ 皮蛋：为什么呢？

💬 无言：呃，你忘记了？那我就告诉你下吧。

*：代表了任意多个字符串。

?：代表一个任意字符。

~：将 * 和 ? 两个字符设置为查找本身。

使用通配符 * 查找示例如代码 1-13 所示。

代码 1-13　使用通配符 * 查找

```
001|Sub Rng_Find_通配符()
002|    Dim Gjz As String, F_RngAdd As Range, St_Rng As String, Tem_Rng As Range
003|    Gjz = InputBox("请输入需要需要查找的关键字。", "查找关键字", "*鱼")
004|    If Len(Gjz) = 0 Then MsgBox "查找关键字不能为空，过程将退出": Exit Sub
005|    With Sheet1.Range("A1").CurrentRegion
006|        Set Tem_Rng = .Find(What:=Gjz, LookAt:=xlWhole)
007|        If Not Tem_Rng Is Nothing Then
008|            Set F_RngAdd = Tem_Rng
009|            St_Rng = Tem_Rng.Address
010|            Do
011|                Set Tem_Rng = .FindPrevious(Tem_Rng)
012|                If Tem_Rng.Address <> St_Rng Then Set F_RngAdd = Application.Union(F_RngAdd, Tem_Rng)
013|            Loop While Tem_Rng.Address <> St_Rng
```

```
014|         Else
015|             Exit Sub
016|         End If
017|     End With
018|     MsgBox "区域中找到" & F_RngAdd.Count & "个含有" & Gjz & "的单元格" &     vbCr & F_RngAdd.Address(0, 0)
019|End Sub
```

代码 1-13 示例过程中，提示用户默认输入 Gjz 变量为 "*鱼"，表示查找以 "鱼" 字结尾的所有单元格，并将该关键字赋值给 Range.Find 方法的 What 参数；.Find(What:=Gjz, LookAt:=XlWhole) 语句根据这个关键字，查找所有以 "鱼" 字结尾的单元格并记入 F_RngAdd 变量中。

💬 无言：通过*的精确查找示例，可以代入?的精确查找，因为每个?代表了一个字符，所以如果是?鱼——则是代表了查找2个字符并且以 "鱼" 字结尾的单元格。

❓ 皮蛋：那如果是要查找它们本身，那是不是要输入~*、~? 呢？

💬 无言：没错，就是这样。

❓ 皮蛋：明白了，如果要查找鱼字在中间，而前后N多个字符的话，可以这样输入——"*鱼*"。

4. 制作明细条

💬 无言：现在我们利用Range.Find方法结合Do循环和Range.Insert方法制作一份类似工资条的明细条，如图1-9所示。

泥头泥尾	单号	单号公式	日期序号	日期	序号	费用名称	泥头工地	泥尾工地	物料名称	单位	数量	加减数	单价	金额	实付金额
南屏果场其他杂土	1	NPGC20160504-1	NPGC20160504-11	2016年5月4日	1	勾机费	南屏果场	其他	杂土	小时	59.78		175.00	10,461.50	10,461.00
南屏果场其他白沙泥	1	NPGC20160504-1	NPGC20160504-12	2016年5月4日	2	机械费	南屏果场	其他	白沙泥	车	90.00	-4,500.00	50.00	4,500.00	-
南屏果场其他杂土	1	NPGC20160504-1	NPGC20160504-13	2016年5月4日	3	勾机费	南屏果场	其他	杂土	小时	53.35		200.00	10,670.00	10,670.00
南屏果场其他	1	NPGC20160504-1	NPGC20160504-14	2016年5月4日	4	拖machine费	南屏果场	其他	其他	次	2.00		400.00	800.00	800.00
南屏果场其他角石	2	NPGC20160614-1	NPGC20160614-11	2016年6月14日	1	爆破费	南屏果场	其他	角石	立方	11,712.00		11.22	131,408.64	131,408.00

 图 1-9 结合 Range.Find 方法制作明细条

首先讲解一下 Range.Insert 方法的作用及语法——在工作表或宏表中插入一个单元格或单元格区域，其他单元格相应移位以腾出空间，语法如下。

在指定位置和插入单元格或区域
Range.Insert(Shift, CopyOrigin)

Range.Insert 方法会依据指定为插入单元格或区域，并依据参数改变插入后单元格位置的变化。

（1）Shift 参数为指定插入单元格的方向，其具有 2 个常量：XlShiftDown（向下插入单元格，值为 -4121）、XlShiftToRight（向右侧插入单元格，值为 -4161）。

（2）CopyOrigin 参数则是参照复制指定方向单元格的格式给插入位置的单元格，其同样具有 2 个常量：XlFormatFromLeftOrAbove（从上方和 / 或左侧单元格复制格式，值为 0）、XlFormatFromRightOrBelow（从下方和 / 或右侧单元格复制格式，值为 1）。

💬 无言：Range.Insert常用的参数只有Shift参数，在对于选中插入整行或整列时，在开始行号向下移动选中的行数或者在开始列号向右侧面插入列同样的已选择的列数。

```
Rows("4:4").Insert Shift:=XlDown  '从第 3 行向下 插入一行，且原来的第 4 行将下移一行
Rows("4:5").Insert Shift:=XlDown  '从第 3 行向下 插入 2 行，且原来的第 4 行将下移 2 行，下移行数所选行数一致
Columns("D:D").Insert Shift:=XlRight  '从 D 列位置插入 1 列，且原来 D 列右移 1 列
Columns("D:G").Insert Shift:=XlRight  '从 D 列位置插入 4 列，且原来 D 列右移 4 列，右移列数与所选列数 致
```

利用 Find 配合 Do 循环制作明细条示例如代码 1-14 所示。

代码 1-14　Find 配合 Do 循环制作明细条

```
001|Sub Rng_Find_Do_Insert()
002|    Dim Bti As Range, Bt_Rs As Byte, Rng As Range, F_Rng As Range
003|    Dim Rngrs As Long, Cous As Long, Row_H As Byte
004|    On Error Resume Next
005|    Set Bti = Application.InputBox("请选择标题的有效区域，默认为工作表第一行", "标题区域", Rows(1).Address, Type:=8)
006|    If Bti Is Nothing Then MsgBox "请选择有效的单元格区域，此处将退出当前过程。": Exit Sub
007|    If Bti.Rows.Count > 5 Then MsgBox "选择的行标题数量超过5行，过程将退出": Exit Sub Else Bt_Rs = Bti.Rows.Count
008|    Row_H = Application.InputBox("请输入需要设置的行高，最小为10，最大100，默认与第1行标题相等", "行高", Bti(1).RowHeight, Type:=1)
009|    If Row_H < 10 Or Row_H > 100 Then MsgBox "行高设置过大，过程将退出。": Exit Sub
010|    Bti.Parent.Copy After:=Worksheets(Bti.Parent.Name)
011|    With Range("A1").CurrentRegion
012|        .Rows(Bt_Rs + 1).RowHeight = Row_H
```

```
013|         Set Rng = .Offset(Bt_Rs, 0).Columns(1)
014|         Rngrs = .Rows.Count - Bt_Rs - 1
015|     End With
016|     Application.ScreenUpdating = False
017|     Set F_Rng = Rng.Find(What:="*")
018|     With F_Rng
019|         .Resize(Bt_Rs + 1).EntireRow.Insert
020|         Bti.Copy.Offset(-Bt_Rs)
021|         .RowHeight = Row_H
022|         With .Offset(-Bt_Rs - 1).EntireRow
023|             .RowHeight = 5
024|             .Clear
025|         End With
026|         Set F_Rng = .Offset(1)
027|     End With
028|     Cous = 1
029|     Do
030|         With F_Rng
031|             .Resize(Bt_Rs + 1).EntireRow.Insert
032|             Bti.Copy.Offset(-Bt_Rs)
033|             .RowHeight = Row_H
034|             With .Offset(-Bt_Rs - 1).EntireRow
035|                 .RowHeight = 5
036|                 .Clear
037|             End With
038|             Set F_Rng =.Offset(1)
039|         End With
040|         Cous = Cous + 1
041|     Loop While Cous <= Rngrs - 1
042|     Application.ScreenUpdating = True
043|End Sub
```

代码1-14示例过程，结合了Range.Find、Range.FindPrevious及Do循环来制作明细条。

（1）Bti变量为让用户选择工资条的标题区域，默认选择工作表中的第1行，最后通过If语句判断用户是否选择了区域，若没有则退出过程。

（2）Bt_Rs变量以Bti变量的标题区域范围来统计其所选标题行数是否超过了5行，若是则提示并退出过程，否则通过Bti.Rows.Count统计所选标题行数并赋值给Bt_Rs；Row_H则是输入明细条的行高，默认为Bti变量标题第1行的行高，人工设定只能在10～100磅之间，通过If语句判断输入行高是否超出范围，是则提示并退出。

（3）Bti.Parent.Copy After:=Worksheets(Bti.Parent.Name)为通过Bti变量获取其父级对象的工作表并将其复制到该表后面，用于后面明细条的操作。

（4）.Rows(Bt_Rs + 1).RowHeight = Row_H语句为设置工资条间的空表行高；Set Rng = .Offset(Bt_Rs, 0).Columns(1)是通过复制后的工作表的A1连续区域中从标题偏移Bt_Rs变量后位置中的第1列作为Rng的赋值；并通过Rngrs = .Rows.Count - Bt_Rs - 1语句，获取Rng区域中从统计区域中有多少行，并减去Bt_Rs的值再减去-2，-2是因为最后一行后不需要再操作，也就是如果原来是19行，实际上需要操作的只是18次。

（5）Set F_Rng = Rng.Find(What:="*")语句采用Range.Find查找Rng区域中第1个非空单元格，并将找到的单元格赋值给F_Rng，然后使用With语句减少重复对象的引用。

（6）.Resize(Bt_Rs + 1).EntireRow.Insert语句在F_Rng当前行选择Bt_Rs并加1的行后执行插入行的操作，该操作将在当前行的上面插入选定数量的行数。

（7）Bti.Copy.Offset(-Bt_Rs)语句是将标题复制到F_Rng行位置向上偏移指定行数（Bt_Rs）位置，并通过.RowHeight属性设置该行的行高。

（8）With .Offset(-Bt_Rs - 1).EntireRow语句通过在F_Rng行位置比Bt_Rs变量多1行的数量向上偏移，该行是作为空白行位置，并将该空白行的行高设置为5，且清除该行的所有内容。

（9）在Whit F_Rng语句中使用Set F_Rng = .Offset(1)将F_Rng变量重新赋值为当前位置下一个单元格位置，用于Do循环中的Range.FindPrevious方法的查找单元格对象。

（10）Cous = Cous + 1语句作为一个计数器，其作用的用于Do循环中每次插入行复制标题等设置后，将其值增加1。

（11）通过Do...Loop While的循环获取插入指定标题的行数、复制标题、设置行高及空白行的设置操作，其中当Cous的值不大于Rngrs则继续重复上一步的操作设置，直到不满足该条件。

> 无言：上面讲到的都是查找字符。如果需要查找的是格式，而非具体数据，可以使用Application.FindFormat属性来查找。例如，要查找单元格中字体的某种样式，可以使用以下的方法进行查找。

```
设置查找字体的格式
Application.FindFormat.Clear           '先清除原来设置的查找样式
With Application.FindFormat.Font
.Name = " 宋体 "                        '设置要查找字体的名称
.FontStyle = " 常规 "                   '设置要查找字体的样式,加粗或者常规等
.Size = 10                              '设置要查找字体的字号
.Subscript = False                      '设置要查找的字体是否上标
End With
```

当需要查找的是字体格式的或通过如下语法先设置查找字体的格式,再设置 Range.Find 方法的 SearchFormat 参数为 True 即可。具体示例如代码 1-15 所示。

代码 1-15　查找单元格字体格式

```
001|Sub Application_FindFormat_Font ()
002|    Application.FindFormat.Clear
003|    Application.FindFormat.Font.ColorIndex = 3
004|    Cells.Find(What:="*", LookIn:=xlValues, SearchFormat:=True).Select
005|    Cells.FindNext(After:=ActiveCell).Activate
006|End Sub
```

代码 1-15 示例过程中,先通过 Application.FindFormat.Clear 语句清除原来设置好的查找单元格格式,再通过 Application.FindFormat.Font.ColorIndex = 3 语句重新设置为查找的字体颜色为红色,然后通过 Cells.Find(What:="*", LookIn:=XlValues, SearchFormat:=True).Select 语句将字体为红色的单元格选中;Cells.FindNext(After:=ActiveCell).Activate 语句则是查找下一个同样格式的单元格并激活。

💬 **无言**:使用时必需将Range.Find方法的SearchFormat赋值为True,查找格式的语句才有效。

❓ **皮蛋**:嗯。

1.3.2　单元格内容的替换:Range.Replace 方法

💬 **无言**:接着说下单元格内容的替换——Range.Replace方法。

Range.Replace 方法和 Range.Find 方法是相辅相成的，一个查找数据或格式，一个将查找到数据或格式替换为指定的数据或格式，两者的语法也相近，语法如下。

> 查找特定信息，并替换
> Range.Replace(What, Replacement, LookAt, SearchOrder, MatchCase, MatchByte, SearchFormat, ReplaceFormat)

皮蛋：这是何其相似啊，就多了 Replacement 和 ReplaceFormat 参数，但是少了 After、LookIn、SearchDirection 参数。

无言：很相似，所以一起学习才好理解啊。先来看下参数作用，如表1-7所示。

表1-7 Range.Replace 方法参数说明

参数名称	必需和可选	数据类型	作用说明
What	必需	Variant	需要被搜索的字符，搜索内容可为空白无字符状态
Replacement	可选	Variant	替换的字符，可以为空
LookAt	可选	Variant	单元格匹配查找模式：XlWhole（精确）或XlPart（模糊），默认模糊
SearchOrder	可选	Variant	按行列方向查找：XlByRows（先横后竖）或XlByColumns（先竖后横），默认先横后竖
MatchCase	可选	Variant	区分大/小写：True（区分）或False（不分），默认False
MatchByte	可选	Variant	区分全/半角：True（区分）或False（不分），默认False
SearchFormat	可选	Variant	搜索的格式，Application.FindFormat属性
ReplaceFormat	可选	Variant	替换的格式

What 参数就是要替换查找的字符串，而 Replacement 参数实际就是将查找到的字符要替换成的字符串——即【查找和替换】对话框中的替换栏。

ReplaceFormat 参数则是指定是否要查找到的格式替换为指定新格式（Application.ReplaceFormat 由设置决定），赋值为 True 时为替换；但是此时 SearchFormat 参数必需赋值为 True 才有效，即两个参数必需同时为 True。

无言：进入实战吧，因为 Find 和 Replace 方法是很相似，有了前面的铺垫，可以直接进入操作。现在需要将工作表（见图1-10）中带有某指定关键字，替换为指定字符，具体示例如代码1-16所示。

序号	日期	品名	数量/袋	库存	备注
1	2017年2月27日	鹿肉	1袋	9袋	
2	2017年3月15日	蛋清	1袋	9袋	
3	2017年1月22日	鸡腩肉120g	1袋	8袋	
4	2017年2月26日	鸡腩肉150g	2袋	58袋	
5	2017年4月1日	鹿肉	1袋	8袋	
6	2017年1月23日	蛋清	1袋	8袋	
7	2017年4月25日	鸡腩肉150g	1袋	57袋	
8	2017年4月29日	蛋清	2袋	6袋	
9	2017年3月28日	鸡腩肉120g	1袋	7袋	

图 1-10 替换指定字符

代码 1-16 替换单元格中指定关键字——模糊

```
Sub Rng_Replace_Part_Date()
    With Range("A1").CurrentRegion
        .Columns(3).Replace What:="肉", Replacement:=Date, LookAt:=xlPart, SearchOrder:=xlByRows,
_
            MatchCase:=False, SearchFormat:=False, ReplaceFormat:=False
    End With
End Sub

Sub Rng_Replace_Part_Str()
    With Range("A1").CurrentRegion
        .Columns(3).Replace _
            What:=Date, Replacement:="肉", _
            LookAt:=xlPart, SearchOrder:=xlByRows, _
            MatchCase:=False, SearchFormat:=False, ReplaceFormat:=False
    End With
End Sub
```

代码 1-16 示例过程中，Rng_Replace_Part_Date 过程将 What 参数赋值为“肉”，将 Replacement 参数赋值为 Date（代表 PC 上的当前日期）——即将肉替换为 Date；然后 LookAt 参数设置为 Xlpart 模糊查找，这样就会对含有“肉”的所有单元格进行替换；SearchOrder 参数设置为按行方向查找，MatchCase 则是不区分大小写。

Rng_Replace_Part_Str 过程则是反过来将单元格中的日期数据替换为指定的字符串——肉。

无言：Range.Replace与Range.Find方法不同——Range.Replace方法是一次性替换所有符合要求的单元格，而Range.Find方法只能循环查找。

皮蛋：那Range.Replace方法的精确替换，只需要将LookAt参数赋值为XlWhole就行了，是吧？但是，我现在比较感兴趣的是如何替换单元格的格式。

无言：好吧，既然你诚心诚意地问了，那我就大发慈悲地告诉你吧！

皮蛋：你以为是动漫啊，赶紧讲正题。

无言：既然要替换格式，就必需先设置要查找的格式，Application.FindFormat方法为设置查找格式，Application.ReplaceFormat方法则对应了要替换格式设置，Application.ReplaceFormat的语法如下。

```
设置替换字体的格式
Application.ReplaceFormat.Clear              '先清除原来设置的替换样式
With Application.ReplaceFormat.Font
    .Name = " 宋体 "                          '设置要替换成字体的名称
    .FontStyle = " 常规 "                     '设置要替换成字体的样式，加粗或者常规等
    .Size = 10                                '设置要替换成字体的字号
    .Subscript = False                        '设置要替换成的字体是否上标
End With
```

替换格式的示例如代码1-17所示。

代码 1-17　指定对象的格式替换另一种格式

```
001|Sub RngRng_ReplaceFormat()
002|    With Application.FindFormat.Font
003|        .Size = 12
004|        .ColorIndex = 3
005|    End With
006|
007|    With Application.ReplaceFormat.Font
008|        .Size = 10
009|        .ColorIndex = 30
010|    End With
011|    Range("A1").CurrentRegion.Replace What:="", Replacement:="", SearchFormat:=True, ReplaceFormat:=True
012|End Sub
```

代码 1-17 示例过程，首先通过 Application.FindFormat.Font 设置要查找的格式对象为字体，并限制查找字体的字号为 12 且为红色；然后再通过 Application.ReplaceFormat.Font 设置要替换的字体格式字号为 10 且为棕色；最后在 A 列的连续区域中使用 Range.Replace 方法进行替换格式，SearchFormat 和 ReplaceFormat 都赋值为 True——即只要满足上面的格式要求才能进行替换。

? 皮蛋：言子，如果使用 Application.FindFormat.Clear 清除要查找的格式后，再使用下面的语句会是什么情况呢？

```
Range("A1").CurrentRegion.Replace What:="", Replacement:="", SearchFormat:=False, ReplaceFormat:=True
```

… 无言：该语句会将那些 Excel 默认格式的单元格设置为指定格式。

代入刚才的代码，会将所有新建工作表区域中没有设置单元格格式的字号更改为 10 号，字体颜色为棕色。如果使用下面的语句则会将所有含有"肉"字单元格的字体设置为指定的样式。

```
Range("A1").CurrentRegion.Replace What:=" 肉 ", Replacement:="", SearchFormat:=False, ReplaceFormat:=True
```

? 皮蛋：嘿嘿，使用 Application.ReplaceFormat.Clear 配合 Range.Replace 方法批量搞定格式内容和格式的替换啦？

… 无言：蛋蛋变聪明了，不错，学会思考了。确实如此，那么关于查找和替换的方法就讲解到这里。最后说下它们的异同之处。

Range.Find 和 Range.Replace 方法相同与不同
相同——每次执行都需要重新设置一次查找替换规则，否则都将延续上一次的设置，除非关闭 Excel 程序
不同——Find 的循环逐次操作，Replace 是批量操作不需要循环

1.4 文本分列：Range.TextToColumns

数据分列是 Excel 中使用频率颇高的功能——将一组文本（数据）按照一定的分隔符或固定位置将数据拆分到一组单元格中，并设置指定列的格式。

? 皮蛋：那数据分列对应了 VBA 中的什么方法呢？

… 无言：Range.TextToColumns 方法对应了 Excel 界面上的数据分列功能，其语法如下。

> 将包含文本的一列单元格分解为若干列
> Range.TextToColumns(Destination, DataType, TextQualifier, ConsecutiveDelimiter, Tab, Semicolon, Comma, Space, Other, OtherChar, FieldInfo, DecimalSeparator, ThousandsSeparator, TrailingMinusNumbers)

皮蛋：继续，言子，解释下参数的作用。

无言：如表1-8所示为该方法的常用参数说明，了解后再运用。

表1-8 Range.TextToColumns 方法参数说明

参数名称	作用说明	其他说明
Destination	指定要拆分到单元格的位置，如果多区域只需指定左上角第1个区域	默认是在原列位置拆分填充数据，当指定该参数时，可以拆分到指定的开始单元格。
DataType	指定要拆分的方式：按固定字符（XlDelimited/1）或者固定宽度（XlFixedWidth/2），默认固定字符拆分，与Tab、Semicolon、Comma、Space、Other参数配合使用	
TextQualifier	指定的连续字符视为一个整体进行拆分，内置符号：单引号、双引号或者无，与ConsecutiveDelimiter、Other参数配合	
ConsecutiveDelimiter	如果为True，则Microsoft Excel将连续分隔符视为一个分隔符。默认值为False	
Tab	如果为True，则以指定字符分列；默认值为False	与DataType参数配合，并以制表符、分号、逗号、空格、其他指定字符作为分列标志
Semicolon		
Comma		
Space		
Other		
OtherChar	如果Other参数为True，则为必选项，指定其他字符作为分列的指定分隔符。多字符时取第1个字符	用户指定其他要分列的具体字符
FieldInfo	指定分列数组中的各数组的分列样式，每个数组中，第1个元素指明了列数，第2个元素指定分列后的格式；该格式的与XlColumnDataType 常量值有关	例如Array(1,5)，代表了将第1列分类后的格式设置为文本，1代表了第N列；5代表了XlColumnDataType的常量值

续表

参数名称	作用说明	其他说明
DecimalSeparator	识别数字时，Microsoft Excel 使用的小数分隔符。默认设置为系统设置	
ThousandsSeparator	识别数字时，Excel 使用的千位分隔符。默认设置为系统设置	
TrailingMinusNumbers	以减号字符开始的数字	

1.4.1 使用内置分隔符分列

皮蛋：呵呵，这些参数看起来好繁杂啊。

无言：不要怕，咱挑几个常用参数来说。

因为 Range.TextToColumns 方法的参数都是可选的，常用的就 DataType、Tab、Semicolon、Comma、Space、Other、OtherChar 等。

DataType 参数代表使用哪种分列形式；Tab、Semicolon、Comma、Space 4 个参数分别代表了是否采用内置的 4 种指定字符进行分列标识，如果不采用内置字符，则需将 Other 参数赋值为 True，并必需指定 OtherChar 参数的字符。

OtherChar 参数可以输入多个字符，但是运行时该参数只获取指定字符串中的第 1 个字符作为分类标识符号，所以此处只能"专一"。

无言：平时使用 Excel 分列功能最频繁的就是按照指定字符分列，下面通过一个示例——将图 1-11 所示的列分隔为如图 1-12 所示的效果，来说明 DataType 参数配合其他参数的使用。具体过程如代码 1-18 所示。

图 1-11 使用内置分隔符分列

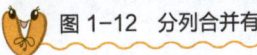

图 1-12 分列合并有效果

代码 1-18　指定内置分隔符分列 – 考勤

```
001|Sub Kaoqing_TextToColumns_Space()
002|    Dim Rng As Range, i As Long, ii As Integer
003|    Dim MaxCol As Integer, MinCol As Integer, Tem_Str As String
004|    With Range("A1").CurrentRegion
005|        Set Rng = .Offset(1).Resize(.Rows.Count - 1, 1)
006|        Rng.TextToColumns Destination:=Rng(1).Offset(0, 2), DataType:=xlDelimited,
            Space:=True
007|    End With
008|    Application.ScreenUpdating = False
009|    Set Rng = Rng.Offset(0, 2).CurrentRegion
010|    MinCol = Rng(1).Column
011|    With Rng
012|        .NumberFormat = "hh:mm"
013|        For i = .Item(1, 1).Row To .Item(.Rows.Count, 1).Row
014|            MaxCol = Cells(i, Columns.Count).End(xlToLeft).Column
015|            For ii = 0 To MaxCol - MinCol
016|                Tem_Str = Tem_Str & .Item(i - 1, 1).Offset(0, ii).Text & " "
017|            Next ii
018|            .Offset(i - 2, -1).Resize(1, 1) = RTrim(Tem_Str)
019|            Tem_Str = ""
020|        Next i
021|        .Clear
022|        .Offset(0, -1).HorizontalAlignment = xlLeft
023|    End With
024|    Application.ScreenUpdating = False
025|End Sub
```

代码 1-18 示例过程将 A 列中的数据按照指定内置字符空格进行分列后，将分列后的单元格格式设置为不保留秒的时间格式，并最后将每行时间格式用空格合并为一个新的字符串并写入 B 列对应行。

（1）使用 With 语句直接引用 A 列连续区域，并使用 .Offset(1).Resize(.Rows.Count - 1, 1) 语句从 A2 单元格获取 A 列区域中除标题外的区域作为分列区域赋值给 Rng 变量。

（2）Rng.TextToColumns Destination:=Rng(1).Offset(0, 2),DataType:=XlDelimited, Space:=True 语句为将 Rng 区域的数据按照内置指定字符（空格）进行分列，并将数据分列到以 Rng 变量的第 1 个单元格偏移 2 列后的位置，作为存放分列后的数据。

（3）Set Rng = Rng.Offset(0, 2).CurrentRegion 语句重新将 Rng 变量赋值为分列后位置的连续区域，并根据 Rng(1).Column 语句获取当前区域中第 1 个单元格的列号并赋值给 MinCol 变量；接着以新位置的 Rng 变量单元格格式设置、循环等操作。.NumberFormat = "hh:mm" 语句将 Rng 区域内单元格数字格式进行重新设置，然后进行循环合并操作。

无言：接下来是通过两层循环进行时间格式区域的获取及合并。

（4）首先通过获取 i 循环中的初始值，该值由 .Item(1, 1).Row 语句获取 Rng 区域中第 1 行第 1 列的行号；循环终值由 .Item(.Rows.Count, 1).Row 语句获取获取 Rng 区域中最后一行的行号；MaxCol 语句作为统计当前行区域中有效使用行的列号变量，其通过 Cells(i, Columns.Count).End(XlToLeft).Column 语句获取从当前行极限列向左获取最后的使用列号，作为第 2 层循环的终值。第 2 层的终值通过 MaxCol - MinCol 获取两个列号间的差值作为终值，初始值为 0。

（5）第 2 层 ii 循环中为通过 Tem_Str 作为字符串合并变量，用于合并当前行中所有时间格式的链接，链接的字符采用空格，链接的单元格通过 .Item(i - 1, 1).Offset(0, ii).Text 语句，先获取 Rng 变量中 .Item(i - 1, 1) 当前行的位置，i-1 是因为 Rng 变量的开始行号的 2，而 Item 是指明获取 Rng 对象中的 X 行 N 列的位置，所以要 -1，再通过 .Offset(0, ii).Text 语句获取偏移循环 ii 值的列后当前真实单元格的数字格式作为合并内容；即 Tem_Str = Tem_Str & .Item(i - 1, 1).Offset(0, ii).Text & " " 语句为将当前行偏移每一列的单元格数字格式内容用空格合并为一个字符串并赋值给 Tem_Str。

（6）.Offset(i - 2, -1).Resize(1, 1) = RTrim(Tem_Str) 语句为 i 循环层内的将 Tem_Str 除去右侧空格后写入 Rng 当前行左移一列的位置写入数据，最后将 Tem_Str 重置为空白文本变量。

（7）清空 Rng 区域的所有数据及格式，并将 Rng 左边一列的水平对齐方式设置为靠左对齐。

1.4.2 使用其他指定字符分列

皮蛋：代码 1-18 示例过程采用了内置分隔符进行分列操作；如果使用非内置分隔符，要怎么设置呢？

💬 **无言**：要使用其他非内置的分隔符，需要使用2个参数——Other和OtherChar，Other参数必需赋值为True表明使用其他非内置分隔符，OtherChar参数则必需指定最少一个字符串。还是看实例吧，下面有一份关于物料编码的表格，要将每一层次拆分开来，以 . 为分隔符，实现过程如代码1-19所示。

代码 1-19　指定其他字符拆分单元格

```
001|Sub WulBom_TextToColumns_Other()
002|    With Range("A1").CurrentRegion
003|        .Offset(1).TextToColumns Destination:=.Offset(1).Offset(0, 1), _
004|            DataType:=xlDelimited, Other:=True, OtherChar:="."
005|    End With
006|End Sub
```

❓ **皮蛋**：这个简单多了。但是这个代码拆分后，A3、A4中有的数字前面的0不见了（见图1-13），这个要怎么办，不会让我重新设置格式吧？

物料代码	A1	A2	A3	A4
4.1.09.10331	4	1	9	10331
4.1.11.14381	4	1	11	14381
4.1.09.07221	4	1	9	7221
4.1.11.14201	4	1	11	14201
4.1.01.50171	4	1	1	50171
4.1.01.50561	4	1	1	50561

 图 1-13　指定其他拆分字符

💬 **无言**：嗯，这个是简化了，咱也搞个简单好懂的。

代码 1-19 示例中设置 Other 参数为 True，提示要采用非内置分隔符进行分列，再赋值 OtherChar 参数的字符为指定的其他分隔符。然后指定拆分存放位置在 B 列。

💬 **无言**：皮蛋你刚才说的A3、A4标题下的数字前置0不见了，在拆分的过程中可使用FieldInfo参数指定拆分后特定列的数字格式。

FieldInfo 参数，指定拆分的列序及格式或者跳过指定列不导出

该示例跳过了源数据的第 3 列，第一列作为文本进行分列，而其余各列均使用 XlGeneralFormat 设置进行分列
FieldInfo:= Array(Array(3, 9), Array(1, 2))

第 1 章 Range对象的进阶语法

从固定宽度的文件中拆分出两列：第一列从行起始处开始，长度为 10 个字符；第二列从第 15 个字符开始，直至行尾。为避免包含从第 10 个字符到第 15 个字符之间的字符，Excel 加入了一个被跳过的列数据项
FieldInfo:= Array(Array(0, 1), Array(10, 9), Array(15, 1))

效果如图 1-14 所示。

图 1-14　指定其他拆分字符并设置格式

💬 **无言**：将代码 1-19示例过程做如下修改，将分列后第4组数组设置为文本格式，如代码1-20所示。

代码 1-20　指定字符分列并将指定列设置格式

```
001|Sub WulBom_TextToColumns_Other_ FieldInfo()
002|    With Range("A1").CurrentRegion
003|        .Offset(1).TextToColumns Destination:=.Offset(1).Offset(0, 1), _
004|        DataType:=xlDelimited, Other:=True, OtherChar:=".", _
005|        FieldInfo:=Array(Array(1, 1), Array(2, 1), Array(3, 2), Array(4, 2))
006|    End With
007|End Sub
```

代码 1-20 示例过程多了 FieldInfo:=Array(Array(1, 1), Array(2, 1), Array(3, 2), Array(4, 2)) 语句，该语句作用是设置为分列后各列组的数字格式。Array(1, 1) 列组中的第 1 个数字，代表了第 1 列，第 2 个 1 代表了要设置的数字格式为常规，第 2 个参数可以查阅 XlColumnDataType 常量常量值及其作用。

❓ **皮蛋**：如果先单独写FieldInfo:=Array(4, 1)，这样单独设置第4列的格式可以吗？

💬 **无言**：不行！需要将每一列的位置都写出来，当单独写一列时只会默认设置第1列的格式，所以必需把每个列组写入，不写都默认为常规设置。

❓ **皮蛋**：好的，明白了。

💬 **无言**：接下来继续说以固定列宽来分列。固定列宽用到了 DataType参数和FieldInfo 参数。

DataType 参数用以声明采用哪种方式进行分列——固定字符或者固定列宽。使用固定列宽时将 DataType 参数赋值为 XlFixedWidth；而 FieldInfo 参数则是用于指定分列各字符开始位置及分列后的该组的格式，字符开始为起始值为 0。

现在有一张科目编码（见图 1-15）需要拆分，按照每 4 个字符一组，首先在单元格中使用 Len 函数统计每一行编码的字符个数，再通过 Max 函数统计字符统计列中最大的字符数。通过计算最大字符数可以确认我们需要将编码最多拆分为 6 组，再通过代码执行分列操作。拆分效果如图 1-16 所示，实现过程如代码 1-21 所示。

方向	科目编号	字符统计	最大字符数	24
借	6601490001000200	16		
借	6601490001000200	16		
借	6601490001000200	16		
借	6601490001000200	16		
借	6601490001000200	16		
借	6601490001000200	16		
借	6601490001000200	16		

图 1-15 拆分科目编码

方向	科目编号	字符统计	最大字符数	24			04.固
借	6601490001000200	16	6601	4900	0100	0200	
贷	2320090011000200	16	2320	0900	1100	0200	
借	660130000100	12	6601	3000	0100		
贷	2320090012000200	16	2320	0900	1200	0200	
借	660146001100	12	6601	4600	1100		
借	660130000200	12	6601	3000	0200		

图 1-16 固定列宽拆分的效果

代码 1-21 固定列宽分列操作

```
001|Sub TextToColumns_xlFixedWidth()
002|    Dim Rng As Range, Arr(), MaxC As Byte, i As Byte
003|    MaxC = Cells(1, "F") \ 4 + IIf(Cells(1, "F") Mod 4 = 0, 0, 1)
004|    ReDim Arr(1 To MaxC)
005|    For i = 1 To MaxC
006|        Arr(i) = Array((i - 1) * 4, 2)
007|    Next i
008|    With Range("A1").CurrentRegion
009|        Set Rng = .Offset(1, 1).Resize(.Rows.Count - 1, 1)
```

```
010|              Rng.TextToColumns Destination:=Rng(1).Offset(0, 4), DataType:=xlFixedWidth, _
011|                  FieldInfo:=Arr
012|      End With
013|End Sub
```

代码1-21示例过程为通过固定列拆分科目编码的过程。

（1）MaxC变量作为统计需要拆分的最大组数，其通过 Cells(1, "F") \ 4 + IIf(Cells(1, "F") Mod 4 = 0, 0, 1) 语句获取，其中 Cells(1, "F") 引用单元格中的最大字符数；Cells(1, "F") \ 4 则是获取最大字符数整除4的商；IIf(Cells(1, "F") Mod 4 = 0, 0, 1) 判断最大字符数是否存在余数，是则 +1。

（2）ReDim Arr(1 To MaxC) 语句为声明并定义一个数组，其范围从1开始到MaxC的值，过程中为6，所以数组范围为 Arr(1 to 6)。

（3）通过 i 循环将需要分列的位置通过 Array 函数写入 Arr 数组中，Array 数组中的 (i-1)*4 代表了要分列的具体区域，分列的开始位置0，所以 i-1，然后每一组的个数为4个，所以 *4；Array 中的第2个参数设置为2，代表将分列后的格式设置为文本；通过循环写入 Arrya 函数的赋值，相当于我们手工书写（如下），但是现在通过 i 循环实现操作了。

Array(Array(0, 2), Array(4, 2), Array(8, 2), Array(12, 2), Array(16, 2), Array(20, 2))

（4）Rng变量为指定拆分后要存放数据位置，并作为 Range.TextToColumns 方法 Destination 参数，DataType 参数设置为按列宽分列，并且必需配合 FieldInfo 参数指明每一个分列具体位置——因为写入 Arr 数组，此时将 Arr 数组赋值给 FieldInfo 参数即可。

💬 无言：使用固定分列的重点在于分列的字符位置，且字符开始位置为0。固定分列原则上必需知道你要划分的位置点才好操作。

❓ 皮蛋：嗯，记住了固定分列的起始位置为0，且必需配合FieldInfo参数。但是上面的数组定义说得太少了。

💬 无言：现在先把Range对象的常用方法和属性先搞定，后面再学。接下来学习的内容是筛选的方法。

1.5 Range对象的筛选方法

Excel中有2个筛选方法：高级筛选和自动筛选。现就以这两个方法进行讲解；它们分别对应了 VBA 中的 Range.AdvancedFilter 和 Range.AutoFilter 方法。

1.5.1 单元格的高级筛选：Range.AdvancedFilter 方法

> 无言：图1-17所示为高级筛选，图1-18所示为自动筛选，先来看下高级筛选——Range.AdvancedFilter方法的语法。

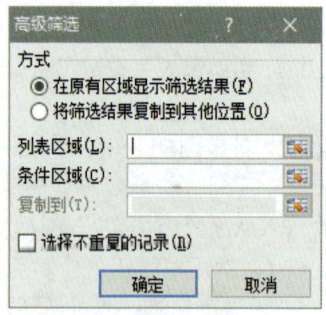

图 1-17 高级筛选功能

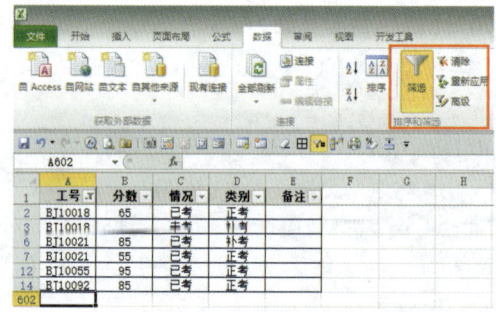

图 1-18 自动筛选功能

高级筛选——基于条件区域从列表中筛选或复制数据
Range.AdvancedFilter(Action, CriteriaRange, CopyToRange, Unique)

Range.AdvancedFilter 方法总共有 4 个参数，它们的作用如下。

（1）Action 参数用于指定是否将筛选的数据复制到其他位置或者在原区域进行筛选隐藏，该参数为必需的，可以通过 XlFilterAction 常量设置具体操作方式。

（2）CriteriaRange 参数则是用筛选的条件设置单元格区域，该参数为可选参数。

（3）CopyToRange 参数则是如果指定了 Action 参数的为 XlFilterCopy 时，该参数才可用；该参数为指明将筛选结果复制到指定单元格位置，为可选参数。

（4）Unique 参数同样为可选参数，其作用是赋值为 True，则只筛选满足条件中的一条记录；为 False 则是将所有满足条件的记录都筛选保留。

> 无言：先通过实例解说。

先在 I1 单元格输入标题名称：分数，然后在 I2 单元格输入公式：=">=70"；这个公式表示筛选考试分数大于等于 70 的数据。现在根据这个条件使用 Range.AdvancedFilter 方法来获取需要的数据。具体过程如代码 1-22 所示。

代码 1-22　通过高级筛选获取需要的数据

```vba
001|Sub Rng_AdvancedFilter()
002|    Dim Af_Rng As Range, Cf_Rng As Range, Tj_Rng As Range
003|    On Error Resume Next
004|    ActiveSheet.ShowAllData
005|    Set Af_Rng = Sheet1.Range("A1").CurrentRegion  '高级筛选源数据区域
006|    If MsgBox("是否需要将筛选后的数据放置到新的位置，请选择", vbYesNo) = vbYes Then
007|        Set Cf_Rng = Application.InputBox("请选择存放筛选后数据的新位置", "存放位置", Type:=8)
008|        If Cf_Rng Is Nothing Then Exit Sub
009|        If Cf_Rng.Parent.Name <> Af_Rng.Parent.Name Then Exit Sub
010|    End If
011|    Set Tj_Rng = Application.InputBox("请选择筛选条件的区域，区域中必须包含有标题及条件", "条件位置", Type:=8)
012|    If Tj_Rng Is Nothing Then Exit Sub
013|    If Tj_Rng.Parent.Name <> Af_Rng.Parent.Name Then Exit Sub
014|    Select Case Cf_Rng Is Nothing
015|        Case True
016|            Af_Rng.AdvancedFilter Action:=xlFilterInPlace, CriteriaRange:=Tj_Rng
017|        Case Else
018|            Af_Rng.AdvancedFilter Action:=xlFilterCopy, CriteriaRange:=Tj_Rng, CopyToRange:=Cf_Rng(1)
019|    End Select
020|End Sub
```

代码 1-22 示例过程，筛选分数列满足 >=70 的数据。

（1）ActiveSheet.ShowAllData 为清除激活表的原区域筛选条件，还原为未筛选状态；接着将源数据区域赋值 Af_Rng 变量，作为 Range.AdvancedFilter 的 Range 对象。

（2）采用 3 段 If 判断语句：让用户选择是否需将筛选后的区域复制到其他单元格位置，如果是，则让用户选择单元格位置并赋值给 Cf_Rng 变量；接着判断如果未选择区域直接按了【取消】或者 Esc 键则退出过程；最后判断如果选择了区域当时选择工作表与 Af_Rng 的父级对象不在同一工作表也退出过程。

（3）让用户选择筛选的条件区域并赋值给 Tj_Rng 变量，该区域必需为含有标题及条件单元格，最少 2 个单元格，然后再判断 Tj_Rng 变量是否为 Nothing，若赋值，则再判断是否和 Af_Rng 变量是否在同一表中，否则退出过程。

（4）通过 Select Case 选择语句，根据 Cf_Rng 是否赋值了区域，若为 True 未赋值区域时，则在 Af_Rng 原区域进行筛选操作；若为 False 时则将筛选结果复制到 Cf_Rng 变量指定区域区域。

❓ 皮蛋：言子，那我如果加上Unique参数并赋值为True，会怎么样呢？

💬 无言：高级筛选后会保留满足条件的第1条记录，其他后续满足条件的都会被摒弃——保留不重复数据。

❓ 皮蛋：这样啊，那我等下去试试看。

💬 无言：图1-19所示为一个高级筛选习题，有时间就摆弄下。

作业时间	供电安排	防护措施	备注	计划类型	自接地线	修改记录
次日01:25-04:30	2A10/0AG/2A6/2A7/2A8/2A9/2B10/2B5/2B6/2B7/2B8/2B9/JHC2/JHR2停电	现场防护	请点车站	月计划		否
23:00-次日04:30	无		封锁	此计划只月月计划		否
23:30-次日04:30	无		封锁	此计划只月月计划		否
次日00:30-04:30	无		封锁	此计划只月月计划		否

  图 1-19 高筛练习题——停电筛选

1.5.2 单元格的自动筛选功能：Range.AutoFilter 方法

1. AutoFilter 对象和 Filters 集合

💬 无言：说完了高级筛选，接着讲自动筛选功能——Range.AutoFilter方法，顺便把AutoFilter对象和Filters集合也了解下。

❓ 皮蛋：为什么将AutoFilter对象放这里说了呢？

💬 无言：嗯，虽然它是属于工作表属性的对象，但是实际上它却是经常操作的对象，所以放在这里讲了。

AutoFilter 对象用于开启自动筛选功能及判断工作表上是否存在筛选等。其常用成员如表 1-9 所示。

表 1-9 AutoFilter 对象的常用成员说明

方法/属性名称	作用说明
ShowAllData	清除已筛选的所有条件
FilterMode	判断工作表是否存在自动筛选模式，是则为 True
Filters	用于筛选的集合，设置其对应属性进行自动筛选
Range	获取自动筛选的区域
Sort	用于设置筛选后排序条件

ShowAllData 属于 AutoFilter 对象的方法，主要用于清空所有标题的筛选条件，一次性将它们恢复初始状态，其语法如下：

> 显示 AutoFilter 对象返回的所有数据
> Worksheets.ShowAllData

💬 **无言**：在代码1-22示例过程中已经使用过ShowAllData方法，其作用当高级筛选为在原区域进行筛选时，使用ShowAllData方法后将清空区域中筛选状态，返回初始为设置任何筛选条件的状态。

❓ **皮蛋**：那如何判断表中是否存在自动筛选了呢？

💬 **无言**：AutoFilterMode属性用于判断工作表中是否存在自动筛选，存在则返回True，不存在则返回False，该属性只能读取——通过该属性进行判断后决定后面的操作。

❓ **皮蛋**：你先和我说说如何设置和取消自动筛选吧？

💬 **无言**：自动筛选必需使用AutoFilter对象，该对象起到了设置或取消自动筛选功能，先举例吧。

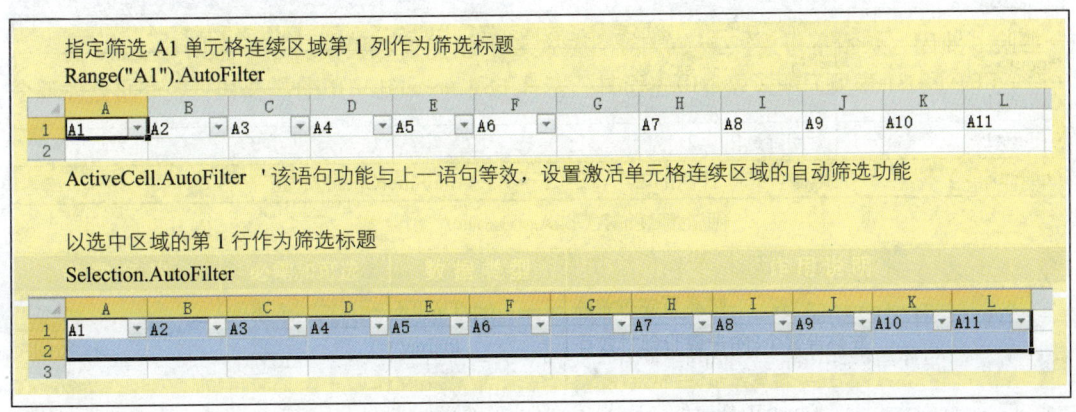

43

当工作表中已存在自动筛选功能时，如果再次执行 AutoFilter 对象将取消原来的自动筛选；若要在不取消原筛选状态下而再次筛选，则要用 AutoFilter.FilterMode 属性进行判断是否存在筛选，其语法如下：

> 如果工作表的筛选模式为自动筛选，则返回 True。只读 Boolean 类型
> Worksheets.FilterMode

> Set Sht = Worksheets(1)   '将 Sht 赋值为第一个工作表对象
> If Sht.AutoFilterMode =True Then Msgbox " 该表已开启自动筛选功能！" Else Msgbox " 该表未开启自动筛选功能，过程将开启该功能！":
> Selection.AutoFilter   '以选中范围开启自动筛选功能，区域中的第一行将作为筛选条件

💬 **无言**：判断了表中是否存在自动筛选功能后，因为每个表中只能存在一个自动筛选区域，若要获得筛选的区域位置，可以通过 AutoFilter.Range 属性设置，其语法如下：

> 获取指定的自动筛选区域，返回一个 Range 对象
> WorkSheets.AutoFilter.Range

> 假设激活工作表已启用自动筛选功能
> Set Rng = ActiveSheet.AutoFilter.Range   '获取并将筛选对象的区域赋值给 Rng 变量

AutoFilter 对象中最重要的属性当属 Filters 属性，它用于设置筛选条件，属于 Filter 对象集合。下面介绍 AutoFilter.Filters 属性集合中的 Filter 对象，它是通向自动筛选操作的通道。

Filter 对象代表单个列的筛选，平时针对每列设置的筛选条件，只有通过该对象中的相关数据操作设置才能完成自动筛选并获取数据。其常用成员说明如表 1-10 所示。

表 1-10　Filter 对象的常用成员对象说明

成员名称	作用说明
On	判断指定的列是否已设置了筛选条件，True 为已设置，False 为未设置
Count	统计筛选的标题个数
Criteria1	返回筛选的第1个条件。只读
Criteria2	返回筛选的第2个条件。只读
Operator	设置筛选条件间的关系，返回一个 XlAutoFilterOperator 值

❓ **皮蛋**：以上的这些成员的具体如何运用呢？

2. 使用"自动筛选"筛选一个列表：Range.AutoFilter 方法

💬 **无言**：先简单说明Range.AutoFilte的语法，以上的成员在具体运用时再进行讲解，语法如下。

> Range.AutoFilter(Field, Criteria1, Operator, Criteria2, VisibleDropDown)

Range.AutoFilter的语法中：

（1）Field 参数为指定筛选区域中的第 n 列作为筛选列，为必选参数。

（2）Criteria1 和 Criteria2 参数为要设置的第 1 和（或）2 个具体筛选条件，参数 Criteria1 和 Criteria2 可以同时出现在自动筛选过程。

（3）Operator 参数则是用于表示各筛选条件间的关系——Operator 参数的值与 Filter 对象的 Operator 参数作用是一致的，由 XlAutoFilterOperator 常量决定，如表 1-11 所示。

（4）VisibleDropDown 参数为是否显示筛选下拉箭头，默认为 True（显示）。

表 1-11　Operator 参数的常量值

枚举常量值	值	作用说明	枚举常量值	值	作用说明
XlAnd	1	2个条件的关系为与	XlFilterValues	7	筛选值
XlOr	2	2个条件的关系为或	XlFilterCellColor	8	单元格颜色
XlTop10Items	3	指定显示多少个最高值	XlFilterFontColor	9	字体颜色
XlBottom10Items	4	指定显示多少个最低值	XlFilterIcon	10	筛选图标
XlTop10Percent	5	指定显示多少个最高百分比	XlFilterDynamic	11	动态筛选
XlBottom10Percent	6	指定显示多少个最低百分比			

皮蛋：那要如何运用？

3. 单条件单数据筛选

无言：该语句可针对三种不同筛选条件进行操作，现在就一个个解说，上面的模式基本上可以说的是固定，所以先按固定模式进行解说——第1种单条件筛选，其语法如下。

单条件单数据筛选
Range.AutoFilter(Field,Criteria1,[Operator])

所谓的单条件筛选即只筛选某一个具体值，单条件筛选时 Operator 参数是可以省略，那么参数就只剩 Field 和 Criteria1，只要设置好这两个参数即可筛选需要的数据。现在以一份提价表（见图 1-20）进行单条件筛选。具体过程如代码 1-23 所示。

计价等级	省份	总件数	是否自提	求解单价
江苏三类	江苏省	2		201.73
广东三类	广东省	1		165.84
江苏二类	江苏省	1		150.34
贵州三类	贵州省	1		217.44
湖南三类	湖南省	1		195.90
浙江二类	浙江省	1		157.07
贵州三类	贵州省	1		217.44
湖南二类	湖南省	1		147.20
湖南一类	湖南省	1		122.08

图 1-20　货物提价表

代码 1-23　单条件筛选

```vba
001|Sub Rng_AutoFilter_Criteria1()
002|    Dim Af_Rng As Range, Af_Col As Integer, Af_Cri As String
003|    With Worksheets("自动筛选提价")
004|        If .AutoFilterMode = False Then
005|            Range("A1").CurrentRegion.AutoFilter
006|            Set Af_Rng = .AutoFilter.Range
007|        Else
008|            Set Af_Rng = .AutoFilter.Range
009|        End If
010|        If Af_Rng Is Nothing Then Exit Sub
011|        Af_Col = Application.InputBox("请输入需要筛选的某一列的序号,由 1 开始至 " _
012|            & .AutoFilter.Filters.Count & " 结束,超过最大数时,过程将自动退出。", "筛选列序", 2, _
              Type:=1)
013|        If Af_Col < 0 Or Af_Col > .AutoFilter.Filters.Count Then Exit Sub
014|        Af_Cri = Application.InputBox("请输入需要筛选字段的关键字。", "筛选列序", "广东省", _
              Type:=2)
015|        If .AutoFilter.Filters(Af_Col).On Then .ShowAllData
016|        Af_Rng.AutoFilter Field:=Af_Col, Criteria1:=Af_Cri
017|    End With
018|End Sub
```

代码 1-23 示例过程为单条件自动筛选,通过判断工作表中是否开启了自动筛选功能,并让用户选择要筛选的序列号及其筛选的自动关键字内容。

(1) If .AutoFilterMode = False 语句为判断工作表中是否未开启自动筛选,若未开启功能为否则开启筛选功能;If 语句中无论开启筛选与否,最后都把 A1 连续区域作为筛选区域赋值给 Af_Rng 变量,该变量作为自动筛选的表达式对象。

(2) 若 Af_Rng 变量未赋值则退出过程;接着让用户输入需要筛选的列和关键字并分别赋值给 Af_Col 和 Af_Cri 变量;接着通过 If Af_Col < 0 Or Af_Col > .AutoFilter.Filters.Count 语句判断用户输入列序号是否在筛选区域的有效区间内,不在则退出过程。

(3) If .AutoFilter.Filters(Af_Col).On Then .ShowAllData 语句则是判断指定的列是否已设置过筛选条件,其中 .On 为 Filters 的属性,用于判断字段是否已经筛选过——若已设置过筛选条件则返回 True；当 IF 判断 .On 为 True 则清空指定列的筛选条件；若需清空自动筛选区域的所有已筛选条件，则直接将 If 语句删除，剩下 ShowAllData 即可。

（4）Af_Rng.AutoFilter Field:=Af_Col, Criteria1:=Af_Cri 语句则是在筛选区域内的指定列的执行筛选，筛选列号（Field）由 Af_Col 指定，具体筛选条件（Criteria1）由 Af_Cri 指定。

💬 **皮蛋**：言子，你这里为什么不用Operator参数呢？

💬 **无言**：因为筛选的是文字，Operator参数在此时只能用默认值XlFilterValues，所以省略该常量；若为数字比较大小之类的就需要使用该参数，多条件筛选时，就必需用到Operator参数。

4. 双条件筛选

平时筛选时，不可能总只有一个筛选条件，时常出现要按甲和乙两个条件进行筛选，那么此时就可以使用 AutoFilter 方法的第 2 种语句。

💬 **无言**：继续用刚才的提价表（见图1-20）来进行演练，现在需要双条件进行筛选，其语法如下。

> 双条件筛选
> Range.AutoFilter(Field,Criteria1,Operator,Criteria2)

具体过程如代码 1-24 所示。

代码 1-24　双条件筛选

```
001|Sub Rng_AutoFilter_Criteria2()
002|    Dim Af_Rng As Range, Af_Col As Integer, Af_Cri1 As String, Af_Cri2 As String
003|    With Worksheets("自动筛选提价")
004|        If .AutoFilterMode = False Then
005|            Range("A1").CurrentRegion.AutoFilter
006|            Set Af_Rng = .AutoFilter.Range
007|        Else
008|            Set Af_Rng = .AutoFilter.Range
009|        End If
010|        If Af_Rng Is Nothing Then Exit Sub
011|        Af_Col = Application.InputBox("请输入需要筛选的某一列的序号，由 1 开始至 " _
012|            & .AutoFilter.Filters.Count & " 结束，超过最大数时，过程将自动退出。","筛选列序", 2, Type:=1)
```

```
013|        If Af_Col < 0 Or Af_Col > .AutoFilter.Filters.Count Then Exit Sub
014|        Af_Cri1 = Application.InputBox("请输入第1个需要筛选字段的关键字。","筛选列序","广东
            省", Type:=2)
015|        Af_Cri2 = Application.InputBox("请输入第2个需要筛选字段的关键字。","筛选列序","辽宁
            省", Type:=2)
016|        If .AutoFilter.Filters(Af_Col).On Then .ShowAllData
017|        Af_Rng.AutoFilter Field:=Af_Col, Criteria1:=Af_Cri1, Operator:=xlOr, Criteria2:=Af_Cri2,
            VisibleDropDown:=False
018|    End With
019|End Sub
```

代码 1-24 示例过程与代码 1-23 过程类似，只是增加了一个筛选条件 Criteria2 参数和筛选条件关系 Operator 参数，VisibleDropDown 参数则是限制指定列是否显示下拉箭头。这里主要讲的是 Operator 参数枚举常量的作用——过程中 XlOr 表示这两个条件的关系为或。

💬 无言：Operator限制了2个筛选条件的关系，只有选择需要且正确的Operator参数常量才能获取需要的筛选数据。

还有 Range.AutoFilter 的 Criteria 参数可以使用通配符进行筛选匹配。通配符的使用方法可以参考 Like 运算符的帮助。

5. 多条件自动筛选

虽然平时也经常使用到单条件、双条件自动筛选，但是实际工作中使用多条件筛选也很频繁，接下来先看下多条件筛选语法。

多条件数据筛选
Range.AutoFilter(Field,Criteria1:=Array(),Operator:= XlFilterValues)

❓ 皮蛋：怎么和单条件的这么相似，只多了一个Array函数？

💬 无言：没错，因为多条件的筛选情况下，一般不采用第2个筛选关键字，所以只能手动在Criteria1参数做文章，且只能通过使用Array函数进行。继续以提价表（见图1-20）为例，但是这次需要筛选A列多个固定地区类别的名称数据。具体过程如代码1-25所示。

代码 1-25　多条件筛选

```
001|Sub Rng_AutoFilter_CriteriaArr()
002|    Dim Af_Rng As Range, Af_Col As Integer, Af_Cri
```

```
003|    With Worksheets("自动筛选提价")
004|        If .AutoFilterMode = False Then
005|            Range("A1").CurrentRegion.AutoFilter
006|            Set Af_Rng = .AutoFilter.Range
007|        Else
008|            Set Af_Rng = .AutoFilter.Range
009|        End If
010|        If Af_Rng Is Nothing Then Exit Sub
011|        Af_Col = 1
012|        Af_Cri = Array("安徽一类", "北京一类", "广东一类", "湖南一类", "河南一类")
013|        If .AutoFilter.Filters(Af_Col).On Then .ShowAllData
014|        Af_Rng.AutoFilter Field:=Af_Col, Criteria1:=Af_Cri, Operator:=xlFilterValues
015|    End With
016|End Sub
```

代码 1-25 示例过程中，最关键的变量为 Af_Cri，该变量通过 Af_Cri = Array(" 安徽一类 "，" 北京一类 "，" 广东一类 "，" 湖南一类 "，" 河南一类 ") 语句赋值为一个数组，数组中列明需要筛选条件完整的字符；并将其赋值给 Criteria1 参数；Operator 参数赋值为 XlFilterValues，表示筛选单元格中的对应值。

❓ 皮蛋：如果 Operator 参数设置为其他常量值可以吗？

💬 无言：这个是不行的，如果不设置为 XlFilterValues，那么筛选出来的结果将不正确，可能是多条件中的最后一个条件或者无筛选的数据。

❓ 皮蛋：这样啊，这个记住了！但我还有个问题，如果我要对多列标题进行筛选，这个要怎么操作呢？

6. 多个标题段的自动筛选

💬 无言：多标题筛选啊，必需给每个需要筛选的标题写筛选语句。

❓ 皮蛋：哦！会不会很麻烦呢！

💬 无言：认真点，学就是为了不麻烦——只要找对了方法和方式，没有不行的。

还是以提价表（见图 1-20）为例，这次以第 1 列的计价等级和第 5 列的求解单价做筛选列，要求筛选出第 1 列中含有一类、第 5 列中单价大于等于 135 的所有数据，其过程如代码 1-26 所示。

代码 1-26　多列单条件筛选

```
001|Sub Rng_AutoFilter_Columns()
002|    Dim Af_Rng As Range, Af_Col1 As Integer, Af_Col2 As Integer
003|    Dim Af_Cri1 As String, Af_Cri2 As String
004|    On Error Resume Next
005|    With Worksheets("自动筛选提价")
006|        If .AutoFilterMode = False Then
007|            Range("A1").CurrentRegion.AutoFilter
008|            Set Af_Rng = .AutoFilter.Range
009|        Else
010|            Set Af_Rng = .AutoFilter.Range
011|        End If
012|        If Af_Rng Is Nothing Then Exit Sub
013|        Af_Col1 = 1: Af_Col2 = 5
014|        Af_Cri1 = "*一类": Af_Cri2 = ">=135"
015|        .ShowAllData
016|        With Af_Rng
017|            .AutoFilter Field:=Af_Col1, Criteria1:=Af_Cri1
018|            .AutoFilter Field:=Af_Col2, Criteria1:=Af_Cri2
019|        End With
020|    End With
021|End Sub
```

（1）代码 1-26 示例过程，声明了 2 个筛选列序 Af_Col 变量及 2 个筛选条件 Af_Cri 变量；过程中通过 Af_Col1 = 1、Af_Col2 = 5、Af_Cri1 = "* 一类 "、Af_Cri2 = ">=135" 四个赋值语句，对变量具体赋值。

（2）其中，Af_Cri1 变量采用了通配符 * 匹配所需列中所有结尾为一类的数据，Af_Cri2 变量则采用运算符匹配单价中 >=135 的数据，即筛选 A 列中结尾含有一类且 E 列中的单价必需 >=135 的数据。

（3）筛选前先使用 .ShowAllData 清空原来的筛选条件，接着执行 2 次单条件筛选语句获取需要的数据。

❓ 皮蛋：为什么这次直接采用.ShowAllData，而不先判断呢？

💬 **无言**：因为在示例过程中使用了容错语句，就算当前未设置过筛选条件，执行该语句时也不会造成过程出错。

❓ **皮蛋**：哦，原来是这样啊。代码 1-24示例的If .AutoFilter.Filters(Af_Col).On语句都是用来判断指定列是否设置了筛选条件，是则清除筛选条件。明白了，难怪前面示例都没有On Error Resume Next语句，这个示例就有。

💬 **无言**：嗯，就是这个道理。通过多列筛选再结合前面的双条件或多条件的筛选，只需设置或修改下Criteria1或Criteria2即可，可以参考上面3个示例。接下来要讲与自动筛选有关的属性，也就是另一个Range的方法——排序（Sort）。

1.6 数据排序：Range.Sort

❓ **皮蛋**：居然玩跳跃啊，这么懒啊。

💬 **无言**：鬼才懒呢，那不是因为Range.AutoFilter.Sort的属性和Range.Sort方法具有共同点嘛，我这叫合理分配，懂吗！

❓ **皮蛋**：你行，你在理——鬼理你啊！（低语）

1.6.1 Range.Sort 排序运用

在 Excel 中，排序也是一个经常用到的操作，不管是单一的数据排序或者筛选后的排序，甚至是数据透视表中也会用到排序功能，在 VBA 中排序功能对应了 Range.Sort，其语法与主要参数如下所列。Range.Sort 方法参数说明如表 1-12 所示。

```
对区域值进行排序
Range.Sort(Key1, Order1, Key2, Type, Order2, Key3, Order3, Header, OrderCustom, MatchCase, Orientation, SortMethod, DataOption1, DataOption2, DataOption3)
```

表 1-12　Range.Sort 方法参数说明

参数名称	数据类型	作用说明
Key1～Key3	Variant	指定第1至第3个排序的字段或区域

续表

参数名称	数据类型	作用说明
Order1~Order3	XlSortOrder	指定字段对应的排序方式为：按升序（XlAscending）或降序排序（XlDescending），默认升序
DataOption1~DataOption3	XlSortDataOption	指定Key中所指定区域中的文本的排序方式：将数字和文本分别进行排序（XlSortNormal），或将所有文本数字按照数字进行排序，默认XlSortNormal；不能应用于数据透视表
Header	XlYesNoGuess	排序区域是否存在标题，指定第一行是否包含标题信息。XlNo是默认值；如果希望由Excel尝试确定标题，则指定XlGuess
OrderCustom	Variant	指定已有的自定义排序规则，以1为起点，可以通过Application.CustomListCount方法获取已有的自定义排序个数
MatchCase	Variant	指定文本排序时是否区分大小写：True为区分，False为不区分，默认True；不能应用于数据透视表
Orientation	XlSortOrientation	指定按行（XlSortRows）或列（XlSortColumns）排序，默认按行排序
SortMethod	XlSortMethod	指定排序方法，按拼音（XlPinYin）或笔画（XlStroke），默认按拼音
Type	Variant	指定要排序的元素，仅引用于数据透视表

💬 **无言**：Range.Sort方法的所有参数都是可选的，并根据每个参数的设置排序。现以一个示例进行代入——货运费用清单排序。具体过程如代码1-27所示。

代码1-27　单条件排序

```
001|Sub Rng_Sort_01()
002|    Dim Rng As Range
003|    With Worksheets(1).Copy(After:=Worksheets(1))
004|        Set Rng = Range("A1").CurrentRegion
005|        Rng.Sort Header:=xlYes, Key1:=Rng.Columns(2), Order1:=xlAscending
006|    End With
007|    Range("A1:O178").Sort Key1:=Range("B1"), Order1:=xlAscending, Header:=xlYes
008|End Sub
```

（1）代码1-27示例过程首先定义了 Rng 变量，并通过 Worksheets(1).Copy(After:=Worksheets(1)) 工作表1复制副表并放置在其后，并将副表 A1 连续区域赋值给 Rng 变量作为 Range.Sort 方法的 Range 对象表达式。

（2）Rng.Sort Header:=XlYes, Key1:=Rng.Columns(2), Order1:=XlAscending 语句为指定排序操作。其中 Header 参数虽然为可选，但是对于实际排序是必需的，如果忽略该参数将会造成标题参与排序，导致标题跑位，所以必需设置参数；接着赋值第1个排序字段指定 Rng 区域中的第2列（.Columns(2)）为排序关键列，并将 Order1 参数排序方式设置为升序。

皮蛋：那下面那句代码干什么用？

无言：其实该句的意思在与上面作用基本一样，直接写明了排序的具体区域，并将B列作为排序的关键字段。

皮蛋：那B1和Columns(2)有差别吗？

无言：因为已经限制了Header参数第1行为标题，所以此处无差别，但是如果没有设置Header参数，就必需将标题行置于排序区域外，例如Range("A1:O178")变更为Range("A2:O178")，B1和Columns(2)保持不变即可。代码1-28所示为2个Key进行排序的过程。

代码 1-28　双条件排序

```
001|Sub Rng_Sort_02()
002|    Dim Rng As Range
003|    With Worksheets(1).Copy(After:=Worksheets(1))
004|        Set Rng = Range("A1").CurrentRegion
005|        Rng.Sort Header:=xlYes, _
006|            Key1:=Rng.Columns(2), Order1:=xlAscending, Key2:=Rng.Columns(15), Order2:=xlDescending
007|    End With
008|End Sub
```

Range.Sort 排序参数中的 Key1~Key3 和 Order1~Order3 参数都用于设置需要排序的关键字段及该字段采用升序或降序；DataOption1~DataOption3 参数则是当遇到排序的单元格中存在文本数字是将这些数字作为文本排序，还是直接按照数字大小进行排序。

还有 MatchCase、Orientation 和 SortMethod 参数也都比较好理解，是否区分字母大小写进行排序、是按行或按列排序、中文是要按拼音还是其笔画顺序排序。

OrderCustom 参数则比较特殊，若不设置该参数则表明对应字段的排序均按照上面几个参数的默认值或设置排序，但当设置 OrderCustom 参数时，则前面的参数设置或者默认的设置都会对排序有所影响。OrderCustom 参数对应了图 1-21 所示的【自定义序列】。

💬 无言：将一份企业工资表按照部门进行自定义排序，首先将图1-22所示的部门排序导入图1-21的【自定义序列】中，将最后一列进行降序排列，实现过程如代码1-29所示。

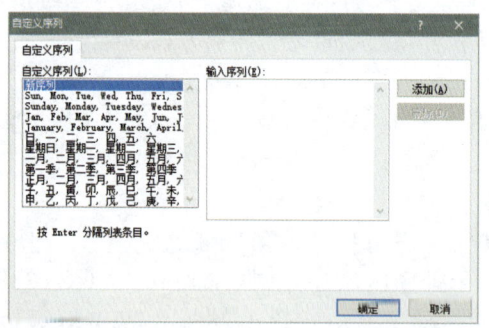

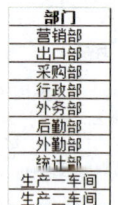

图 1-21　自定义序列——OrderCustom 参数　　　　图 1-22　自定部门排序

代码 1-29　自定义序列排序

```
001|Sub Rng_Sort_OrderCustom()
002|    Dim Rng As Range
003|    Set Rng = Worksheets(2).Range("A1").CurrentRegion
004|    Rng.Sort Header:=xlYes, Key1:=Rng(2), Order1:=xlDescending, OrderCustom:= Application.CustomListCount
005|End Sub
```

在代码 1-29 示例过程中，将 B 列进行降序排序，OrderCustom 参数通过 Application.CustomListCount 属性获得了自定义序列中已有的自定义序列个数（每次新增的自定义序列都会排在最后）。在该过程中 Application.CustomListCount 属性获得的值为 12，即刚才新增的第 12 个序列，将 OrderCustom 赋值为 12 也一样的。

❓ 皮蛋：言子，如果Order1参数赋值为升序的会怎么样？

💬 无言：在代码1-29执行后将按照已设置的其他参数排序设置进行排序，而非自定义的排序方式。

❓ 皮蛋：这样啊！但是我有一个想法——能不能在使用代码过程中将自定义排序加入自定义序列表中，排序后再将它删除呢？

1.6.2 新建/删除自定义序列

从上面的示例过程中知道要获取自定义序列的个数,可以通过 Application.CustomListCount 属性获得;若要在过程中新建和删除自定义序列,则要用 Application.AddCustomList 和 Application.DeleteCustomList 方法,它们分别是新建和删除已有新增自定义序列,语法如下。

> 为自定义自动填充和/或自定义排序添加自定义列表
> Application.AddCustomList(ListArray, ByRow)

Application.AddCustomList 方法中有 2 个参数。

ListArray 是必需参数,指定数据源导入自定义序列中,可以通过 Array 函数或者单元格导入。

ByRow 参数用于当 ListArray 参数引用对象为单元格时,且 ByRow 参数为 True 时,将所选区域的每一行内容作为一个新的自定义序列输入;如果为 False,则以列为单位将每一列的数据作为一个新的自定义序列输入;如果为多行多列区域时,Excel 会自动按照列的有效数据输入;如果省略该参数则会按照 True 的方式将每行的有效数据输入。

💬 无言:这里说下ListArray使用Array函数的方式新建序列,语法如下。

> 通过 Array 函数将部门写入自定义序列列表中
> Application.AddCustomList Listarray:=Array("营销部","出口部","采购部","行政部","外务部","后勤部","外勤部","统计部","生产一车间","生产二车间")

❓ 皮蛋:那使用Range对象导入列表的要怎么办呢?

💬 无言:按照习惯一般是按列导入的,这里默认将ByRow参数赋值为False,然后激活【自定义序列】,选择A1:A10区域导入,其示例如下。导入自定义序列表格如图1-23所示。

> 将 A1:B10 区域按列方式,将 2 列数据分别写入为新的自定义序列
> Application.AddCustomList Listarray:=Worksheets(3).Range("A1:B10"), Byrow:=False

图 1-23 导入自定义序列

按行导入时，会将图 1-23 的部门按（A1,B1）每行两个单元格的内容导入到自定义序列中，这样就会产生 10 个部门/职务的新增序列；按列导入时，将会以 A 和 B 列两列的内容导入到列表，这样就只会产生 2 个新增序列——部门/职务。

💬 **无言**：当新建的自定义序列已存在，不会重复添加。接下来聊聊删除的方法，语法如下。

删除一个自定义序列
Application.DeleteCustomList(ListNum)

Application.DeleteCustomList 方法用于删除已有的自定义序列，但对于内置的自定义序列是无法删除的；该方法只有一个 ListNum 参数，该参数为指定需要删除的自定义序列的序号，如为 11 则代表删除自定义序列中第 11 个自定义内容。

Application.DeleteCustomList(12)　'删除第 12 个自定义序列
Application.DeleteCustomList(Application.CustomListCount)　'删除最后一个自定义序列

💬 **无言**：在 Excel 2010 版本中内置的自定义序列总共有 11 个，所以如果要删除自定义序列则必需从第 12 个开始，否则将出现错误。

Application.GetCustomListContents 和 .GetCustomListNum 方法：GetCustomListContents 用于返回自定义序列内容在列表中的序号，GetCustomListNum 则是用于获取指定序号的自定义序列的具体文本内容。

❓ **皮蛋**：说了这么多，是不是该来一个示例分享了。

💬 **无言**：满足你的要求。删除自定义序列如代码 1-30 所示。

代码 1-30　自定义列的新建、删除及排序运用

```
001|Sub Rng_Sort_CustomAdd_Del()
002|    Dim n As Integer, Rng As Range
003|    n = Application.GetCustomListNum(Listarray:=Array("营销部", "出口部", "采购部","行政部",
        "外务部", "后勤部", "外勤部", "统计部", _
004|        "生产一车间", "生产二车间"))
005|    If n > 0 Then Application.DeleteCustomList (n)
006|    Application.AddCustomList Listarray:=Worksheets(3).Range("A1").CurrentRegion, ByRow:=False
007|    Set Rng = Range("A1").CurrentRegion
008|    Rng.Sort Header:=xlYes, Key1:=Rng(2), Order1:=xlDescending, OrderCustom:=11
009|    Application.DeleteCustomList (11)
010|End Sub
```

（1）代码 1-30 示例过程中首先定义了 2 个变量：n 和 Rng。n 通过 Application.GetCustomListNum 方法判断新增自定义序列是否已存在自定义序列中，若存在则返回相应的序号；通过 If 语句判断 n 的值，若大于 0 则通过 Application.DeleteCustomList 方法删除该自定义序列。

（2）Application.AddCustomList 语句则是通过引用单元格的方式，并将 ByRow 参数设置为 False，以列传递新建的自定义序列；以当前表的 A1 连续区域作为排序对象，指定第 2 列以新增的序列为排序依据且以降序的方式排序，最后删除新增的序列（第 11 个）。

无言：代码 1-31 中的 OrderCustom 参数的赋值可用 Application.GetCustomListNum 方法指定具体的自定义序列内容，而不需直接指定一个序号，删除也类似。

1.6.3 使用 Sort 对象排序

使用 Range.Sort 方法排序时，会感觉某些功能和在 Excel 界面使用的有些差距。例如，不能用字体颜色、底色、图标排序或者按照已排序的效果继续排序，而使用 Range.Sort 方法只能对值进行排序。

其实这些功能都需另外一个对象才能进行操作——Sort 对象。该对象属于 Worksheet 对象的子对象。先来看下它的方法与属性及其作用，如表 1-13 所示。

表 1-13　Sort 对象的主要成员列表

方法/属性名称	分　　类	作 用 说 明
Apply	方法	根据当前应用的排序状态对区域进行排序
SetRange	方法	设置排序区域的文本位置
Header	属性	指定第一行是否包含标题信息。可读/写 XlYesNoGuess 类型
MatchCase	属性	区分字母大小写排序
Orientation	属性	指定排序方向。可读/写 XlSortOrientation 类型
Rng	属性	返回要执行排序的值的区域、只读
SortFields	属性	可用来在工作簿、列表和自动筛选上存储排序状态、只读
SortMethod	属性	指定中文排序方法。可读/写 XlSortMethod 类型

无言：从表 1-13 中可以看出 Sort 对象中的属性与 Range.Sort 方法的属性很多相似的参数。其中再重点说下 SortFields 参数，该参数又属于一个对象，主要讲解 Add 方法，先来看下其语法及参数。

创建新的排序字段，并返回一个 SortFields 对象
Worksheet.Sort.SortFields.Add (Key, SortOn, Order, CustomOrder, DataOption)

SortFields.Add方法中的Key参数用于指定排序的键值，该参数必需为Range对象。

SortOn 参数则是指定排序数据的类型，例如单元格颜色、字体颜色、图标和值 4 个类型，其对应 XlSortOn 枚举常量。

Order参数对应Range.Sotr方法的Order参数的升降序。

CustomOrder参数对应OrderCustom参数的自定义序列。

DataOption 参数对应 Range.Sotr 方法的 DataOption1~DataOption3 参数，是否将文本数字等指定方式排序。

SortFields.Add 方法除了 Key 参数是必需的，其他参数都可选的。

```
ActiveSheet.Sort.SortFields.Clear    '清除所有 SortFields 对象
新建一个 SortFields 对象（该集合存储工作簿、列表和自动筛选的排序状态）
ActiveSheet.Sort.SortFields.Add Key:=Range("B2"), SortOn:=XlSortOnValues, _
         Order:=XlAscending, DataOption:=XlSortNormal, _
              CustomOrder:="营销部，出口部，采购部，行政部，外务部，后勤部，外勤部，统计部，生产一车间，生产二车间"
该语句为以第 2 列为排序列，并按照自定义列表升序排序的集合，最后存入 SortFields 对象
```

💬 **无言**：上面的示例创建了一个Worksheet.Sort方法的SortFields属性（SortField对象），创建后只有使用Sort.Apply方法后才可按照上面的排序要求排序。

❓ **皮蛋**：不设置Sort.Apply方法就不能进行最后的排序操作？

💬 **无言**：是的，Sort.Apply方法就通知Excel，有这句话才执行排序。

❓ **皮蛋**：那来个完整的教程示例。

新建单列 Sort 对象排序如代码 1-31 所示。

代码 1-31　新建单列 Sort 对象排序

```
001| Sub NewAd_Sort_SortFields()
002|     With Worksheets(ActiveSheet.Name)
003|         With .Sort
004|             .SortFields.Clear
005|             .SortFields.Add Key:=Columns(2), SortOn:=xlSortOnValues, Order:=xlAscending, DataOption:=xlSortNormal, _
006|                 CustomOrder:="营销部,出口部,采购部,行政部,外务部,后勤部,外勤部,统计部,生产一车间,生产二车间"
007|             .SetRange Cells(1).CurrentRegion
```

```
008|            .Header = xlYes
009|            .MatchCase = False
010|            .Orientation = xlTopToBottom
011|            .SortMethod = xlPinYin
012|            .Apply
013|        End With
014|    End With
015|End Sub
```

代码 1-31 示例过程在激活表新建一个排序对象（SortFields），并设置排序规则后采用 Sort 对象执行排序操作。

（1）.Sort.SortFields.Clear 语句为清除当前工作表中存储的 SortFields 对象。

（2）.SortFields.Add 语句中的 Columns(2) 指的是当前表中的第 2 列采用升序排序，XlSortOnValues 则为按单元格的值排序，如果有图标、字体颜色等可以参考 XlSortOn 类型常量；其中 CustomOrder 自定义序列直接用字符串赋值。

（3）新建 SortFields 对象后设置 Sort 对象的几个方法和属性：SetRange 方法为设置要排序的区域，以 A1 的连续区域作为排序区域，并将 Header 参数赋值为 Xlyes，说明区域中存在标题且不参与排序（也赋值 XlGuess 让系统自行判断（不推荐））；Orientation 赋值为 XlTopToBottom，等于按列排序，如果要设置为按行排序则可以赋值为 XlLeftToRight 即可，最后以 Apply 结尾执行排序。

💬 无言：代码 1-31 示例过程中 .Apply 是最重要的语句，如果不存在该语句则不会进行排序，所以 Sort 对象中最重要的方法参数有 3 个必需存在的属性/方法：SetRange（区域）、Header（标题）、Apply（执行）。

❓ 皮蛋：嗯，明白了。如果要多列排序要怎么办呢？

💬 无言：这个和上面的 Range.Sort 方法的一样，只能通过书写多列排序规则再执行排序，也就是代码 1-31 示例过程的部分重复书写。具体如代码 1-32 所示。

代码 1-32　新建多列 Sort 对象排序

```
001|Sub NewAd_Sorts_SortFields()
002|    With Worksheets(ActiveSheet.Name)
003|        With .Sort
004|            .SortFields.Clear
```

```
005|         .SortFields.Add Key:=Columns(2), SortOn:=xlSortOnFontColor, Order:=xlAscending, DataOption:
              =xlSortNormal
006|         .SetRange Cells(1).CurrentRegion
007|         .Header = xlYes
008|         .Apply
009|     End With
010|     With .Sort
011|         .SortFields.Add Key:=Columns(6), SortOn:=xlSortOnIcon, Order:=xlDescending, DataOption:
              =xlSortNormal
012|         .SetRange Cells(1).CurrentRegion
013|         .Header = xlYes
014|         .Apply
015|     End With
016|     End With
017|End Sub
```

代码 1-32 示例过程为针对表中的第 2 列和第 6 列分别进行排序，其中 .SortFields.Add Key:=Columns(2), SortOn:=XlSortOnFontColor, Order:=XlAscending, DataOption:=XlSortNormal 语句中第 2 列按字体颜色升序排序（XlSortOnFontColor）；第 6 列的排序中则将 SortOn 参数赋值为 XlSortOnIcon，按图标降序排序。

皮蛋：代码 1-32示例中Sort中少了几个属性，也能执行。但是我有个疑问，若使用相同的排序区域，能否省略第2个排序中的Sort.SetRange方法吗？

无言：当同一区域有多个排序操作时，除第1个Sort.SetRange方法不可省略外，其他的可省略，但是不推荐。

1.6.4 Range.Sort 方法和 Sort 对象的排序差异

Range.Sort 方法和 Worksheet.Sort 属性两者虽然功能差不多，但是实际使用上还是有差别的，Range.Sort 方法最多 3 个关键字段排序，而 Worksheet.Sort 属性每次只能对单列排序，现在通过表 1-14 进行对比说明。

表 1-14 Range.Sort 方法和 Worksheet.Sort 对象的差异

Range.Sort方法	Worksheet.Sort对象
最多3个关键字段排序	只能1个列排序
只能按值排序	不仅可以按值排序,还能按字体、单元格颜色、图标排序
每次排序都会影响上一次排序结果	延续上次排序结果,不影响上次排序结果
每次只能执行一个自定义排序	根据每次排序选择不同自定义排序

当超过 3 列的排序或者需要对颜色、图标等排序,则使用 Worksheet.Sort 属性。

1.7 自定义名称:Names和Name对象

在使用 Excel 公式的时候经常会听到用到一个名词——自定义名称。一个有意义的简略表示法,便于了解单元格引用、常量、公式或表的名称。在 VBA 中也存在同样的一个对象——Names 对象。

Names 对象主要用于获取工作簿中所有 Name 对象的集合,例如自定义名称等。Names 对象的方法和属性如表 1-15 所示。

表 1-15 Names 对象的常用成员说明

方法/属性名称	分类	作用说明
Add	方法	创自定义名称
Item		获取Names对象集合中的某个对象
Count	属性	统计Names集合中的数量

💬 无言:Names虽然还有其他3个成员,但是经常使用的就是表1-15的3个成员,先说下Item和Count两个。

Item 方法为获取 Names 集合中的指定序列的 Name 对象,就像获取 Cells 单元格对象中的用法一样,Item 方法的语法非常简单。

从指定工作簿的 Names 集合返回一个 Name 对象
Workbooks.Names.Item(Index, IndexLocal, RefersTo)

Item 方法的 3 个参数对应自定义名称管理器中的不同位置——Index 参数对应 Names 对象中的指定序列号,例如 1、2、3;IndexLocal 参数对应名称管理器中的具体 Name 的名称,例如保单信息、保单、合计等具体已有的名称；RefersTo 参数对应某个名称中的引用位置，即自定义名称内具体的引用内容，例如常量、公式或者区域等。Item 方法的 3 个参数对应图 1-24 中的位置。

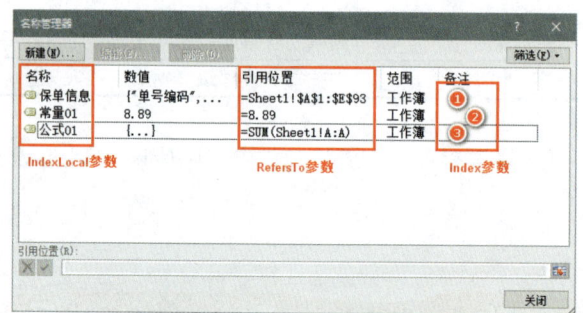

图 1-24　Names.Item 参数对应位置

```
ThisWorkbook.Names.Item Index:=2                               '获取名称集合中第 2 个名称的信息
ThisWorkbook.Names.Item IndexLocal:=" 常量 01"                   '获取指定自定义名称的信息
ThisWorkbook.Names.Item RefersTo:="8.89"                        '获取指定引用内容的信息
ThisWorkbook.Names.Item Index:=2, IndexLocal:=" 常量 01", RefersTo:="8.89"  '指定 3 个已存在并正确的信息，
获取指定名称的信息
```

💬 **无言**：Names.Item 方法中比较重要的参数是 IndexLocal，当该参数指定的名称不存在时，将出现错误；但是其他两个参数则可以任意设置，且不影响返回 IndexLocal 参数的正确信息内容。

Names.Item 方法返回的一个 Name 对象，且返回的是 Name 对象的默认属性——RefersTo 属性，即引用的具体信息内容。

Count 属性则是最熟悉的属性了，获取 Names 对象集合中存在多少 Name 对象，语法如下。

```
返回集合中对象的数量
Workbooks.Names.Count
ThisWorkbook.Names.Count    '获取当前工作簿中所有自定义名称的个数
```

1.7.1 创建自定义名称：Names.Add 方法

在 Excel 中创建一个自定义名称比较简单，直接框选区域，然后在名称栏内输入需要的名称即可；还可以通过名称管理器创建更具体的 Name 对象，通过表 1-15 中的 Names.Add 方法创建一个 Name 对象。该方法的参数说明如表 1-16 所示。

表 1-16 Names.Add 方法的参数说明

参数名称	必需和可选	数据类型	作用说明
Name	必需	Variant	指定新建名称具体名称，不可为空，不能含有特殊字符、空格及单元格引用格式。如果未指定 Name 或 NameLocal 参数中任一个，则指定要用作名称的文本
NameLocal			
Visible	可选	Variant	显示或隐藏自定义名称
MacroType	可选	Variant	确定自定义名称是否使用宏及其类别，默认为其他
ShortcutKey	可选	Variant	指定宏的快捷键
Category	可选	Variant	如果 MacroType 参数等于 1 或 2，则此参数为宏或函数的分类。该分类在"函数向导"中使用。可以用数字（从 1 开始）或名称（以英文指定）引用现有的分类。如果指定的分类不存在，Microsoft Office Excel 2007 将创建新分类
CategoryLocal	可选	Variant	如果未指定 Category 参数，则指定标识自定义函数分类的本地化的文本
RefersTo	可选	Variant	单元格的引用方式及常量、公式等，以等号开始
RefersToLocal			
RefersToR1C1			
RefersToR1C1Local			

> **无言**：这么多参数，实际上使用最多的是 Name 和 RefersTo 两个参数：Name 参数用于指定新建名称对象的具体文本名字；RefersTo 参数则是用于输入具体的常量、单元格引用区域或者公式等。

以下示例为使用 Names.Add 方法创建自定义名称。

```
创建在工作簿范围内使用的自定义名称
ActiveWorkbook.Names.Add Name:=" 新建测试 01", RefersTo:="=Sheet1!A1"              '创建一个指定名称和
引用单元格的名称，A1 引用方式
ActiveWorkbook.Names.Add NameLocal:=" 新建测试 02", RefersToR1C1:="=Sheet1!RC"     '采用 RC 引用方式
```

```
创建只能在指定工作表内使用的自定义名称
ActiveWorkbook.Worksheets("Sheet1").Names.Add Name:=" 指定工作表名称 01", RefersTo:=" =Sheet1!R12C7"
Worksheets("Sheet1").Names.Add NameLocal:=" 指定工作表名称 02", RefersTo:="=Sheet1!G12"
```

以上示例为新建两个可见范围不同的自定义名称。ActiveWorkbook.Names.Add 语句创建了一个工作簿中任意工作表都可以使用的自定义名称；ActiveWorkbook.Worksheets("Sheet1").Names.Add 则是创建一个只能在 Sheet1 工作表使用的自定义名称。

如图 1-25 所示，在名称管理器内所有非隐藏的自定义名称都可以看到，但是如果在非 Sheet1 工作表上使用 F3 功能键粘贴名称时，看不到已定义的 Sheet1 范围的自定义名称，如图 1-26 所示。

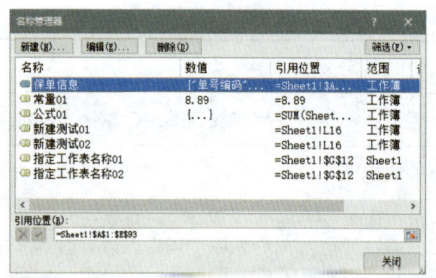

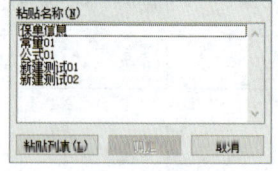

图 1-25 Names.Add 新建自定义名称

图 1-26 非指定工作表不可见名称

? 皮蛋：言子，上面的示例中使用了NameLocal和RefersToR1C1参数时效果是相同的吗？

无言：是的，Name和NameLocal参数在使用上基本可以互替，而RefersTo和RefersToLocal、RefersToR1C1、RefersToR1C1Local参数在某种意义上也是相同的，但是还是推荐只用RefersTo即可。

1.7.2 显示/隐藏自定义名称：Name.Visible 属性

每新建一个自定义名称就在工作簿中生成一个Name对象，该对象拥有1个方法和20个属性。20个属性中很多属性和 Names.Add 创建自定义名称的参数有关，而且是相同的。现取 Name.Visible 属性进行讲解，该属性返回或设置一个 Boolean 值，用于确定对象是否可见、可读写。

无言：Name.Visible属性的作用就通过赋值True或False，使得指定的名称在名称管理器中是否可见，从而隐藏/显示指定的名称；同时该属性也可返回指定名称的Boolean值（根据Boolean值确定名称是否已隐藏）。

返回或设置指定名称的是否可见或其 Boolean 值
表达式 .Visible [= True|Fasle]

隐藏/显示工作簿中所有自定义名称示例如代码 1-33 所示。

代码 1-33　隐藏/显示工作簿中的所有自定义名称

```
001|Sub Name_Visible()
002|    Dim NameCou As Long, Vis_Bol As Boolean, i As Long
003|    NameCou = ActiveWorkbook.Names.Count
004|    If NameCou > 0 Then
005|        Vis_Bol = Application.InputBox ("请选择是要显示还是隐藏工作簿中有所自定义名称" & _
006|        "输入【0】为隐藏,非0的所有数字均为显示", "显示/隐藏名称选择", 1, Type:=1)
007|        For i = 1 To NameCou
008|            ActiveWorkbook.Names(i).Visible = Vis_Bol
009|         Next i
010|    End If
011|End Sub
```

代码 1-33 示例过程,先通过 ActiveWorkbook.Names.Count 语句统计当前工作簿中存在多少自定义名称,并赋值给 NameCou 变量,并通过 If 判断 NameCou 变量的值是否大于 0,若是则执行让用户显示或是隐藏工作簿中所有自定义名称,并将该选择赋值给 Vis_Bol 变量;最后根据 Vis_Bol 变量进行指数循环对每一个自定义名称的 Visible 进行设置。

❓ **皮蛋**:言子,我执行过程后,名称都没有了,会影响我对它的使用吗?

💬 **无言**:不会,只要知道存在的自定义名称,就如同使用函数时,直接在单元格内输入该名称即可,但是此时只是无法使用图 1-26 的粘贴名称功能来输入。

若要创建隐藏的名称,可将 Names.Add 方法的 Visible 属性赋值为 False,即可达到隐藏效果。

 1.7.3　删除自定义名称对象:Name.Delete

当不需要某一自定义名称时,即可通过 Name.Delete 方法删除,其语法如下。

删除指定工作簿中指定信息的自定义名称
WorkBooks.Names(指定信息).Delect

通过 Name.Delete 方法删除自定义名称示例如代码 1-34 所示。

代码 1-34 通过 Name.Delete 方法删除自定义名称

```
001|Sub DelName()
002|    With ActiveWorkbook
003|        .Names(4).Delete
004|        .Names("新建测试02").Delete
005|        .Names(RefersTo:="=Sheet1!$G$12").Delete
006|        .Names("指定工作表名称02").Delete
007|    End With
008|End Sub
```

代码 1-34 示例过程中，通过 3 种形式删除指定信息的自定义名称——.Names(4).Delete 为删除 Names 集中的具体序号的对应自定义名称；.Names("新建测试02").Delete 则是删除具体的自定义名称的名字；.Names(RefersTo:="=Sheet1!$G$12") 则是使用 RefersTo 参数指定需要删除的具体引用内容，在使用该方法时必需指明参数，否则将出现错误；最后一个与第 2 个语句的形式是一样的。

> 无言：当新建的名称已存在，新建名称的RefersTo参数值将覆盖原RefersTo的值。好了，关于Names和Name对象的使用方法就介绍到这里了。

1.8　数据有效性：Validation

为了让用户输入特定的信息内容，在 Excel 界面上会运用数据有效性功能（2013 版本起称为"数据验证"），在 VBA 中数据有效性对应 Validation 对象。本节讲解有关 Validation 对象的方法和属性等成员，如表 1-17 所示。

表 1-17 Validation 对象的常用成员

方法/属性名称	分　类	作用说明
Add	方法	创建指定区域内的数据有效性
Delete		删除数据有效性
Modify		修改指定区域的数据有效性验证
CircleInvalid		对工作表中的无效数据项进行圈释　属于Worksheet对象的方法
ClearCircles		清除指定工作表的无效数据项的圈释

续表

方法/属性名称	分类	作用说明
Formula1	属性	返回数据有效性的表达式或常量内容
Formula2		当Operator 属性为介于或不介于时,需要设置该属性
Operator		代表数据有效性的运算符,详见表 1-20
AlertStyle		返回有效性检验警告样式,数据不符合时提示样式
IgnoreBlank		指定数据有效性内是否存在空值
IMEMode		返回或设置日文输入规则的说明
InCellDropdown		是否具有下拉箭头
ErrorMessage		返回或设置出错时的提示信息
ErrorTitle		返回或设置错误对话框的标题
InputMessage		返回或设置输入信息提示
InputTitle		返回或设置输入信息对话框的标题
ShowError		设置是否提示错误信息提示,与ErrorTitle、ErrorMessage参数有关
ShowInput		设置是否提示必要的输入提示信息,与InputTitle、InputMessage参数有关
Type		设置书有效性的具体类型,例如整数、小数、序列等,与XlDVType 常量有关
Value		指定单元格的有效性是否满足条件要求

1.8.1 创建数据有效性:Validation.Add 方法

在 VBA 中创建一个实例都必需使用 Add 方法,Validation 对象也不例外。因此,创建一个新的数据有效性时必需使用 Validation.Add 方法,其语法和参数说明(见表 1-18)如下。

向指定区域内添加数据有效性验证
Range.Add(Type, AlertStyle, Operator, Formula1, Formula2)

表 1-18 Validation.Add 方法的参数说明

参数名称	必需和可选	数据类型	作用说明
Type	必需	XlDVType	有效性验证类型
AlertStyle	可选	Variant	有效性验证警告的3个警告样式
Operator	可选	Variant	数据有效性验证运算符
Formula1	可选	Variant	数据有效性验证等式中的第一部分
Formula2	可选	Variant	当 Operator 为(不)介于时,该参数有效

💬 **无言**：Validation.Add方法中的Type、Formula1参数是2个常用参数，分别如图1-27中显示的位置。现在手上有一份食堂用的分类及食物清单，现在我们要根据这份清单分列在B列标题后创建分类的数据有效性，C列标题后创建一个食物的名称数据有效性。具体过程如代码1-35所示。

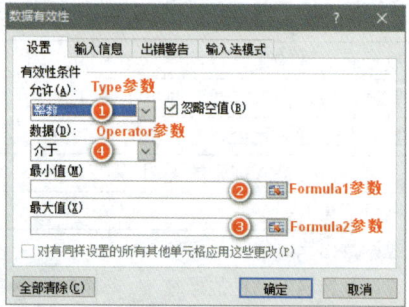

 图1-27 Validation.Add 方法参数对应的位置

代码 1-35　新建餐点分类及食物名称数据有效性

```
001|Sub Food_NewVal_Add()
002|    Dim Max_R As Long, Fl_Rng As Range, Fd_Rng As Range
003|    With Worksheets(1)
004|        Max_R = .Cells(1).CurrentRegion.Rows.Count
005|        Set Fl_Rng = .Range("P2:P6")
006|        Set Fd_Rng = .Range("Q2:Q35")
007|        With Cells(2, 2).Resize(Max_R - 1, 1).Validation
008|            .Delete
009|            .Add Type:=xlValidateList, Formula1:="=" & Fl_Rng.Address
010|            .InCellDropdown = True
011|        End With
012|        With Cells(2, 3).Resize(Max_R - 1, 1).Validation
013|            .Delete
014|            .Add Type:=xlValidateList, Formula1:="=" & Fd_Rng.Address
015|            .InCellDropdown = True
016|        End With
017|    End With
018|End Sub
```

（1）代码 1-35 示例过程创建了 2 个数据有效性，其中 Fl_Rng 和 Fd_Rng 两个变量为指定做作为数据有效性序列的引用单元格，即 Formula1 参数的赋值；Max_R 变量则获取指定区域的行数量。

（2）Cells(2, 2).Resize(Max_R - 1, 1).Validation 语句在 B 列的有效范围设置数据有效性对象，然后先通过 Validation.Delete 方法清除原来区域的数据有效性设置，再使用 Validation.Add 创建 B 列范围内的数据有效性。

（3）.Add Type:=XlValidateList, Formula1:="=" & Fl_Rng.Address 语句中 Type 参数赋值为 XlValidateList，代表创建的是序列类型的数据有效性，Type 参数的类型可以查阅 XlDVType 常量或如表 1-19 所示；Formula1 参数如果引用单元格或者自定义名称时，都必需用等号连接，其中 Fl_Rng.Address 为分列引用的原始数据单元格区域的文本。后面第 2 段创建食物名称的数据有效性与第 1 段的类似，只是 Fd_Rng 的原始区域不同而已，最终效果如图 1-28 所示。

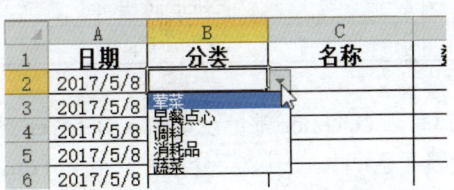

图 1-28 餐点数据有效性

无言：Validation.Add方法的Type参数，其对应数据有效性类型如表 1-19所示。

表 1-19 Validation 对象 Type 参数的枚举常量表

枚举常量值	值	作 用 说 明	对应图标名称
XlValidateInputOnly	0	仅在用户更改值时进行验证	任何值
XlValidateWholeNumber	1	全部数值	整数
XlValidateDecimal	2	数值	小数
XlValidateList	3	值必需存在于指定列表中	序列
XlValidateDate	4	指定日期区间	日期
XlValidateTime	5	时间值	时间
XlValidateTextLength	6	文本长度	文本长度
XlValidateCustom	7	使用任意公式验证数据有效性	自定义

无言：如果需要输入的Formula1参数的文本数据较少，可直接用文本字符的方式赋值给该参数，如下所示。

> Validation.Add Type:=XlValidateList, Formula1:=" 早餐,午餐,下午茶,晚餐,夜宵 " '直接用文本赋值 Formula1 参数，用半角逗号隔开

皮蛋：这个类型就是我平时操作的数据有效性，听明白了。但是你说那个Formula2参数得什么时候才会用？这个我确实懵了。

无言：其实Formula2参数必需和Operator常量值配合才有效，先看下表 1-20 中关于Operator属性的常量值的说明。

表 1-20 Validation 对象 Operator 属性的常量值的作用说明

枚举常量值	值	作用说明	枚举常量值	值	作用说明
XlBetween	1	介于	XlGreater	5	大于
XlNotBetween	2	不介于	XlLess	6	小于
XlEqual	3	等于	XlGreaterEqual	7	大于或等于
XlNotEqual	4	不等于	XlLessEqual	8	小于或等于

设置 Validation 对象，只有当 Operator 常量设置为 XlBetween 或 XlNotBetween 时，才会出现 Formula2 参数，即只有设置了区间（介于或不介于）才需要 Formula2 参数。

无言：现在设置一个数量区间，让用户只能填入在该区间内的数值，否则将提示错误。具体示例过程如代码1-36所示。

代码 1-36 设置食物数量的区间值

```
001|Sub Food_Add_Between()
002|    Dim Max_R As Long, Qj1 As Integer, Qj2 As Integer
003|    With Worksheets(1)
004|        Max_R = .Cells(1).CurrentRegion.Rows.Count
005|        Qj1 = Application.InputBox("请输入需要输入第1个区间的值，不等小于0", "区间1", 0, Type:=1)
006|        Qj2 = Application.InputBox("请输入需要输入第2个区间的值，该值必须大于区间1的值", "区间2", Type:=1)
007|        If Qj1 < 0 Or Qj2 <= Qj1 Or Qj2 < 0 Then Exit Sub
008|        With Cells(2, 4).Resize(Max_R - 1, 1).Validation
009|            .Delete
010|            .Add Type:=xlValidateWholeNumber, _
```

```
011|                    Operator:=xlBetween, _
012|                    Formula1:=Qj1, _
013|                    Formula2:=Qj2, _
014|                    AlertStyle:=xlValidAlertWarning
015|                .InCellDropdown = True
016|                .ShowInput = True
017|                .InputTitle = "区间信息提示"
018|                .InputMessage = "输入数字必须在" & Qj1 & "-" & Qj2 & "之间。"
019|                .ShowError = True
020|                .ErrorTitle = "输入区间错误"
021|                .ErrorMessage = "您输入的数字不在允许区间，请重新输入！"
022|            End With
023|        End With
024|End Sub
```

（1）代码 1-36 示例过程，在 D 列设置一个指定区间的数据有效性，让用户只能输入指定区间内的整数，否则将出现错误提示——Qj1 和 Qj2 变量就是这 2 个区间。输入完成后通过 If 判断量 2 个区间是否满足具体的区间要求，若不满足则退出当前过程。

（2）通过 Validation.Delete 方法清除原来区域的数据有效性，再通过 Add 方法重新设置指定 D 列的数据有效性：Type 参数赋值为整数类型；Operator 参数赋值为介于的运算类型；Formula1 参数赋值为 Qj1 变量；Formula2 参数则赋值为 Qj2 变量；并将 AlertStyle 参数的图标设置为警告图标，该图标如图 1-29 所示。

（3）当创建完新的数据有效性后，通过 InCellDropdown 属性设置数据有效性具有可视的下拉箭头；接着设置 ShowInput 属性，设置单元格是否显示输入提示信息，即设置该属性的 Boolean 值，若为 True 则显示 InputTitle 和 InputMessage 的相关信息内容；ShowError 属性则是当输入的数据不符合当前验证时，是否弹出图 1-29 中设置的警告提示内容，若为 True 则当错误时显示 ErrorTitle 和 ErrorMessage 的信息内容。

❓ 皮蛋：原来Formula2参数是这样用的——只有当出现区间判断选择时才需要它。

💬 无言：是的，就应该这样简单、粗暴地理解。

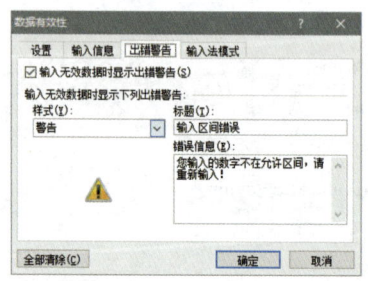

图 1-29 AlertStyle 参数的图标样式

1.8.2 无效数据的提示和清除

💬 **无言**：下面简单介绍Validation.Delete和Validation.Modify方法。

Validation.Delete 方法为清除指定区域原来的数据有效性设置。该方法不会清除已选择的单元格内的数据有效性值，只会清除数据有效性的设置内容，即类似只清除单元格的格式而已，不清除其值，语法如下。

> 删除数据有效性对象
> Range.Validation.Delete

Validation.Modify 方法则是修改已存在的数据有效性对象的属性设置，其语法与 Validation.Add 方法如出一辙——同样多的参数和同样的名称和作用，其语法如下：

> 修改指定区域的数据有效性验证
> Range. Modify (Type, AlertStyle, Operator, Formula1, Formula2)

❓ **皮蛋**：确实没有大的不同，只是名字和作用变了些许，这样我就可以参考你上面的代码进行实操了。

💬 **无言**：这里提供一段简短的代码（见代码1-37），还以是以区间判断为例子，稍微修改了Formula1和Formula2两个参数的值，其他还是依据原来创建时或者说修改前的设置。

代码 1-37 修改原数据有效性的区间值

```
001|Sub Val_Modify()
002|    Worksheets(1).Range("D2:D19").Validation.Modify _
003|        Type:=xlValidateWholeNumber, Operator:=xlBetween, _
```

```
004|         Formula1:=10, Formula2:=15
005|End Sub
```

> 无言：这段示例代码就不解释了，接下来要说的才是重点——标识无效的数据有效性以及清除已标识的无效标识图标。

> 皮蛋：又玩韩跳跳啊，厉害了去。

> 无言：首先在E列使用随机函数获取一个随机数，并在E列创建一个自定义验证公式，公式如下：

```
=RANDBETWEEN(-10,50)         '随机函数公式
=AND(E2>=0,E2<=50)           '自定义验证公式
```

随机函数公式在单元格产生了一个 -10~50 间的随机整数，然后选中 E2:E19 区域，创建如图 1-30 所示的数据有效性，接着单击如图 1-31 所示【数据有效性】中的②【圈释无效数据】，就会出现一个图标，将不满足验证公式（结果为 False）的单元格圈出来。

> 无言：按照图1-30所示的步骤设置好，再通过代码 1-38示例过程即可圈释不满足验证公式的单元格。

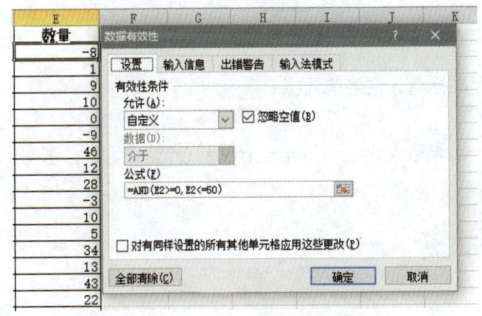

图 1-30 输入自定义验证公式

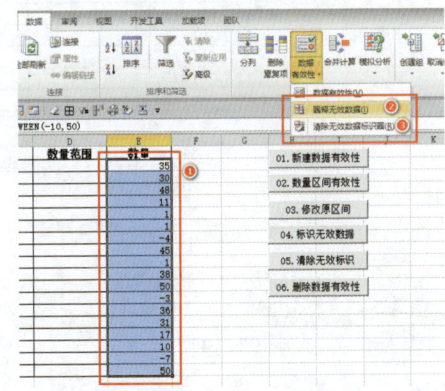

图 1-31 标识无效数据有效性

代码 1-38 标识无效的数据有效性

```
001|Sub Val_CircleInvalid()
002|    ActiveSheet.CircleInvalid
003|End Sub
```

无言：执行代码1-38过程后，将圈释出图1-30的无效数据。该示例运用了Worksheet.CircleInvalid方法，该方法属于工作表对象，其语法如下。

> 对工作表中的无效数据项进行圈释
> Worksheet.CircleInvalid

CircleInvalid 方法属于工作表对象，只要执行该方法，就能将指定工作表的所有不满足数据有效性的数据圈释出来（见图1-32）。该方法无需指定区域，只要表中存在不满足数据有效性的单元格都会被自动圈释出来，且该图标不影响单元格内的数据。

	A	B	C	D	E
1	日期	分类	名称	数量范围	数量
2	2017/5/8				-1
3	2017/5/8				32
4	2017/5/8				40
5	2017/5/8				9
6	2017/5/8				29
7	2017/5/8				18
8	2017/5/8				38
9	2017/5/8				0
10	2017/5/8				46
11	2017/5/8				2
12	2017/5/8				11
13	2017/5/8				-4
14	2017/5/8				8
15	2017/5/8				46
16	2017/5/8				10
17	2017/5/8				-5
18	2017/5/8				21
19	2017/5/8				28
20					

 图1-32 圈释出不满足数据有效性的单元格

既然能圈释无效数据，就有清除圈释的方法，即 Worksheet.ClearCircles 方法，其语法如下。

> 清除指定工作表的无效数据项的圈释
> Worksheet. ClearCircles

具体示例如代码 1-39 所示。

代码 1-39 清除无效标识图标

001|Sub Val_ClearCircles()
002| ActiveSheet.ClearCircles
003|End Sub

 皮蛋：这两个方法都挺简单的，也容易明白。对了，我还有一个问题，能否一次性清除工作表所有的数据有效性？

> 无言：有啊，还是用Delete方法就可以了。

`ActiveSheet.Cells.Validation.Delete    '清除激活工作表上的所有数据有效性`

> 无言：如果是要删除指定区域的有效性，可以将ActiveSheet.Cells语句替换为Selection属性即可。关于数据有效性的使用也就讲到这里，下面讲解另外一个与条件有关的对象。

1.9 条件格式和样式：FormatConditions和Styles

在 Excel 操作中，数据有效性和条件格式都是必不可少的，前者用于输入时限制或检验数据是否满足，后者用于设置已有数据是否满足验证条件并对满足判断依据的数据进行标识，例如单元格底色涂色、字体颜色设置等功能性标识。

本节讲解条件格式在 VBA 中对应的对象及其常用方法/属性的运用。Excel 中的条件格式对应 FormatConditions 对象。FormatConditions 对象成员如表 1-21 所示。

表 1-21　FormatConditions 对象常用成员

方法/属性名称	分　类	作用说明
Add	方法	添加新的条件格式
Delete	方法	删除对象
Count	属性	返回一个 Long 值，代表集合中对象的数量

FormatConditions 对象的主要成员有 13 个，但是常用的也可能就表 1-21 中的 3 个。本节主要讲解 Add 方法。

> 皮蛋：Add方法是添加或创建一个新的对象——创建一个新的条件格式对象。

1.9.1　创建条件格式

> 无言：没错，先看下FormatConditions.Add方法的语法，再讲解其操作。

在指定区域添加新的条件格式对象
`Range.FormatConditions.Add(Type, Operator, Formula1, Formula2)`

FormatConditions.Add 方法有 4 个参数，和数据有效性的参数有相似之处。先看下这 4 个参数的作用，如表 1-22 所示。

表 1-22 FormatConditions.Add 方法的参数说明

参 数 名 称	必需和可选	数 据 类 型	作 用 说 明
Type	必需	XlFormatConditionType	指定添加的条件格式的类型
Operator	可选	Variant	条件格式运算符，参数表 1-20；Type参数为XlExpression则忽略本参数
Formula1	可选		条件格式运算符公式中的第1部分
Formula2	可选		当 Operator 为（不）介于时，该参数有效

从表 1-22 中可以看出 FormatConditions.Add 和 Validation.Add 有如出一辙的感觉，只是其 Type 参数的枚举常量有所不同。XlFormatConditionType 的具体枚举常量如表 1-23 所示。

表 1-23 FormatConditions. Add 方法 Type 参数的枚举常量

枚举常量值	值	作 用 说 明	对应类型位置
XlCellValue	1	单元格值	
XlTextString	9	特定文本	
XlTimePeriod	11	发生日期	
XlBlanksCondition	10	空值	
XlNoBlanksCondition	13	无空值	
XlErrorsCondition	16	错误	
XlNoErrorsCondition	17	无错误	
XlAboveAverageCondition	12	高于或低于平均值条件	

续表

枚举常量值	值	作用说明	对应类型位置
XlUniqueValues	8	唯一值	
XlExpression	2	表达式	
XlTop10	5	前10个值	
XlColorScale	3	色阶	
XlDatabar	4	数据条	
XlIconSet	6	图标集	

> 💬 **无言**：对于 Add 方法及其参数已有所了解，Type 参数常量类型的对应位置也知道了，现在来创建一个新的条件格式对象。

标识记录表中评分结果大于等于 90 分的单元格，并将其单元格底色设置为浅蓝色，字体颜色为红色，具体如代码 1-40 所示。

代码 1-40　标识 90 分及以上的单元格

```
001|Sub New_Add_FormatC()
002|    With Range("B3:B29").FormatConditions
003|        .Delete
004|        With .Add(Type:=xlCellValue, Operator:=xlGreaterEqual, Formula1:=90)
005|            .Font.ColorIndex = 3
006|            .Font.Bold = True
007|            .Interior.ColorIndex = 20
008|        End With
009|    End With
010|End Sub
```

（1）代码 1-40 示例过程中在 Range("B3:B29") 区域内设置条件格式对象，通过 With 语句精简重复对象的引用，接着通过 FormatConditions.Delete 方法删除该区域内的已有条件格式。

（2）With .Add(Type:=XlCellValue, Operator:=XlGreaterEqual, Formula1:=90) 语句为创建一个新条件格式，其中 Type 参数赋值为 XlCellValue，标明新建的格式类型为按照单元格的值查找；Operator 参数赋值为 XlGreaterEqual，标明运算符类型为大于或等于；Formula1 参数赋值为 90，标明要检验的具体值，整句代码的意思就是查找单元格内的值大于等于 90 的单元格。

（3）.Font.ColorIndex、.Font.Bold、.Interior.ColorIndex 的赋值都是针对满足条件格式单元格的格式设置，它们分别代表满足单元格的字体主题颜色、加粗及对单元格底色设置，该属性相当于图 1-33 所示的界面。

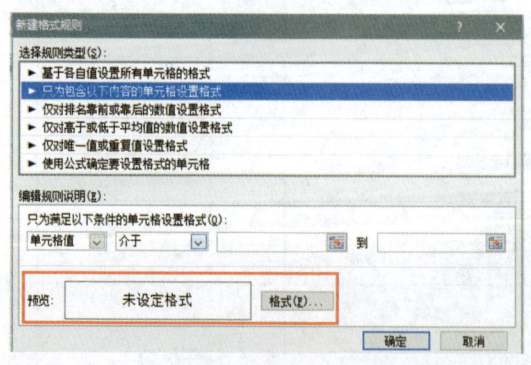

 图 1-33　FormatCondition 对象格式的设置界面

78

> 无言：上面的示例过程中用到了FormatConditions的Delete和Add方法。在新建条件格式时选择正确的Type参数类型，当其类型非XlExpression时都需要赋值Operator的运算符号类型；再者Operator参数赋值为XlBetween或XlNoBetween是就该赋值Formula2参数的具体内容。

> 皮蛋：如果设置多条件的公式验证该如何处理呢？

> 无言：表达式相当于将Type的类型赋值为XlExpression，此时只需要2个参数即可。这里以价格对比来设置条件格式：如果E列对应的价格为D列的价格80%及以下，则该单元格字体颜色标识为绿；如果对应价格高于D列的105%则标识为红色字体；满足这两个条件的单元格字体都加粗。

> 皮蛋：按照行为操作的话，这个貌似需要设置2个条件格式了吧。

> 无言：嗯，没错，先看下代码1-41。

代码1-41和代码1-40差不多，只是代码1-41将Type参数赋值为表达式（XlExpression）类型。当该参数赋值为表达式时，Formula1参数则必需采用符合要求的文本公式赋值。当完成第1个条件格式后接着设置第2个条件。

代码1-41 比较同一型号规格的价格

```
001|Sub New_Add_FormatC_Expression()
002|    With Range("E3:E57").FormatConditions
003|        .Delete
004|        With .Add(Type:=xlExpression, Formula1:="=E3<=D3*0.8")
005|            .Font.ColorIndex = 10
006|            .Font.Bold = True
007|        End With
008|        With .Add(Type:=xlExpression, Formula1:="=E3>=D3*1.05")
009|            .Font.ColorIndex = 3
010|            .Font.Bold = True
011|        End With
012|    End With
013|End Sub
```

1.9.2　删除条件格式

> 无言：说完了添加创建新的条件格式后，就来说下删除的方法。如果要删除指定的某个条

件格式可以通过指定序号并结合Delete方法。

```
Cells.FormatConditions(1).Delete        '删除表中的第1个条件格式
Selection.FormatConditions.Delete       '删除指定区域的条件格式
```

因为条件格式属于工作表上的对象,所以当要统计存在多个条件格式,都是针对某一个工作表进行统计,无法直接统计出当前工作簿中存在几个条件格式,统计个数的属性是FormatConditions.Count。

同样删除的话,也是不能通过Cells.FormatConditions.Delete语句删除整个工作簿中的所有条件格式,只能通过工作表循环删除。

❓ **皮蛋**:好的。有个疑问想问下,我想获取条件格式的格式样式,有办法吗?

💬 **无言**:要获取条件格式的样式设置的话,可以通过DisplayFormat对象的相关属性获取。还有2003版Office是没有这个对象的,所以在2003版本中无法使用该对象。

 删除自定义样式:Styles

💬 **无言**:皮蛋,你有没有遇到过这种情况呢(见图1-34)?

 图1-34 重复的自定义样式

❓ **皮蛋**:这个好久前遇到过,貌似我是一个个手工删除的,还好只有20个左右吧,没这么多。这个到底是什么呢?

💬 **无言**:这是自定义样式列表,就在条件格式旁边,它的作用是将自定义的样式存为常用条件样式。如果样式列表中存在这么多重复的样式,那就不对了。你以前是手工删除的,这次我就教你用代码删除。

自定义样式对应的是 Workbook.Styles 属性，其将返回一个 Styles 集合，该集合表示指定工作簿中的所有样式。要删除这些自定义样式，需要通过 Styles 集合的方法删除。Styles 对象的主要成员如表 1-24 所示。

表 1-24 Styles 对象的主要成员

方法/属性名称	分 类	作 用 说 明
Add	方法	新建样式并将其添加到当前工作簿的可用样式列表中
Merge	方法	将另一张工作簿中的样式合并到 Styles 集合
Count	属性	返回一个 Long 值，代表集合中对象的数量
Item	属性	从集合中返回一个对象

这次我们用 Styles.Count 属性统计指定工作簿中存在的样式总数量，再通过 Style.Delete 方法删除不需要的样式。

> 皮蛋：呃呵，又关联了一个对象！真累啊，对象真多。
> 无言：对的，Strles.Add 将新建一个 Strle 对象。

代码 1-42 所示为删除当前工作簿的所有非内置样式的过程。

代码 1-42　删除工作簿非内置样式

```
001|Sub Del_NOBuiltIn_Style()
002|    Dim Ojd As Style
003|    For Each Ojd In ActiveWorkbook.Styles
004|        If Ojd.BuiltIn = False Then Ojd.Delete
005|    Next Ojd
006|    MsgBox "工作簿中存在 " & ActiveWorkbook.Styles.Count & "个样式"
007|End Sub
```

（1）首先 Ojd 变量赋值为样式对象（Style），然后通过 ActiveWorkbook.Styles 语句为将当前工作簿中的样式集合作为作为循环语句中 Ojd 循环对象。

（2）然后开始循环，在循环语句中的 If Ojd.BuiltIn 为判断当前样式是否为内置样式，BuiltIn 是 Style 对象的属性——如果当前样式非内置的则返回 False，即符合 If 语句后面的 =False 语句，当即执行 Ojd.Delete 语句删除当前样式。最后通过 Msgbox 函数获取当前工作簿剩余所有内置样式的个数。

> 💬 **无言**：执行后的效果如图1-35所示，是不是清爽了好多？
>
> ❓ **皮蛋**：不止清爽，而且很快。
>
> 💬 **无言**：关于Range对象常用的方法和属性就介绍到这里，后面将开启自动化操作。

图 1-35　删除非内置样式效果

1.10　小结

关于 Range 单元格对象部分成员的讲解不是很全面，只是该对象中的九牛一毛，不能提及或有所缺陷的地方，希望大家通过搜索对象的关键字查阅相关帮助文件。翻阅的时候要仔细了解每个方法或属性参数成员的具体作用，只有理解了这些参数的作用，才能正确运用这些方法或属性。

在介绍 Range 对象时，本章中涉及某些非 Range 对象中的方法或属性，这样做可能会造成错乱感。但是由于实际运用 Excel 时我们都是针对 Range 对象的操作，因此，将例如筛选、排序、数据有效性、条件格式、样式等对象都归纳到本章中讲解。

本章中在讲解筛选、排序、数据有效性、条件格式、样式这几个方法时，总是会涉及其他集合，就像文中皮蛋说的"又关联了一个对象啊"一样。

确实在使用 VBA 对象时每个对象集合中必定都存在另外一个同名的单一对象。每个集合的某一个属性都可能对应其单一对象下的某个方法或属性。只有通过设置操作这个对象的方法或属性才能完成一系列设置或操作。

例如添加修改条件格式时，使用的是 FormatConditions 对象集合进行添加或设置，但实际上是针对 FormatConditions 集合中的一个 FormatCondition 对象进行操作。

如设置新添加的条件格式的字体颜色、底色等都是与 FormatCondition 对象的相关属性有关联。所以当对某个集合的方法或属性不理解时，就可以查阅不带 s 的同名对象的成员——理解其方法、属性的作用。

第 2 章
Excel 自动化的那档事——Worksheet 对象

本章重点讲解对工作表、工作簿相关方法属性,以及运用对象的事件,使得操作更具自动化、智能化的效果。

2.1 什么是事件

? 皮蛋： 言子，我这里需要根据单号获取与其有关的销售清单并打印，要如何处理？我知道用查找筛选的方法可以获取单号。但是我想要每次给予具体信息后，可以将结果自动填写到指定模板并打印出来，这个要如何做？

无言： 这就需要用到事件这个概念了。

什么是事件呢？事件也可以称为事件过程，即对象对外部动作的响应。当对象发生了某个事件（操作），就会执行与此对象事件相对应的代码，这段代码被称为"事件过程"。这里的事件指的是 Excel 程序已事先设定的、能被对象识别和响应的动作。

? 皮蛋： 不懂，再具体点。

无言： 刚才说了，Excel 能识别和响应的动作就被识别为事件。

例如，单击某一个单元格，而后 Excel 对这个单击动作产生了回应，被选中的这个单元格内被输入了当天日期；当双击鼠标左键后该单元格进入编辑状态，Excel 对此回馈了一个动作，将光标放置在已有字符串的最末位置。又如，游戏中，你在地图上行走，突然出现一个妖精，你上去就给它一通暴打，妖精对于你暴打它这个动作产生了回应动作——该动作可以是逃跑或者是和你搏击，这个暴打就是事件了。

? 皮蛋： 系统能识别的动作都是一个事件，那么有哪些事件呢？

无言： 说到事件有哪些，这个就要按对象来分类说明了。

在 Excel 中存在多种对象，而事件只针对某些内置事件的对象才可以使用。Excel 的常用对象如图 2-1 所示，本章主要介绍关于工作表和工作簿两大对象的事件的运用。

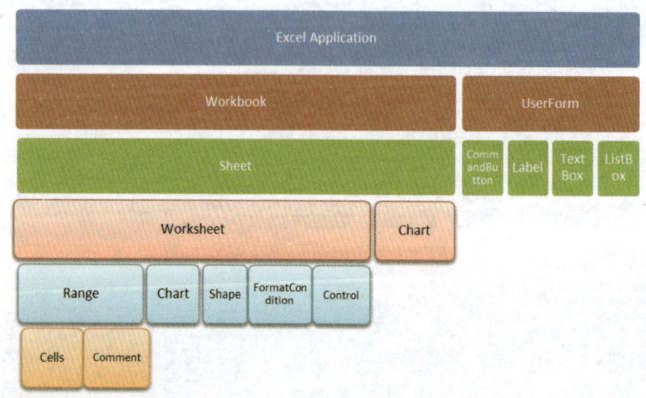

图 2-1 Excel 常用对象层次图

从图 2-1 中可以看到常见（用）的几个对象的，其中工作表和工作簿都位于多数对象的顶部，那么不同层次对于事件会有什么影响呢？

不同层级、相同事件的情况下，对于事件响应优先次序是不同的——级别低的相同事件优先反馈。例如拔头发这个动作（事件），最先感到疼痛的是头皮部分，接着通过神经元传递到大脑。而工作表就相当于头皮这部分最先感觉到疼痛的部位。

例如在工作簿和工作表上同时设置了激活 Sheet1 事件时，工作簿上的事件设置显示当前时间，而工作表的事件则是设置显示当前激活单元格的值，此时先响应 Sheet1 工作表上的激活事件显示单元格的值，接着才相应工作簿上预设的显示当前时间。

相同事件，低层次优先执行

2.2　如何识别事件过程

所有事件都是一个过程，而且该过程都只能针对所属对象才有效——每个事件都是当前对象的私有过程，不可跨对象调用。

皮蛋：呃，言子，那我要如何书写这些过程啊？一是记不住太多的对象名称，二是也怕写错了——搞不定。

无言：第2章曾介绍过在VBE窗体中双击【工程资源管理器】中的对象，接着选择通用列表中的对象名称，最后再选择声明列表中的项（事件名称），就会自动生成需要的事件过程了，如图2-2所示。

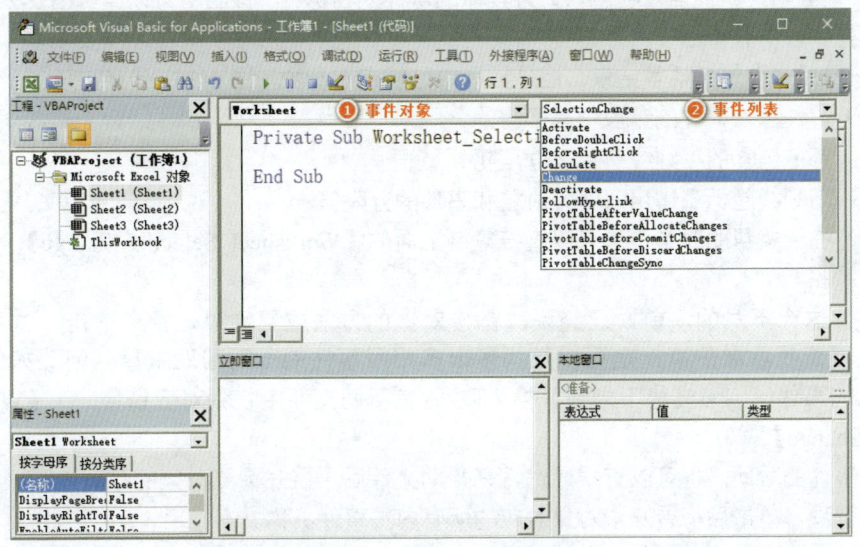

图 2-2　自动获取对象事件过程

皮蛋：这样就能自动获取对象的事件啊，那我要怎么识别这个事件过程是属于谁的呢？

无言：这个好处理，先来看下图2-3所示的结构分解。

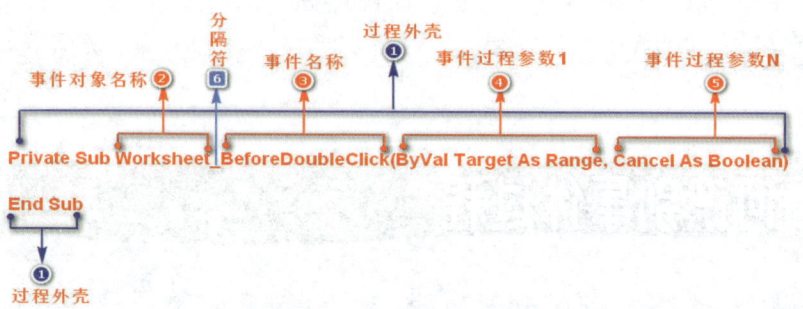

图2-3 事件过程结构分解

（1）首先,事件过程的外壳和平时写的Sub过程没有什么不同，只是这些过程都是私有的，所以在Sub前面都会多了一个Private词语，它代表了私有的意思（蓝色①）。

（2）这个过程是属于哪个对象的（红色②）——Sub后面的就是这个事件属于哪个对象的，也就是图2-2中（红色②）中对应的事件对象名称。

（3）接着下一个词语（红色③）为具体的事件的名称——该名称可以通过图2-2中（红色②）的下拉列表中获得。

（4）最后一个外壳括号结束，但是括号中可能存在参数，图2-3中就存在了2个参数（红色④和⑤）。注意，事件的参数不是必需的。

皮蛋：那蓝色⑥的下划线有什么作用呢？

无言：下划线起标识作用，区分对象和事件的分隔符。

皮蛋：在查找帮助时是不是可以直接复制上面的【Worksheet_SelectionChange】对象_事件组合后搜索呢？

无言：这个不对的，前面已经说过链接对象的方法或属性时，都必需用 . 进行连接，如查询直接查找后面的事件是可以查找多很多相同事件的不同帮助链接。因此如果要查找具体对象的事件，则必需将下划线替换为·才能在帮助文件中找到对应链接——【Worksheet.SelectionChange】。

查找事件的帮助，也可以直接通过打开帮助文件后，展开需要对象的帮助关联，找到其中的【事件】项，单击后将展开该对象对应的所有内置事件名称。

无言：当对象选择列表中激活的是工作表或工作簿时，都只能选中该层级对象及其下属子对象，当其上存在其他控件时才能选择对应控件对象，如图2-4所示。

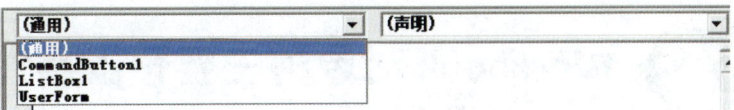

图 2-4　用户窗体的控件对象选择列

皮蛋：确实不同,那是不是我在工作表上增加其他控件也能有这样的效果呢?

无言：可以,效果是一样的。但是Excel的表单控件无此"特效"。

2.3　预设事件有哪些

皮蛋：哦！好了继续下一个问题,Excel中预设了哪些事件?它们的用途呢?

无言：Excel中分为Worksheet和Workbook对象,它们不仅有好多方法和属性,同时要存在着很多对应动作的响应事件,接下将它们分开为2个表列出来。

2.3.1 Worksheet 对象的主要预设事件

Worksheet 对象的主要预设事件如表 2-1 所示。

表 2-1　Worksheet 对象的主要预设事件

事件名称	作用说明	参数及类型
Activate	激活表或在表上嵌入图表时触发	
BeforeDoubleClick	双击表单元格时触发,优先于默认的双击操作	Target As Range
BeforeRightClick	右键表单元格时触发,优先于默认的右键操作	Cancel As Boolean
Calculate	当对表执行计算重算时触发	
Change	当修改单元格或刷新表上链接时触发	Target As Range
Deactivate	当表转为非激活状态时触发	
FollowHyperlink	单击任意超链时触发	Target As Hyperlink
SelectionChange	选中某个单元(区域)时触发,默认事件	Target As Range
PivotTableUpdate	右键刷新透视表时触发	Target As PivotTable

2.3.2 Workbook 对象的主要预设事件

Workbook 对象的主要预设事件如表 2-2 所示。

表 2-2 Workbook 对象的主要预设事件

事件名称	作用说明	参数及类型
Activate	激活表或在表上嵌入图表时触发	
AfterSave	保存工作簿时触发	
AfterXmlExport	保存/导出XML数据后触发	Map As XmlMap,Url As String,Result As XlXmlExportResult
AfterXmlImport	刷新现有/导入新XML数据后触发	Map As XmlMap,IsRefresh As Boolean Result As XlXmlExportResult
BeforeClose	关闭工作簿前触发	Cancel As Boolean
BeforePrint	在打印前触发	Cancel As Boolean
BeforeSave	保存工作簿前触发	SaveAsUI As Boolean，Cancel As Boolean
BeforeXmlExport	保存/导出XML数据前触发	Map As XmlMapUrl As String,Result As XlXmlExportResult
BeforeXmlImport	刷新现有/导入新XML数据前触发	Map As XmlMapUrl As String,IsRefresh As Boolean Result As XlXmlExportResult
Deactivate	工作簿转为非激活状态时触发	
NewChart	创建新图表时触发	Ch As Chart
NewSheet	创建新表时触发，包括图表	Sh As Object
Open	打开工作簿时触发，默认事件	
SheetActivate	参考Worksheet.Activate	Sh As Object
SheetBeforeDoubleClick	参考Worksheet.BeforeDoubleClick	Sh As Object，Target As Range，Cancel As Boolean
SheetBeforeRightClick	参考Worksheet.BeforeRightClick	
SheetCalculate	参考Worksheet.Calculate	Sh As Object
SheetChange	参考Worksheet.Change	Target As Range
SheetDeactivate	参考Worksheet.Deactivate	Sh As Object
SheetFollowHyperlink	参考Worksheet.FollowHyperlink	Sh As Object，Target As Hyperlink
SheetPivotTableUpdate	参考Worksheet.PivotTableUpdate	Sh As Object，Target As PivotTable
SheetSelectionChange	参考Worksheet.SelectionChange	Sh As Object，Target As Range

每一个对象中都存在一个默认事件,即我们选择对象后默认插入的一个响应事件名称。工作表的默认事件为 SelectionChange,工作簿的默认事件为 Open 事件(红色标识)。

💬 **无言**:表 2-1 和表 2-2 所示为在工作中常用到的工作表和工作簿事件,从中可以看到某些事件不需要参数,有些存在多个参数,后面将学习常用事件的具体用法。

2.4 Worksheet对象的常用事件及相关方法/属性

首先先学习 Worksheet 对象事件,该对象总共有 14 个事件。有些事件是针对激活/停止工作表或者针对工作表中的单元格的操作的事件。

这么多事件先从它的默认事件入手——Worksheet_SelectionChange,先看下它的事件过程外壳。

2.5 选中区域时触发事件:Worksheet_SelectionChange

```
当工作表的选定区域发生改变时触发此事件
Private Sub Worksheet_SelectionChange(ByVal Target As Range)
        Statements( 中间代码语句 )
End Sub
```

该事件的作用是当选中工作表上任意一个单元格或单元格区域都会触发该事件,若没有书写 Statements(中间代码语句)时该事件将不会有任何其他响应动作。

该事件过程中存在一个 Target 参数变量,其类型是 Range 对象,Target 参数传递的是选中单元格区域并反馈给事件参数。

❓ **皮蛋**:不理解 Target 参数的作用。

💬 **无言**:就是说当选中单元格时,过程将把选中的区域传递给 Target 参数,作为其具体赋值,然后进行操作,例如显示当前账龄时间或者其他信息写入 Target 参数的对应区域。

 **2.5.1 计算欠款账龄**

现在手上有一份记账工作簿，依据选中的单元格并提示其账龄及相关信息，并将账龄写入对应的账龄单元格内。账龄按照 3 个月以内（0~2）、3~6 个月（3~6 个月）、6 个月到 1 年（6~11 个月）、1~2 年（12~23 个月）、2 年以上（24 个月及以上）的时间段划分。

无言：首先打开 VBE 窗口后双击资源管理器里的【账龄提示工作表】，然后选择对象列表中的 Worksheet 就会自动在代码窗口中写入默认 Worksheet_SelectionChange 事件的过程外壳。接着书写需要的语句代码，如代码 2-1 所示。以后对于插入对象的事件操作都是如此操作，以后这部分会略过不提。

皮蛋：嗯，双击对象，选择对象，插入事件，收到。

代码 2-1　在选择单元格填入账龄区间

```
001|Private Sub Worksheet_SelectionChange(ByVal Target As Range)
002|    Dim ZlDay As Long, Yf_Arr, Qj_Arr
003|    If Target.Column = 5 And Target.Row > 1 Then
004|        If Target.Count > 1 Then Exit Sub
005|        If WorksheetFunction.CountA(Target.Offset(0, -4).Resize(1, 4)) < 4 Then Exit Sub
006|        ZlDay = DateDiff("m", Target.Offset(0, -2), Date)
007|        Yf_Arr = Array(0, 3, 6, 12, 24)
008|        Qj_Arr = Array("3个月以内", "3-6个月", "6个月-1年", "1-2年", "2年以上")
009|        Target = WorksheetFunction.Lookup(ZlDay, Yf_Arr, Qj_Arr)
010|        MsgBox Target.Offset(0, -3) & " 单位的结余款为" & vbCr & Format(Target.Offset(0, -2),
         "#,##0.00") & "账龄区间为 " & vbCr & Target
011|    End If
012|End Sub
```

代码 2-1 为通过 Worksheet.SelectionChange 事件的单击账龄列的单元格后填入相应的账龄区间信息，现在来分析主要语句的作用。

（1）If Target.Column = 5 And Target.Row > 1 用于判断选中的单元区域（Target 参数）的列号是否为第 5 列且行号 > 1，若返回 False 则不响应该事件。接下来的语句都在满足了当前

判断语句的 前提下执行。

（2） If Target.Count > 1 语句用于判断用户选中的单元格或区域，如果是选中非一个单元格时退出当前事件过程；If WorksheetFunction.CountA(Target.Offset(0, -4).Resize(1, 4)) < 4 语句则是判断以选中单元格向左偏移 4 列后的 4 个单元格内是否都存在数据，如果小于 4 也不响应当前事件过程。

（3） ZlDay 变量为存储记账日期与当天日期间的月数，计算账龄月数是通过 DateDiff 函数来计算两个日期间的指定差。与 Excel 的隐藏函数 DATEDIF 相似，但是 VBA 函数的功能比起更强大，其语法及参数详见表 2-3。

（4） Yf_Arr 和 Qj_Arr 两个变量分别存放月数的分阶和对应的分阶信息，通过 Array 函数将需要的信息写入赋值。

（5） Target = WorksheetFunction.Lookup(ZlDay, Yf_Arr, Qj_Arr) 语句为通过工作表函数 Lookup 引用获取对应分阶 Qj_Arr 信息内容并写入 Target 所在的单元格，最后通过 Msgbox 函数提示 Target 单元格的所在单位代码、余款及账龄的提示，如图 2-5 所示。

无言：在实际使用时，可以使用 With 语句缩减重复对象 Target 的引用。

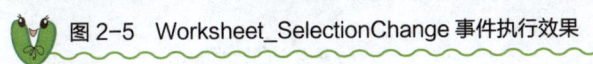

图 2-5 Worksheet_SelectionChange 事件执行效果

2.5.2 DateDiff 函数和 C 转换函数

若要指定日期可以使用 DateSerial 函数。该函数的语法与 Excel 函数中的 Date 函数的一样，可以使用【#2017-12-10#】这样的格式来写明日期；也可以通过 Cdate 类型转换函数将文本日期转换为日期类型。转换函数有很多，详见表 2-3。

表示两个指定日期间的时间间隔数目
DateDiff(interval, date1, date2[, firstdayofweek[, firstweekofyear]])

表 2-3 DateDiff 函数的参数说明

参 数 名 称	作　　用	备　　注
interval	需要计算日期类型间隔的表达式，必需	详见表 2-4
date1	开始的日期时间，必需在Date2之前，必需	
date2	开始的日期时间，必需比大于等于Date1，必需	
firstdayofweek	指定每周的开始第一天是星期几，可选	
firstweekofyear	指定年开始的计算方式，可选	

DateDiff 函数的 interval 参数使用时需要用英文双引号标识才能有效，表 2-4 所示是该参数的对应计算类型标识说明。

表 2-4 DateDiff 函数 interval 参数说明

设　　置	描　　述	设　　置	描　　述
yyyy	年	w	一周的天数
q	季	ww	周
m	月	h	时
y	一年的天数	n	分
d	日	s	秒

💬 无言：根据DateDiff函数的interval参数计算类型，可以获取需要计算的两个日期时间间的差额。还有刚才提及的类型转换函数（如表 2-5所示），它们的主要作用是将某些已定义的数据类型转换为其他需要的数据类型。

表 2-5 转换类型函数明细表

函 数 名 称	转换后的数据类型	函 数 名 称	转换后的数据类型
CBool	Boolean	CLng	Long
CByte	Byte	CLngLng	LongLong
CCur	Currency	CLngPtr	LongPtr
CDate	Date	CSng	Single
CDbl	Double	CStr	String
CDec	Decimal	CVar	Variant
CInt	Integer		

```
Cstr(#2017-5-10 9:30:55 Am#)      '日期类型转换位文本类型
Cstr("2017-5-10 9:30:55 Am ")     '文本日期类型转换为日期类型
```

❓ **皮蛋**：这就是转换函数的作用吗？还有其他用途吗？

💬 **无言**：有的，这是常用情况，还有一种用途。

当声明的数据类型与实际类型不相符时，会造成运算错误。此时可以通过转换函数进行更正。

```
计算结果超出已声明类型的溢出错误
Dim Aa As Integer, Ab As Integer
Aa = 1000: Ab = 500
MsgBox Aa * Ab
```

上面的示例看起来没有问题，但是两个整数相乘后的结果远远超出了 Integer 类型（-32768~32767）的有效范围，运行后会出现提示溢出错误。

❓ **皮蛋**：那转换函数的作用体现在哪里呢？

💬 **无言**：可以在 Msgbox 函数中使用 C 转换函数，将原来的整型类型改为长整型（Long），如下所示，这样就不会出现溢出错误了。

```
MsgBox CLng(Aa) * CLng(Ab)    '将两参数的类型转话为 Long 类型，使得计算结果不会溢出
```

❓ **皮蛋**：原来还可以这样使用啊。

💬 **无言**：是的，不过对于变量的计算结果是无法转化的——当将计算结果赋值给一个变量后，是无法改变该变量的数据类型来防止错误的。接下来继续运用 Worksheet.SelectionChange 事件来引用绩效考核金的填入。

2.5.3 绩效考核数据填写

现在有一份回款率绩效奖金表需要根据图 2-6 所示的不同区间填入对应的绩效档位和增幅的奖金，现在需要由单击 A 列中有数据的单元格后填入催回率绩效奖励表的 C 列对应单元格（见图 2-7），过程如代码 2-2 所示。

图 2-6　回款率查询表

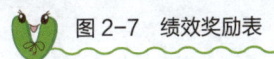

图 2-7　绩效奖励表

代码 2-2 绩效考核金

```
001|Private Sub Worksheet_SelectionChange(ByVal Target As Range)
002|    With Target
003|        If .Count > 1 Then Exit Sub
004|        If .Column = 1 And .Row > 2 And .Value <> "" And .Value >= 0.7 Then
005|            .Offset(0, 1) = WorksheetFunction.VLookup(.Value, Me.Range("I1").CurrentRegion, 3, True)
006|            .Offset(0, 2) = WorksheetFunction.VLookup(.Value, Me.Range("I1").CurrentRegion, 4, True)
007|        End If
008|    End With
009|End Sub
```

（1）代码 2-2 示例过程中，采用重复对象精简引用后，使得代码简洁了很多。过程中首先通过 If .Count > 1 语句判断选择的单元格是否多于一个，若是则退出事件。

（2）否则继续执行 If .Column = 1 And .Row > 2 And .Value <> "" And .Value >= 0.7 语句，该语句的作用是判断选中单元格是否在第 1 列第 2 行，并且单元格内容不为空或者大于等于 0.7 时才执行 If…End If 语句内的语句。

（3）当第 2 个判断语句满足要求和通过 WorksheetFunction.VLookup 引用函数具体对应的绩效档位和增幅，其中 Me.Range("I1").CurrentRegion 为引用当前工作表本身 I1 单元格开始的连续区域作为 VLookup 工作表函数的第 2 参数的区域对象，然后通过偏移位置将对应数据写入对应的单元格。

❓ 皮蛋：Me.Range("I1").CurrentRegion 语句中的 Me 是什么意思呢，有什么用？

💬 无言：Me 在编程中代表代码所在对象的本身。

在代码正在执行的地方提供引用具体实例的方法，即 Me 在这里代表了这段代码所书写的对象的对象载体。就像有人问你在干嘛，你回答我在吃饭，吃饭代表执行的语句，而这些语句执行的对象就是我自己这个人。

Me 属于隐含声明的变量，在不同对象中，Me 代表着不同对象本身。

在 Worksheet(1) 执行代码中 Me 代表了 Worksheet(1) 自己，如果在 Worksheet(2) 中则代表 Worksheet(2) 工作表；如果在工作簿对象中执行代码，Me 代表的是执行代码的这个工作簿。

💬 无言：Worksheet.SelectionChange 事件过程的重点在于对 Target 参数的运用。

Target 参数是 Range 对象类型，不做限制的时候，它代表了当前工作表中的所有单元格对象，但是在实际运用时,可能只是某些个区域内某单元格区域进行操作,不可能需要对所有单元格进行操作。上面 2 个示例中都通过限制了指定区域之后才对选中单元格执行了操作。

> 皮蛋:如何限制指定的单元格位置呢?

> 无言:很简单,因为Target参数是Range对象,可以通过Range.Address属性比较Target的文本地址是否为需要的位置,如下示例。

If Target.Address(0, 0) = "A1" Then 执行需要的语句

> 无言:灵活运用Target参数,限制使用区域范围,从而触发Worksheet.SelectionChange事件。

该事件还可以用来制作类似超级链接功能,示例过程如代码 2-3 所示。

代码 2-3 选中单元格中的工作表名称跳到指定工作表

```
001|Private Sub Worksheet_SelectionChange(ByVal Target As Range)
002|    On Error Resume Next
003|    With Target
004|        If .Value = "" Then Exit Sub
005|        With Worksheets(Target.Value)
006|            If Err.Number <> 0 Then Exit Sub
007|            .Visible = 1
008|            .Activate
009|        End With
010|    End With
011|End Sub
```

代码 2-3 示例过程比较简单,通过判断选中的单元格是否为空,空则退出过程;当选中的单元格中的名称为不存在的工作表名称时,通过 If Err.Number 判断错误代码是否不为 0,不为 0 则退出过程,为 0 则执行显示指定工作表(若已隐藏时必需设置)的属性操作,并通过 Worksheet.Activate 方法激活该名称的工作表。

> 无言:Worksheet.SelectionChange事件过程用途很广,只要是选中单元格的操作都可以使用该事件。

2.6 当单元格内容或链接改变时触发事件：Worksheet.Change

学习了 Worksheet.SelectionChange 触发事件，接下来学习 Worksheet.Change 事件。

Worksheet.Change 事件的触发要素为，当单元格被编辑时或者工作表上的链接数据刷新时引起单元格内容改变时都能触发该事件，先来看看这个事件的过程外壳。

> 当用户更改工作表中的单元格或外部链接引起单元格内容的更改时发生此事件
> Private Sub Worksheet_Change(ByVal Target As Range)
>   Statements(中间代码语句)
> End Sub

皮蛋：这个事件过程只有一个 Target 参数，看来也是通过它控制单元格喽。
无言：没错，就是要通过 Target 参数传递被编辑的单元格。

Worksheet.Change 事件的触发点：只要单元格被编辑，不管是否修改了其内的数据，或者外部引用的单元格内容发生了改变都会触发该事件过程。

2.6.1 汇率价格填写

现将该事件运用到实际案例中来，要求：当在指定区域输入一个数值之后按照指定（内置）汇率将转换后的价格写入单元格中，如图 2-8 所示。

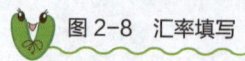

图 2-8 汇率填写

示例过程如代码 2-4 所示。

代码 2-4　在 F 列指定范围输入后自定计算汇率价格

```
001|Private Sub Worksheet_Change(ByVal Target As Range)
002|    Dim MxR As Integer
003|    Const HuiLv As Single = 35.314: Const MnR  As Byte = 16
004|    With Target
005|        If .Count > 1 Or .Column <> 6 Then Exit Sub
006|        MxR = Cells(Rows.Count, 1).End(xlUp).Row - 5
007|        If .Row < MxR And .Row > MnR And .Column = 6 And .Offset(0, -5) <> "" Then
008|            If .Value > 0 Then
009|                Application.EnableEvents = False
010|                .Value = Format(.Value / HuiLv, "#,##0.00")
011|                Application.EnableEvents = True
012|            End If
013|        End If
014|    End With
015|End Sub
```

代码 2-4 示例过程执行情况下如下。

（1）声明了 2 个常数 HuiLv 和 MnR。HuiLv 常数为汇率比值，MnR 则是发货清单中的标题行号。

（2）通过 If .Count > 1 Or .Column <> 6 Then 语句判断选中的是否为一个单元格或选中的不为 F 列，否则退出事件过程。

（3）接着通过 Cells(Rows.Count, 1).End(XlUp).Row - 5 语句获取清单中的有效行数并赋值给 MxR 变量，语句中最末 -5 是因为在清单中 TOTAL 合计行后还有 5 行相关信息，该区域不在触发区域范围内，所以将该区域放置到触发区域之外。

（4）通过 If .Row < MxR And .Row > MnR And .Column = 6 And .Offset(0, -5) <> "" 判断修改的单元格位置的行号是否处于 MxR 变量区间内，且列号为 6（F 列），并判断选中单元格向左偏移 5 列后 Packing No. 单元格中的内容不为空时，执行写入汇率。

（5）If .Value > 0 该语句用于判断当前被编辑单元格按 Enter 键后输入的数字是否大于 0，若大于 0 则执行 Application.EnableEvents = False（关闭事件再次响应，防止死循环）；再执行.Value = Format(.Value / HuiLv, "#,##0.00") 语句，将编辑后单元格内的数值除以 HuiLv 常数，并设置其结果数字格式并将结果写入被编辑单元格内，最后重新开启 EnableEvents 属性的事件响应功能。

> 无言：Worksheet.Change 事件过程中 Target 参数指当前被编辑的单元格对象，而不是按 Enter 键后选中的单元格。

例如，当前编辑的单元格是 A1，只要双击或者按 F2 键进入单元格时，该单元格都会被传递给 Target 参数。当编辑完成后按 Enter 键，A1 的变化刚才已经触发了 WorkSheet.Change 事件，而非由其按 Enter 键后被选中单元格触发该事件。

> 皮蛋：嗯，明白了。还有 Application.EnableEvents 是干什么用的呢？

> 无言：Application.EnableEvents 属性是这个事件中的重点语句，没有它，WorkSheet.Change 事件过程将触发无限循环 WorkSheet.Change 事件。

> 皮蛋：这么厉害！那它到底作用何在？

Application.EnableEvents 属性隶属于 Application 对象，该属性的作用非常明确——用于指定是否启用（响应）事件，其赋值只有 2 个：True 或 False，语法如下。

> 启用或关闭事件
> Application.EnableEvents = True | False

为什么说 Application.EnableEvents 属性在这里很重要？当触发了刚才的价格计算事件后，过程将计算的结果写入当前单元格，此时又触发了 Worksheet.Change 事件，又执行了价格汇率计算填入，接着再次重复，直到这个触发结果不符合 If .Value > 0 语句判断，否则将无限制地触发这个事件直到系统资源耗尽。

所以必需在修改当前单元格之前先禁止触发 Worksheet.Change 事件，并将需要的结果填入区域后再重新开启事件的响应。如果不在数据填写后重新开启，那么下次将不能触发其他任何事件。

> 皮蛋：原来如此，那还真要小心了——避免重复触发事件。

 实时保护录入的数据

> 无言：Worksheet.Change 事件可以运用在输入数据后对已有数据的所有单元格都执行工作表保护，让使用者只能选中无数据的单元格，如图 2-9 所示。

车型	进仓	进1部	出1部	进2部	出2部	进4部	卖出	结存
60V公主马缩小版C310ZDC2051	2	0	0	0	0	0	3	5
60V欣欣马精品版YMC2010	0	0	0	0	0	0	1	1
60V美奇加长版ZMC2052	4	0	0	0	0	0	3	7
60V骏喜ZMC2051	1	0	0	0	0	0	3	4
60V神奇马B-ZMC2051	3	0	0	0	0	0	2	5
60V风华加长版YMC2054	2	0	0	0	0	0	5	7
60V麦兜ZMC2051	3	0	0	0	0	0	2	5

图 2-9 输入即保护单元格

图 2-9 中的工作表已经设置了工作表保护，锁定了含有数据及公式的单元格，并将公式进行了隐藏保护，且将保护区域之外的单元格属性都设置为未锁定状态。

现在需要在输入数据后就对工作表实时进行保护和隐藏公式，接下来看看如何通过事件触发实时保护。示例过程如代码 2-5 所示。

代码 2-5 输入即保护单元格和隐藏公式

```
001|Private Sub Worksheet_Change(ByVal Target As Range)
002|    With Target
003|        If .Count > 1 Then Exit Sub
004|        If Len(.Value) > 0 Then
005|            Me.Unprotect
006|            If .HasFormula Then .FormulaHidden = True
007|            .Locked = True
008|            Me.Protect DrawingObjects:=True, Contents:=True, Scenarios:=True
009|            Me.EnableSelection = xlUnlockedCells
010|        End If
011|    End With
012|End Sub
```

代码 2-5 示例过程比较简单。

（1）首先通过 If .Count > 1 语句判断编辑的单元格是否多于一个，是则退出事件；If Len(.Value) > 0 语句用于判断单元格中是否存在内容，如不存在任何字符则不执行中间的设置及保护语句。

（2）当单元格内容不为空时，首先使用 Me.Unprotect 方法解除工作表保护；接着 If .HasFormula 语句判断单元格中是否存在公式，若存在则运用 Range.FormulaHidden 属性隐藏单元格中的公式，然后继续运用 Range.Locked 属性锁定该单元格。

（3）通过 Me.Protect 对工作表再次设置保护，而 Me.EnableSelection 属性则是选中下一个未锁定单元格。

💬 无言：代码 2-5 出现了 2 个新方法和 1 个属性，它们都是 Worksheet 对象的成员：Worksheet.Unprotect、Worksheet.Protect、Worksheet.EnableSelection，先来看看它们各自的语法及作用。

2.7 工作表的保护和解除

Worksheet.Protect 是保护工作表使其不被修改，在审阅选项组单击【保护工作表】按钮，就会弹出一个选项窗口让用户选择需要的保护项及密码，语法如下。

> 保护工作表使其不被修改
> Worksheet.Protect(Password, DrawingObjects, Contents, Scenarios, UserInterfaceOnly, AllowFormattingCells, AllowFormattingColumns, AllowFormattingRows, AllowInsertingColumns, AllowInsertingRows, AllowInsertingHyperlinks, AllowDeletingColumns, AllowDeletingRows, AllowSorting, AllowFiltering, AllowUsingPivotTables)

Worksheet.Protect 的参数成员如表 2-6 所示。

表 2-6 Worksheets.Protect 的参数成员

参 数 名 称	必需/可选	数据类型	说 明
Password	可选	Variant	一个字符密码，若省略即为空
DrawingObjects	可选	Variant	是否可选定锁定或未锁定的单元格
Contents	可选	Variant	工作表是保护所有锁定单元格或整个图表，必需为 True 才有效
Scenarios	可选	Variant	是否保护方案，采用了数据有效性、自动筛选功能等将不可用
UserInterfaceOnly	可选	Variant	是否保护宏
AllowFormattingCells	可选	Variant	保护后是否可设置单元格格式
AllowFormattingColumns	可选	Variant	保护后是否开在任意列设置单元格格式
AllowFormattingRows	可选	Variant	保护后是否开在任意行设置单元格格式
AllowInsertingColumns	可选	Variant	保护后是否允许插入列
AllowInsertingRows	可选	Variant	保护后是否允许插入行
AllowInsertingHyperlinks	可选	Variant	保护后是否允许插入超级链接

续表

参数名称	必需/可选	数据类型	说明
AllowDeletingColumns	可选	Variant	保护后是否允许删除列
AllowDeletingRows	可选	Variant	保护后是否允许删除行
AllowSorting	可选	Variant	保护后是否允许排序
AllowFiltering	可选	Variant	保护后是否允许取消或重新设置自动筛选功能
AllowUsingPivotTables	可选	Variant	保护后是否允许使用数据透视表

> 无言：看了心慌慌，沉寂在淡淡的忧伤中，虽然前面也经历过了，还是无法释怀，是不是啊？

> 皮蛋：那是，参数多了，看着都有点小怕怕的感觉。

> 无言：这个不让你记得太多，只要记住图2-10中的项即可，因为这些参数是对应该图的所有项目。

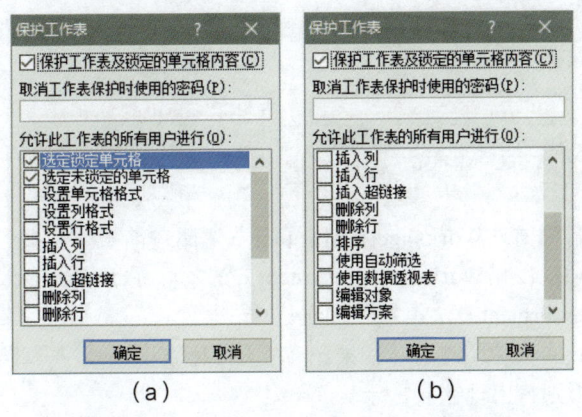

图2-10 Worksheet.Protect 参数的对应项

Worksheet.Protect 语法的所有参数都对应图 2-10 的所有项目，使用时对不了解的参数名称，就打开【保护工作表】对话框进行对照。以下示例为设置了工作表的保护密码并保护所有锁定的单元格，但可设置单元格格式。

```
保护所有单元格，但可设置单元格格式
ActiveSheet. .Protect Password:=123456, DrawingObjects:=True, AllowFormattingCells:=True
```

> 无言：若将Contents设置为False时，将影响整个工作表的保护机制，即使其他参数的项设置为False，也起不到保护作用。

> Contents 为 False 时，工作表的保护机制将失效
> ActiveSheet.Protect DrawingObjects:=True, Contents:=False, AllowFormattingCells:=False

皮蛋：这样啊，那么要如何才能确保工作表的保护机制能执行呢？

无言：这个就必需启用Contents参数为True，其他的参数依照需求选用。如果不设置Password参数值，则密码为空，直接取消工作表保护即可，代码 2-5 示例过程就没有设置保护密码。

> 可选定所有单元格，但不可使用排序和透视表功能
> Worksheets("Sheet1").Protect Password:="", DrawingObjects:=True, Contents:=True, Scenarios:=True,AllowSorting:=False, AllowUsingPivotTables:=False

无言：说完了工作表保护Worksheet.Protect方法，再说下解除工作表保护的Worksheet.Unprotect方法。

其实 Worksheet.Unprotect 作用就一个解除指定工作表保护机制，其语法如下。

> 取消工作表或工作簿的保护
> Worksheet.Unprotect(Password)

Worksheet.Unprotect 的参数只有一个，Password 参数用于输入工作表的密码字符串，如果没有密码或者密码为空时，可省略该参数，直接使用 Worksheet.Unprotect 即可。以下示例可以用于解密上面的公式保护过程。

> ActiveSheet.Unprotect   ' 密码为空时可以省略 Password 参数
> ActiveSheet.Unprotect Password:=""   ' 密码为空时不省略 Password 参数的写法
> ActiveSheet.Unprotect Password:="123456"   ' 密码不为空时，Password 参数的赋值
> ActiveSheet.Unprotect "123456"   ' 密码不为空时，省略 Password 参数的赋值

无言：工作表的解密方法Worksheet.Unprotect方法比较简单，代码 2-5 示例过程在判断了编辑单元格存在数据后就使用Worksheet.Unprotect方法解除了工作表的保护，接着执行一系列设置再次运行Worksheet.Protect方法重新保护表。

在设置单元格区域的保护属性时，如果已存在保护机制时则需先解除保护，再进行设置保护属性和保护内容，否则将出现错误提示。

皮蛋：那要如何知道表是否被保护了呢？

无言：通过Worksheet.ProtectScenarios属性判断，工作表是否已被保护。

Worksheet.ProtectScenarios 属性为 Worksheet 对象成员，其作用是如果工作表的方案处于保护状态，则该属性值为 True 且只读。

无言：关于Worksheet_Change事件就讲解到这里，该事件应用范围很广，可以通过指定单元然后输入内容后获取需要的信息列表，再写入清单，例如订货清单信息获取、出库单等。

2.8 工作表激活触发事件：Worksheet.Activate

2.8.1 提示当月生日的员工

当激活工作表时，我们希望能自动统计信息、提示本月生日或者合同期快到的人员提示，或者对数据透视表的数据进行刷新。这些都可以通过 Worksheet.Activate 事件的触发来获取。Worksheet.Activate 事件的触发机制是当激活代码所在的工作表、图表或者工作表上嵌入图表的刷新都会触发该事件，其事件过程外壳如下。

```
当用户激活工作簿、工作表、图表工作表或嵌入式图表时发生此发生此事件
Private Sub Worksheet_Activate ()
Statements( 中间代码语句 )
End Sub
```

从 Worksheet.Activate 事件过程外壳看，该事件过程是不需要参数的，那么现在运用 Worksheet.Activate 事件做一个员工生日提醒，示例过程如代码 2-6 所示。

代码 2-6　当月员工生日姓名提示

```
001|Private Sub Worksheet_Activate()
002|    Dim Day_Rng As Range, Hp_Rng As Range, Hp_Name As String
003|    With Me.UsedRange
004|        Set Day_Rng = .Offset(2, 4).Resize(.Rows.Count - 2, 1)
005|        For Each Hp_Rng In Day_Rng
006|            If Month(Hp_Rng) = Month(Date) Then _
007|                Hp_Name = Hp_Name & Hp_Rng.Offset(0, -4).Text & " " & Hp_Rng.Offset(0, -3) & vbCr
008|        Next Hp_Rng
009|        MsgBox Format(Date, "yyyy年mm月生日的员工有：") & vbCr & Hp_Name
010|    End With
011|End Sub
```

代码 2-6 示例过程为当激活代码所在的工作表时，自动获取激活表中的当月生日员工的信息提示。

（1）Day_Rng 为激活表中的员工的出生日期（E 列），该变量通过 .Offset(2, 4).Resize(.Rows.Count - 2, 1) 语句获取当前表已使用区域的第 1 个单元格，偏移 2 行 4 列后的位置已使用行数和 1 列作为新区域；然后以 Hp_Rng 变量作为循环变量并通过 For Each 对象循环语句获取 Day_Rng 区域中的数据。

（2）循环中通过 If Month(Hp_Rng) = Month(Date) 语句判断每个日期的月份是否等于当前月份，是则通过 Hp_Name & Hp_Rng.Offset(0, -4).Text & "" & Hp_Rng.Offset(0, -3) & vbCr 语句将出生日期的列向左分别偏移 4 列和 3 列，员工编码和姓名作为组合字符串并入 Hp_Name 变量中，直到循环结束。

（3）最后通过 MsgBox 函数提示当月生日人员信息，如图 2-11 所示。

图 2-11　员工生日姓名提示

2.8.2　提示当月需要续约的员工信息

无言：如果要提示当月是否有合同即将到期的信息提示，则可以将出生日期列更改为H列的续约日期，按照每份合同需提前30天提示的原则，可将代码修改为如代码2-7所示。

代码 2-7 当月员工续约提醒

```
001|Private Sub Worksheet_Activate()
002|    Dim Ht_Rng As Range, Htf_Rng As Range, Ht_Name As String
003|    Dim Days As Long, Cous As Long
004|    Ht_Name = "编号" & vbTab & "姓名" & vbTab & "续约日期" & vbCr
005|    With Me.UsedRange
006|        Set Ht_Rng = .Offset(2, 7).Resize(.Rows.Count - 2, 1)
007|        For Each Htf_Rng In Ht_Rng
008|            Days = DateDiff("d", CDate(Format(Date, "yyyy/mm/01")), Htf_Rng)
009|            Select Case Days
010|                Case 0 To 30
011|                    Cous = Cous + 1
012|                    Ht_Name = Ht_Name & Htf_Rng.Offset(0, -7).Text & vbTab & Htf_Rng.Offset(0, -6) & vbTab & Htf_Rng.Text & vbCr
013|            End Select
014|        Next Htf_Rng
015|        MsgBox Format(Date, "yyyy年mm月临近续约期的员工有 ") & Cous & "人，信息如下" & vbCr & Ht_Name
016|    End With
017|End Sub
```

代码 2-7 示例过程一开始对 **Ht_Name** 变量赋值，该赋值作为列标题内容，如图 2-12 所示。

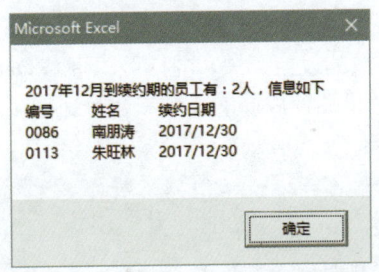

图 2-12 当月需要续约人员提示

示例过程中增加了 Days 和 Cous 变量，Days 变量通过 DateDiff 计算当前月与续约日期（Htf_Rng）的天数差，通过 Select Case 语句选择续约期是否在当前月（30 天内），若是，则将 Cous 变量作为一个人数计算器进行累加，并将符合的人员信息按照编号、姓名、续约日期进行字符组合并入 Ht_Name 变量，最后通过 Msgbox 函数提示续约人员信息，如图 2-12 所示。

皮蛋：这个事件挺好玩的，也简单。

无言：是挺简单的，只需记住将代码写在你需要的工作表代码窗口内，该工作表一被激活它就会响应你写的中间代码。

皮蛋：言子，如果我要提前知道下个月有哪些人需要续签合同，要如何做呢？

无言：这个只需要改变Days的计算函数就行了，现在提供下另外2个关于日期时间计算的函数，DateAdd和DatePart，它们的语法如下。

返回包含一个日期的 Variant (Date)，这一日期还加上了一段时间间隔
DateAdd(interval, number, date)

返回一个包含已知日期的指定时间部分
DatePart(interval, date[,firstdayofweek[, firstweekofyear]])

DateAdd 函数用于返回指定计算类型的指定时间间隔的日期或时间，其 interval 参数和 DateDiff 函数的 interval 参数的设定值是一样的（见表 2-4），都是指定要返回的时间类型，number 参数则是具体的间隔数字，date 参数是指定的参照开始日期。

```
DateAdd("d", 10, Date)    '当前日期 10 天后的日期
DateAdd("m", 1, Date)     '当前日期 1 个月后的日期
DateAdd("q", -3, Date)    '当前日期前 3 个季度的日期
DateAdd("h", -3, Date)    '当前日期的 24:00:00-3 小时获取，当前日期前推 3 小时的日期时间
```

无言：当需要获取时间的间隔值时，需要将Date换为Now函数，才能计算具体的时间差。

DatePart 函数则是用来获取当前指定日期的相关信息，例如当前日期的日、周、月、季度、年等内容，该内容与 interval 参数的设定有关，同样可以查看 DateDiff 函数该参数的设定值（见表 2-4），Date 参数是指定参考日期，后面的 2 个参数也比较少用。

```
DatePart("d", Date)     '获取当前日期的日
DatePart("m", Date)     '获取当前日期的月
DatePart("y", Date)     '获取当前日期处于一年中的第几天
DatePart("ww", Date)    '获取当前日期是一年中的第几周
DatePart("q", Date)     '获取当前日期所处季度
DatePart("h", Now)      '获取当前日期的小时
```

DateAdd 和 DatePart 函数都是用于计算获取日期和时间相关信息的函数,当要获取时间相关信息时,都需将 Date 更换为 Now 函数才能获取正确的间隔时间(信息)。

现将代码 2-7 示例过程中的 Days 变量的语句更改为如下代码,即可提前统计下个月需要续签人数及信息,同时修改下 Msgbox 函数的日期提示即可。

```
Days = DateDiff("d", CDate(Format(DateAdd("m", 1, Date), "yyyy/mm/01")), Htf_Rng)  '统计下个月的续签人员信息
MsgBox Format(DateAdd("m", 1, Date), "yyyy 年 mm 月临近续约期的员工有 ") & Cous & " 人,信息如下 " & vbCr & Ht_Name
```

💬 无言:关于 Worksheet_Activate 事件就讲这么多了,接下来讲解关于双击单元格和单元格鼠标右键事件的运用。

2.9 双击单元格事件:Wokrsheet.BeforeDoubleClick

平时对于单元格的鼠标双击操作一般都是直接进入对单元格编辑,其对应事件为 Wokrsheet.BeforeDoubleClick,事件过程外壳如下。

```
当双击工作表时发生此事件
Private Sub Wokrsheet_BeforeDoubleClick (ByVal Target As Range, Cancel As Boolean)
        Statements( 中间代码语句 )
End Sub
```

Wokrsheet.BeforeDoubleClick 事件的触发在于用户双击单元格,该事件优先于双击时产生对单元格的编辑。

该事件过程存在 2 个参数,Target 参数用于传递被双击的单元格对象,Cancel 参数用于限定当事件响应了双击事件后,双击动作响应后是否进入编辑单元格的状态。

默认情况下,Cancel 的值是 False 时,代表响应双击事件后可以进入编辑单元格内容的状态,若赋值为 True 时,只响应双击事件过程代码,而不再进入编辑单元格状态。

❓ 皮蛋:双击好像平时也没太多用处吧,反正我点点进去了就编辑。

💬 无言:好吧,举两个例子给你参考吧。

2.9.1 通过双击单元格从与其内容相同的单元格创建新表

假设现在需要双击单元格获取表中与其内容相同的单元格,并将这些数据内容复制到新表,相当于创建一份副表。示例过程如代码 2-8 所示。

代码 2-8　双击创建指定单元格内容的新表

```
001| Private Sub Worksheet_BeforeDoubleClick(ByVal Target As Range, Cancel As Boolean)
002|     Application.ScreenUpdating = False
003|     Cancel = True
004|     On Error Resume Next
005|     With Target
006|         If .Row < 3 Or .Value = "" Then Exit Sub
007|         Dim Sht_Rng As Range, F_Rng As Range, FirstAddress As String, Jh_Rng As Range
008|         Set Sht_Rng = Me.Cells(3, .Column).Resize(Me.UsedRange.Rows.Count - 2, 1)
009|         Set F_Rng = Sht_Rng.Find(What:=.Value, LookAt:=xlWhole)
010|         FirstAddress = F_Rng.Address
011|         Set Jh_Rng = F_Rng
012|         Do
013|             Set F_Rng = Sht_Rng.FindNext(F_Rng)
014|             If F_Rng.Address(0, 0) <> FirstAddress Then Set Jh_Rng = Application.Union(Jh_Rng, F_Rng)
015|         Loop While F_Rng.Address <> FirstAddress
016|         Dim Sht As Worksheet, Rng As Range, Cous As Long
017|         Worksheets(.Value).Visible = 1
018|         If Err.Number <> 0 Then
019|             Worksheets.Add After:=Me, Count:=1, Type:=xlWorksheet
020|             ActiveSheet.Name = .Value
021|             Me.Cells(1).Resize(2).EntireRow.Copy ActiveSheet.Cells(1)
022|         Else
023|             Worksheets(.Value).Cells(3, 1).Resize(Rows.Count - 2, Columns.Count).Clear
024|         End If
```

```
025|        For Each Rng In Jh_Rng
026|            Cous = ActiveSheet.UsedRange.Rows.Count
027|            Rng.EntireRow.Copy ActiveSheet.UsedRange.Offset(Cous)
028|        Next Rng
029|        Me.Rows(2).Copy
030|        ActiveSheet.Rows(2).PasteSpecial Paste:=xlPasteColumnWidths
031|    End With
032|    Application.ScreenUpdating = True
033|    Me.Select
034|End Sub
```

代码 2-8 示例过程即双击操作的运用，现在来讲讲主要语句的作用。

（1）关闭屏幕刷新；Cancel 参数赋值为 True，表示双击触发事件后将不进入单元格编辑状态；If .Row < 3 Or .Value = "" 判断语句的作用在于若双击的位置是空白或者第 3 行以上的位置则不响应事件过程。

（2）Me.Cells(3, .Column).Resize(Me.UsedRange.Rows.Count - 2, 1) 语句为通过以双击位置列的有效范围赋值给 Sht_Rng 变量；F_Rng 变量则是通过 Sht_Rng.Find(What:=.Value, LookAt:=XlWhole) 语句精确查找双击单元格内容的第 1 个单元格赋值获取，并将该变量赋值给 FirstAddress 变量；FirstAddress 变量用来记录第 1 个查找到的单元文本位置，作为后面 Range.Find 方法的单元格位置比较；Jh_Rng 则是作为找到的所有相同内容单元格的集合，这里第 1 次 Find 须将其单元格位置赋值给 Jh_Rng 变量。

（3）找到第 1 个位置后，通过 Do 循环：Set F_Rng = Sht_Rng.FindNext(F_Rng) 语句为在 Sht_Rng 区域内查找下一个相同内容的单元格，并通过 If F_Rng.Address(0, 0) <> FirstAddress 语句判断该单元格位置与第 1 次若不同，则通过 Application.Union 方法将找到的新单元格赋值并入 Jh_Rng 变量，直到下一单元位置与 FirstAddress 变量相同时退出 Do 循环，进入下一步。

（4）Worksheets(.Value).Visible = 1 语句在这里是将双击单元格的内容同名的工作表属性设置为显示状态，如果工作簿中存在该同名工作表，此设置将不会有错误提示；如果不存在时将出现【下标越界】的错误提示。但是这里还可以继续执行，因为最开始时已经设置了 On Error Resume Next 容错语句。

（5）If Err.Number <> 0 语句承接了上面容错语句的反馈结果。其中 Err.Number 用于判断错误信息代码，如果不存在错误 Err.Number 将返回 0，错误时将返回相应的错误数字。所以这里用 Err.Number 来判断如果对应表不存在时，通过 Worksheets.Add 方法新建工作表，并通过 ActiveSheet.Name = .Value 将新建命名为双击单元格的内容；Me.Cells(1).Resize(2).EntireRow.

Copy ActiveSheet.Cells(1) 语句则是将当前表的第 1、2 行复制到新建表的第 1 个单元格。如果 Err.Number=0 时，则执行 Worksheets(.Value).Cells(3, 1).Resize(Rows.Count - 2, Columns.Count).Clear 语句，其作用是将新建表标题以下的内容及格式等都进行清除。

（6）通过 Jh_Rng 对象循环逐个复制到新表中——其中 ActiveSheet.UsedRange.Rows.Count 语句为统计新表已使用的区域行范围，并将其赋值给 Cous 用于下一语句的偏移行位置；Rng.EntireRow.Copy 语句为将聚合单元的整行复制，复制到新表已使用区域的下一空行，.UsedRange.Offset(Cous) 代表从已有区域的第 1 个单元格偏移已使用区域的总行数为位置，偏移的位置为下一个非使用区域的位置。

（7）Me.Rows(2).Copy 为复制双击表的第 2 行，接着使用 Range.PasteSpecial，在新表的第 2 行粘贴列宽，最后重新开启屏幕刷新，并选中双击的表。

皮蛋：试了，挺好用的，有点像透视表筛选双击获取需要的清单列表一样。但是里头好像多了几个新的方法和属性。

无言：是的，本示例过程中用到了3个新方法/属性，这里刚好一起讲了。

2.9.2 新建工作表：Worksheets.Add 方法

代码 2-8 示例过程中使用了 Worksheets.Add 方法，作用是新建指定类型及数量的工作表于指定工作表的前后，且新建表将作为当前表，其语法如下。

> 新建工作表、图表或宏表。新建的工作表将成为当前工作表
> Worksheets.Add(Before, After, Count, Type)

参数说明如表2-7所示。

表 2-7　Worksheets.Add 方法的参数说明

参数名称	必需/可选	数据类型	作用说明
Before	可选	Variant	指定新表在哪个表的前面，不能与After参数同时使用
After	可选	Variant	指定新表在哪个表的后面，不能与Before参数同时使用
Count	可选	Variant	新建几个表，默认1个，一次性最多新建255个
Type	可选	Variant	指定新表的类型，总共5种，常用的只有2种

经常使用 Excel 的人对于新建工作表并不陌生，一般都是通过拖拉工作表标签或者插入命令来新建工作表，在 VBA 中可以通过 Worksheets.Add 方法来新建工作表，并指定新建工作表的类型及位置。

皮蛋：平时我也拖拉或者单击【插入】按钮新建工作表，原来【插入】按钮对应了Worksheets对象的Add方法啊。

无言：是的，接下来对参数进行必要的解说。

Worksheets.Add 方法有 4 个可选参数，如若都不进行赋值声明，直接使用 Worksheets.Add 方法，将新建一个 Worksheet 类型的表并放置在当前工作表之前。若采用 Before 或 After 两个参数时（二选一）——Before 参数为将新建表放置在指定表之前，而 After 参数则是放置在指定表之后。

指定表默认为当前表或者其他指定表（指定表可以用代码名（Worksheet.CodeName）、指定序列或者表的标签名称），代码如下示例。

```
Worksheets.Add Before:=ActiveSheet           '在激活工作表之前插入新表
Worksheets.Add After:=Worksheets(1)          '在第1个工作表后插入新表
Worksheets.Add After:=Sheet1                 '在Sheet1表后插入新表，Sheet1的工作表的代码名称——Worksheet.CodeName
Worksheets.Add After:=Worksheets("Sheet1")   '在表名为Sheet1的表后插入表
```

Count 参数则指定要新建的工作表个数，该数值不能为 0 或者大于 255，否则都将出错，将提示【无效外部过程】的错误提示，如下示例。

```
Worksheets.Add After:=ActiveSheet, Count:=1      '在激活表后插入1个新表
Worksheets.Add After:=ActiveSheet, Count:=255    '在激活表后插入255个新表
Worksheets.Add After:=ActiveSheet, Count:=0      '无效外部过程，错误数值
Worksheets.Add After:=ActiveSheet, Count:=256    '无效外部过程，错误数值
```

皮蛋：为什么255就行啊，256不行呢，我听说新建表个数只与使用内存有关啊。

无言：这个无解，微软系统好像就跟255好上了，没办法。表个数指的是工作簿能存放表的个数，而不是一次能建立多少个表的个数，不同概念。

皮蛋：好吧，我就记得255最高和Byte数据类型一个样。

Type 参数主要用于指定新建表的类型（见表 2-8），但是常用的就是工作表和图表，即 XlWorksheet 和 XlChart，以下示例为新建两种不同的表语句。

```
Worksheets.Add After:=ActiveSheet, Count:=1, Type:=XlWorksheet   '新建一个工作表
Worksheets.Add After:=ActiveSheet, Count:=1, Type:=-4167         '新建一个工作表
Worksheets.Add After:=ActiveSheet, Count:=1, Type:=XlChart       '新建一个图表
Worksheets.Add After:=ActiveSheet, Count:=1, Type:=-4109         '新建一个图表
```

表 2-8 指定工作表类型

表类型名称	值	说　明
XlWorkSheet	-4167	工作表
XlChart	-4109	图表
XlDialogSheet	-4116	对话框工作表
XlExcel4IntlMacroSheet	4	Excel版本4国际宏工作表
XlExcel4MacroSheet	3	Excel版本4宏工作表

> **无言**：记住新建表时，不使用任何参数，新建的表将放置在当前表的前面，并只新建一个Xlworksheet类型的表。如要指明新建位置、数量和类型等，则必需注意指定具体位置，个数则需要1～255，类型就使用内置常数即可。

根据选项插入新表示例过程如代码 2-9 所示。

代码 2-9　根据选项插入新表

```
001|Private Sub Worksheet_SelectionChange(ByVal Target As Range)
002|    If Target.Item(1).Address(0, 0) <> "A1" Then Exit Sub
003|    Dim WeiZhi As Boolean, ShtCou As Integer, ShtType As Boolean
004|    With Application
005|        WeiZhi = .InputBox("要新建表的位置是在当前表的前还是后，请输入1 或 0 " & _
006|            vbCr & "1 为当前表之前, " & vbCr & "0 为当前表之后，默认为表后！ ", _
007|            "插入表的位置", 0, Type:=4)
008|        ShtCou = Application.InputBox("请输入具体要新建表的数量，最少为1，最多为255," & _
009|            vbCr & "不在该范围内都将退出过程，默认为1个！ ", "新表数量", 1, Type:=1)
010|        If ShtCou <= 0 Or ShtCou > 255 Then Exit Sub   '不在指定范围则退出过程
011|        ShtType = .InputBox("请输入需要新建的表的类型： " & vbCr & _
012|            "1 Worksheet(工作表)" & vbCr & "0 Chart(图表)" & vbCr & _
013|            "默认为1类型", "新建表类型", 1, Type:=4)
014|        MsgBox "您将创建 " & ShtCou & "个" & IIf(ShtType = True, "Worksheet", "Chart") _
015|            & "表,并插入到" & Me.Name & IIf(WeiZhi = True, "前面", "后面")
016|    End With
017|    If WeiZhi Then
018|        If ShtType Then
019|            Worksheets.Add Before:=Me, Count:=ShtCou, Type:=xlWorksheet
```

```
020|        Else
021|            Sheets.Add Before:=Me, Count:=ShtCou, Type:=xlChart
022|        End If
023|    Else
024|        If ShtType Then
025|            Worksheets.Add After:=Me, Count:=ShtCou, Type:=xlWorksheet
026|        Else
027|            Sheets.Add After:=Me, Count:=ShtCou, Type:=xlChart
028|        End If
029|    End If
030|End Sub
```

代码 2-9 运用 Worksheet.SelectionChange 事件创建新表。

（1）If Target.Item(1).Address(0, 0) <> "A1" 语句为判断用户选择的单元格位置是否包含有 A1 单元格，若不存在则退出过程。

（2）通过 Application.InputBox 方法来输入插入位置（WeiZhi）、新建表数量（ShtCou）、新建表类型（ShtType）；其中 If ShtCou <= 0 Or ShtCou > 255 语句用于判断 ShtCou 变量输入的新建表数量是否在 0 ～ 255 之间，否则就退出。

（3）在用户输入完全部必要变量后，通过 Msgbox 函数提示将新建的表具体信息，最后通过 If WeiZhi 语句中 WeiZhi 变量的具体变量结合 If 语句判断新表插入位置的 Worksheets.Add 语句。

（4）If WeiZhi Then 语句又嵌套了一个 If ShtType Then 语句，该语句的作用在于判断用户选择创建的是图表还工作表类型的表，如果是创建图表类型则需要用到 Sheets.Add 来创建图表，WorkSheets.Add 方法是无法创建图表。

💬 无言：代码 2-9 中出现了一个和 Worksheets.Add 方法相似的 Sheets.Add 方法，该方法可以创建所有类型表，比 Worksheets.Add 功能更强大，其语法也相似，注意点也一样，其语法如下。

新建工作表、图表或宏表，新建的工作表将成为当前工作表
Sheets.Add(Before, After, Count, Type)

❓ 皮蛋：嗯嗯！

💬 无言：下面继续讲解另外 2 个与 Worksheet 对象有关的属性.。

2.9.3 工作表的 Name 和 CodeName 属性

代码 2-8 示例过程中 ActiveSheet.Name = .Value 语句的作用是重新命名工作表标签名称，其通过 Worksheet.Name 属性赋值，如图 2-13 所示。

 图 2-13 Worksheet.Name 属性的对应位置

如果使用 Worksheets.Add 方法新建表时，表的名称都默认按照其指定类型加序号组合的一个字符串，例如 Sheet1、Sheet3、Chart1、Chart10 等，存在几个同类型名字的序号都将累加。如果想要重新命名其标签名称时，就需要用 Worksheet.Name 属性来修改，先来看看其语法作用：

返回或设置一个 String 值，它代表对象的名称
Worksheet.Name [=String]

从语法说明上看出，Worksheet.Name 可以获得工作表标签上的名字或者用来设置新的名称，下面举例如何获取及赋值指定表的 Name 属性。

Sht_Name = Worksheets(1).Name	'获取第 1 个工作表的标签名称
Sht_Name = Worksheets("Sheet1").Name	'获取标签名称为 Sheet1 的标签名称
Sht_Name = Sheet1.Name	'获取表的代码名称为 Sheet1 的标签名称
Worksheets(1).Name = Month(Date)	'将第 1 个工作表的标签名称设置为当月的数字
Worksheets("Sheet1").Name = Worksheets("Sheet1").Cells(1)	'设置工作表标签为 Sheet1 的标签名称为表中 A1 的值
Sheet1.Name = "2017 年度汇总表"	'将表的代码名称为 Sheet1 的标签名称设置为指定的名称
ActiveSheet.Name = Selection.Value	'将当前表的标签名称设置为当前表中选中单元格的内容

❓ **皮蛋**：言子，你的举例中说的表的代码名称是什么呢，和 Name 有什么不同呢？

💬 **无言**：这里指的工作表的标签名称，这个名称是可以随时修改的，只要名称不重复即可；而代码名称一般不能通过赋值修改，只能读取，而且它只能由 Excel 自行命名。

Worksheet.CodeName（代码名称）也是 Worksheet 的属性，其完整语法如下。

> 返回对象的代码名，String 型，只读
> Worksheet.CodeName

Worksheet.CodeName 属性只能在 VBE 的资源管理器中才能看到，而不像 Worksheet.Name 在 Excel 界面就能看到，如图 2-14 所示即为 Worksheet.CodeName。

图 2-14　表代码名称

从图 2-14 中可以看出 Worksheet.CodeName 的名称命名与表的类型有关，Sheet 代表了 Worksheet 类型的表，而 Chart 则代表图表；工作簿存在几个同类型表，其序号都将递增。

测试代码名称的示例如代码 2-10 所示。

代码 2-10　测试代码名称的错误提示

```
001|Sub Tese01()
002|    MsgBox Sheet3.Name
003|End Sub
```

代码 2-10 示例过程中，通过 Msgbox 函数获取代码名称为 Sheet3 的表的工作表标签名称。如果该代码名称表存在工作簿中时将直接返回其名称，不存在时将出现刚才说的错误提示，如图 2-15 所示。

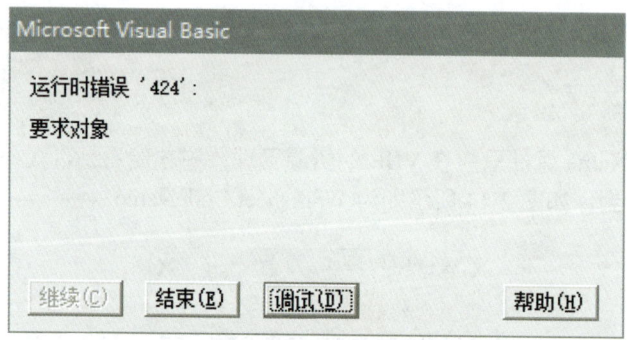

图 2-15 指定表代码名称不存在时提示

💬 无言：要修改CodeName名称时，必需在VBE界面中双击需要的表对象并通过其属性窗口修改最顶端的表代码名称。一般都不推荐修改该代码名称。

2.9.4 运用 Worksheets.Add 和 Name 批量创建新表并命名

💬 无言：讲解完了Name和CodeName属性，咱们就要将它们运用于实际中。现在通过实例来批量创建新表并重新命名。

现以一个模板表循环新建12个工作表，并按照一定的命名方式命名其标签名称（Worksheet.Name）。具体过程如代码 2-11 所示。

代码 2-11　批量创建考勤统计表

```
001| Sub ShtAddAndName()
002|     Dim Sht As Worksheet, Cous As Integer
003|     Dim Day1 As Date, Day2 As Date, DayCou As Integer, DayYM As String
004|     Worksheets.Add After:=Worksheets(Worksheets.Count), Count:=12, Type:=xlWorksheet
005|     For Each Sht In Worksheets
006|         With Sht
007|             If .Name <> "月考勤模板" And .Name <> "数据有效性说明" Then
008|                 Cous = Cous + 1 '表计数器，用于月份
```

```
009|            .Name = Format(Date, "yyyy") & Format(Cous, "00")
010|            Worksheets("月考勤模板").UsedRange.Copy Sht.Cells(1)
011|            .Cells(1) = Format(Date, "yyyy年") & Format(Cous, "00月份") & .Cells(1)
012|            Day1 = DateSerial(Year(Date), Cous, 1)
013|            Day2 = DateSerial(Year(Date), Cous + 1, 1)
014|            DayCou = DateDiff("d", Day1, Day2)
015|            DayYM = Year(Date) & "/" & Cous & "/"
016|            If DayCou < 31 Then _
017|                .Cells(2, 2).Offset(0, DayCou + 1).Resize(1, 31 - DayCou).EntireColumn.Delete
018|            With .Cells(3, 3).Resize(1, DayCou)
019|                .Formula = "=" & """" & DayYM & """"&COLUMN()-2"
020|                .Value = .Value
021|                .Offset(-1, 0).Formula = "=TEXT(R[1]C,""AAA"")"
022|                .Offset(-1, 0).Value = .Offset(-1, 0).Value
023|            End With
024|            End If
025|            .UsedRange.Columns.AutoFit
026|        End With
027|    Next Sht
028|End Sub
```

代码2-11示例过程分为两大步骤操作，分别如下。

（1）首先通过Worksheets.Add方法一次创建12个Xlworksheet类型工作表，并插入在已有表的后面，Worksheets.Count为统计当前工作簿中有几个Worksheet类型的工作表，在Worksheets.Add语句中After:=Worksheets(Worksheets.Count)是将所有新建工作表都插入在已有最后一个表之后。

> 返回一个Long值，它代表集合中对象的数量
> Worksheets.Count

（2）For Each Sht In Worksheets语句在当前工作簿的Worksheet类型表中循环操作。If .Name <> "月考勤模板" And .Name <> "数据有效性说明"语句的作用是当Sht的名称不是<月考勤模板>和<数据有效性说明>时，将进行后续操作。这里用And而不用Or是因为只要

Sht 的任意名字不是上述两个话都会执行后续操作，所以这里必需用 And。

（3）当 Sht 不属于上述表中任意一个时，运行 Cous = Cous + 1 语句，该语句是用于计量已操作几个表，并将其作为月份计数器，从该语句开始都是针对每一个符合的表进行操作。

（4）Format(Date, "yyyy") & Format(Cous, "00") 语句将当前日期年和 Cous 计数器结合成一个新的文本串并运用 Worksheet.Name 属性赋值命名该工作表的标签名称；紧接着通过 Range.Copy 方法将月考勤模板中的使用区域 (Worksheets(" 月考勤模板 ").UsedRange.Copy) 复制到 Sht 表中，并通过该 .Cells(1) = Format(Date, "yyyy 年 ") & Format(Cous, "00 月份 ") & .Cells(1) 语句将第一行的抬头内容通过年月组合并与原来单元格的值组合后重新写入该行。

（5）接下来的代码的作用是书写对应每月的天数及对应的星期——Day1 和 Day2 都是通过 DateSerial 函数获取当月和下个月 1 号日期，例如 2017-1-1 和 2017-2-1，其中 Day2 中的 Cous+1 为获取下个月；赋值 2 个日期后，通过 DateDiff 函数计算 2 个月份间的天数差并赋值给 DayCou；DayYM 变量则是一个用 / 作为分隔符组合成年月字符串。

> 返回包含指定的年、月、日的 Date，该函数与 Excel 函数中的 Date 函数一样
> DateSerial(year, month, day)

（6）If DayCou < 31，通过判断当前月是否小于 31 天，若是则通过 .Cells(2, 2).Offset(0, DayCou + 1).Resize(1, 31 - DayCou).EntireColumn.Delete 语句删除，先从 B2 单元格向右偏移当月天数的单元格，再选中与 31 天之间的差的天数的列整列删除——即删除多余日期列。

（7）通过在指定区域范围内写入当月的天数公式——With .Cells(3, 3).Resize(1, DayCou) 将有效天数单元区域。

（8）.Formula = "=" & """" & DayYM & """"&COLUMN()-2" 语句为使用公式写入当月每天的日期，再重新将公式值转换为单元格的值。

（9）.Offset(-1, 0).Formula = "=TEXT(R[1]C,""AAA"")" 语句将第 3 行的日期通过 Text 函数公式转换为对应的星期几，写入第 2 行对应单元格的公式，并再次转换为单元格值，这样第 2 和第 3 行原来的公式都转换为值而非公式，如图 2-16 所示。

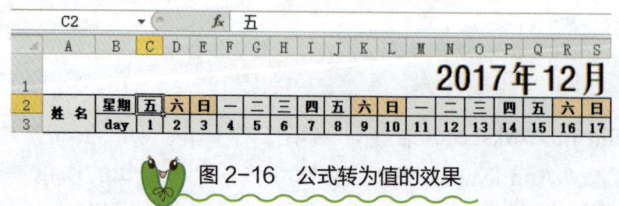

图 2-16 公式转为值的效果

(10)通过.UsedRange.Columns.AutoFit 语句调整区域的列宽。

无言：代码 2-11通过运用Worksheets.Add和Wokrsheet.Name等属性和函数的组合，将月考勤模板表做了一式十二份的操作，并进行了日期信息写入和设置。其中第1句If语句可用Worksheet.CodeName属性判断，代码如下。

> If .CodeName <> "Sheet1" And .CodeName <> "Sheet1" Then   ' 修改的 If .Name <> " 月考勤模板 " And .Name <> " 数据有效性说明 "

皮蛋：我感觉用For循环写入日期和星期会比较容易理解，这种写法，我要好好琢磨琢磨。

无言：使用公式和循环都可以，这个可以纯当练习，学习用多种方法。

2.9.5 通过双击跳转到当前工作簿的指定工作表

在群内会经常看到群友这么提问：请问要如何单击某个单元格时自动跳到对应的单元格内容的工作表呢？

然后群内就这样回答：可以通过建立一个超级链接或者工作表事件就可以了。

皮蛋：工作表事件啊，好像我现在有点了解了，貌似可以通过Worksheet.SelectionChange事件做到，获取工作表名称的话可以通过For循环做到。

无言：不错，是这个思路。现在就让这个思路更加智能点，可以做到自动更新工作表目录，并重新做好跳转。

首先要有一个工作表作为目录，可以将其命名为【工作表目录】；接着要达到自动更新原有内容则可以通过上面学习到的 Worksheet.Activate 事件过程配合循环语句来做到，然后只要单击就会自动跳转到对应工作表，现在改用 Wokrsheet.BeforeDoubleClick 事件达到该效果。

所有事件代码都写在名为【工作表目录】的表代码窗口中，实现过程如代码 2-12 所示。

代码 2-12　双击跳转到指定工作表

```
001|Private Sub Worksheet_Activate()
002|    Me.UsedRange.Clear
003|    With Me.Cells(1)
```

```
004|            .Resize(1, 3).Merge
005|            .Value = "目录"
006|            .Font.Size = 20
007|            .Font.Name = "黑体"
008|            .Font.Color = vbRed
009|        End With
010|        With Me.Cells(2, 1).Resize(1, 3)
011|            .Value = Array("序号", "工作表名称", "备注")
012|            .Font.Size = 10.5
013|            .Font.Name = "Times New Roman"
014|            .Font.Color = vbBlack
015|        End With
016|        With Cells(1).Resize(2, 3)
017|            .VerticalAlignment = xlCenter
018|            .HorizontalAlignment = xlCenter
019|        End With
020|        Application.ScreenUpdating = False
021|        Dim Sht As Worksheet, Cous As Long
022|        With Me
023|            For Each Sht In Worksheets
024|                If Sht.CodeName <> "Sheet1" Then
025|                    Cous = Cous + 1
026|                    .Cells(Cous + 2, 1) = Cous
027|                    .Cells(Cous + 2, 2) = Sht.Name
028|                End If
029|            Next Sht
030|            With .UsedRange
031|                .Offset(1).Resize(.Rows.Count - 1, 3).Borders.LineStyle = 1
032|                .Columns.AutoFit
033|                .Offset(2, 0).Resize(.Rows.Count - 2, 1).VerticalAlignment = xlCenter
034|                .Offset(2, 0).Resize(.Rows.Count - 2, 1).HorizontalAlignment = xlCenter
035|            End With
```

```
036|    End With
037|    Application.ScreenUpdating = True
038|End Sub
039|
040|Private Sub Worksheet_BeforeDoubleClick(ByVal Target As Range, Cancel As Boolean)
041|    Dim Sht As Worksheet
042|    Cancel = True
043|    On Error Resume Next
044|    Set Sht = Worksheets(Target.Value)
045|    If Err.Number = 0 Then Sht.Activate Else MsgBox "双击工作表不存在当前工作簿。"
046|End Sub
```

代码 2-12 示例过程分为两部分进行讲解。

（1）第 1 部分，通过 Worksheet.Activate 事件过程，实现每次激活【工作表目录】时自动更新表中的目录实况。

- Me.UsedRange.Clear 语句为每次激活表时清空该表，并通过 With Me.Cells(1) 语句设置第 1 个单元格抬头的相关要素——合并单元格、抬头具体内容、标题的字号、字体名称及颜色。

- 将 With Me.Cells(2, 1).Resize(1, 3) 对 A2:C2 区域的列标题进行设置——标题内容信息（标题的内容通过 Array 函数写入），然后设置标题的字号、字体名称及颜色。最后通过 With Cells(1).Resize(2, 3) 语句设置抬头和标题的水平和垂直对齐方式。

- 由于在更新表目录时会不断写入单元格，所以须先关闭屏幕刷新，以达到提速作用；接着通过 For Each 对象循环获取工作表的标签名称。

- 当 Sht 的代码名称不为 Sheet1 时——Cous 变量将累加 1，并作为序号写入激活表的第 1 列的行中，行是通过 .Cells(Cous + 2, 1) 确定，其中语句的 Cous + 2 因为写入的单元格位置从第 3 行开始；然后通过 Sht.Name 属性获取该表的标签名称并将其写入第 2 列，如此重复写入。

- 循环结束后通过 .Offset(1).Resize(.Rows.Count - 1, 3) 语句针对标题外的单元格区域进行设置——边框线为实线、自动列宽、序号列水平和垂直居中。事件过程最后重新开启屏幕刷新功能。

（2）第 2 部分，通过 Worksheet.BeforeDoubleClick 事件过程，实现每次双击【工作表目录】单元格时跳转到指定工作表。

- 声明了一个 Wokrsheet 对象类型的 Sht 变量，用于装载工作表对象，接着 Cancel 参数设置为 True，并使用了容错语句 On Error Resume Next。
- 通过 Set Sht = Worksheets(Target(1).Value) 语句将双击单元格的内容赋值给 Sht 变量，当赋值的单元格内容的工作表存在时，Err.Number 的返回值为 0；通过 If 语句判断其返回值，是 0 则激活存在的工作表，不是则通过 Msgbox 函数提示不存在工作表。

皮蛋：这个例子好，实用。

无言：示例确实实用，在工作上经常会用到，且结合了2个事件过程刚好相互配合作用。但是其实只用Worksheet.Activate事件也是可以完成的。

皮蛋：还有干货！来，赶紧说说。

无言：平时都是通过单击鼠标右键插入超级链接的，下面要通过代码自动批量生成。

2.9.6 通过超级链接跳转：Hyperlinks 集合

为了快速访问另外一个表（非跨工作簿）、另一个文件或网页上的相关信息，都可以通过在工作表单元格中插入超级链接并在单击时跳转到该链接的位置或打开文件。

> 超级链接：带有颜色和下划线的文字或图形，单击后可以转向万维网中的文件、文件的位置或网页，或是 Intranet 上的网页超链接还可以转到新闻组或 Gopher、Telnet 和 FTP 站点

这节就来学习 Hyperlinks 集合，如何用它做好链接当前工作簿中的表或链接外部文件（本地文件）。先来认识下 Hyperlinks 集合的对象成员，如表 2-9 所示。

表 2-9　Hyperlinks 集合的常用对象成员

方法/属性名称	分　类	作用说明
Add	方法	向指定区域或形状添加超级链接
Delete	方法	删除超级链接对象
Count	属性	返回一个 Long 值，它代表集合中对象的数量
Item	属性	从集合中返回一个对象

无言：表2-9中的几个成员都很熟悉，它们的作用也有所了解。下面重点来学习Hyperlinks.Add方法如何创建超级链接，先了解其语法。Hyperlinks.Add方法的参数说明如表2-10所示。

表 2-10 Hyperlinks.Add 方法的参数说明

参数名称	必需/可选	数据类型	作用说明
Anchor	必选	Object	创建超级链接的位置对象，可为Range或者Shape对象
Address	必选	String	创建超级链接的外部文档或网页的链接地址
SubAddress	可选	Variant	创建超级链接在本文档中的具体链接地址（具体关联的单元位置）
ScreenTip	可选	Variant	鼠标停留时显示超级链接的内置信息
TextToDisplay	可选	Variant	在指定对象上显示的超级链接的文本内容，指定TextToDisplay参数时，文本必需是字符串

　　Hyperlinks.Add 创建的是一个 Hyperlink 对象，该方法存在 2 个必选参数——Anchor 参数用于指定要存在的超级链接是在单元格 Range 对象或者其他形状（图片和图形等）Shape 对象上；Address 参数虽然也是必需，但是只有当超级链接的地址为跨越工作簿、其他本地文件或互联网或邮件时才使用该参数。

　　SubAddress 参数虽为可选，但是实际在运用非跨工作簿对象引用时该参数却是常用的，其用于指定链接到的当前工作簿中具体工作表的单元格位置。

　　ScreenTip 参数为可选，其作用为当鼠标移动到含有超级链接位置时显示相关的提示内容；TextToDisplay 参数虽为可选，但也是常用参数，用于在指定列 Anchor 参数的对象（一般为单元格）上显示必要的信息字符串，该参数最后返回的必需是文本字符串。

　　当创建的是外部链接时，**Address**、**ScreenTip** 和 **TextToDisplay** 参数对应编辑超级链接的具体位置，如图 2-17 所示。

　　当创建的是工作簿内的工作表链接时，**SubAddress**、**ScreenTip** 和 **TextToDisplay** 参数的对应位置，如图 2-18 所示。

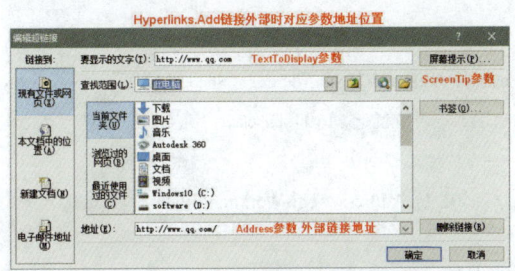
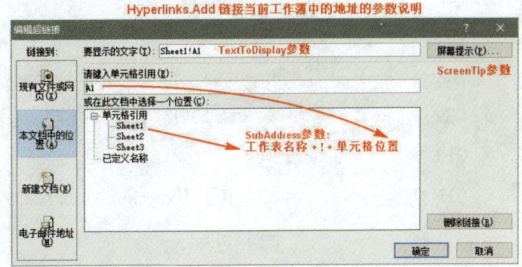

图 2-17 外部超级链接的参数位置　　　　图 2-18 内部超级链接的参数位置

从图 2-17 和图 2-18 可以看出当使用不同链接位置时,差别在于 Address 和 SubAddress 参数不能同时出现,ScreenTip 和 TextToDisplay 参数则没有变化,都是用于提示必要的信息内容。

💬 无言:现在进入实际应用,使用Hyperlinks.Add创建一个外部链接和内部链接,其效果如图 2-19所示。其实现过程如代码2-13所示。

序号	创建内容说明	超级链接	备注
1	创建一个连接本工作簿中的最后一个表的指定单元格位置	链接到Sheet3	链接单元格
2	创建一个外部文件连接	Excel不加班.Png	链接文件
3	创建一个外部网址连接	百度搜索	链接网页
4	创建一个新文档	新建同路径下的Txt文件	新建文档
5	创建一个邮件地址	创建邮件主题	新建邮件

图2-19 单击创建不同类型超级链接

代码 2-13 用 Worksheet.SelectionChange 事件创建 Hyperlink 对象

```
001|Private Sub Worksheet_SelectionChange(ByVal Target As Range)
002|    Dim Hy_Oje As Hyperlink
003|    With Target
004|        If .Count > 1 Then Exit Sub
005|        .Offset(0, 1).Hyperlinks.Delete
006|        Select Case .Address(0, 0)
007|            Case "B2"
008|                .Offset(0, 1).Hyperlinks.Add Anchor:=.Offset(0, 1), Address:="", SubAddress:="'Sheet3'!A1", _
009|                    ScreenTip:="链接当前工作簿的指定工作表位置!", TextToDisplay:="链接到Sheet3"
010|            Case "B3"
011|                .Offset(0, 1).Hyperlinks.Add Anchor:=.Offset(0, 1), Address:=ThisWorkbook.Path & "\Excel不加班.Png", _
012|                    ScreenTip:="链接当前工作簿路径下的指定图片!", TextToDisplay:="Excel不加班.Png"
013|            Case "B4"
014|                .Offset(0, 1).Hyperlinks.Add Anchor:=.Offset(0, 1), Address:="https://www.baidu.com", _
```

```
015|                         ScreenTip:="链接互联网网页！", TextToDisplay:="百度搜索"
016|            Case "B5"
017|                Set Hy_Oje = .Offset(0, 1).Hyperlinks.Add(Anchor:=.Offset(0, 1), _
018|                    Address:=ThisWorkbook.Path & "新建测试Txt文件" & Format(Now, "yymmddhhmmss") _
                         & ".Txt", _
019|                    ScreenTip:="新建Txt文件！", TextToDisplay:="新建同路径下的Txt文件")
020|                Hy_Oje.CreateNewDocument Filename:=Hy_Oje.Address, EditNow:=False, Overwrite:=False
021|            Case "B6"
022|                .Offset(0, 1).Hyperlinks.Add Anchor:=.Offset(0, 1), Address:="mailto:46152133@qq.com?subject= 
                    邮件主题", _
023|                    ScreenTip:="创建待发邮件主题！", TextToDisplay:="创建邮件主题"
024|        End Select
025|    End With
026|End Sub
```

? **皮蛋**：居然运用了Worksheet.SelectionChange事件并配合了Select Case语句。

💬 **无言**：重点不是它们啦，是如何创建不同类型的Hyperlink对象，好了现在讲重点。

代码 2-13 示例过程中首先判断选中的单元格是否为多个单元格，如是则退出过程；使用 .Offset(0, 1).Hyperlinks.Delete 语句用于删除单元格右侧的超级链接，接下来是通过 Select Case 语句根据不同位置创建超级链接。

（1）当选中 B2 单元格，在该单元格的右侧创建一个链接到本工作簿指定工作表单元格位置的超级链接——Anchor:=.Offset(0, 1) 为指定创建在选中单元格的右侧位置；Address 参数赋值为空，非外部链接不需参数，但是因其是必选的，所以必需保留并赋值为空；SubAddress:="'Sheet3'!A1" 则是指明创建的链接位置在 Sheet3 表的 A1 单元格位置；ScreenTip 参数则用于当鼠标停留在该单元格时的提示信息；TextToDisplay 参数则在选中单元格右侧写入具体的单元格值——文本信息内容。

（2）当选中 B3 单元格时，同样是在右侧创建一个超级链接，该超级链接创建一个外部本地链接，Address 参数赋值为当前工作簿路径下的图片文件，ThisWorkbook.Path 即为当前代码所在工作簿的存放路径；在获取工作簿的路径后通过用 & 和指定的具体图片名称（"\Excel 不加班.Png"）字符串合并为一个完整的文件存放路径——这是创建外部文件链接的关键，必需由完整的文件存放路径及文件名和文件后缀组成。SubAddress 参数是非可选的，所以省略；ScreenTip 和 TextToDisplay 参数则赋值为相应的说明内容。

125

返回其中正在运行当前宏代码的工作簿。只读 Application.ThisWorkbook	
返回一个 String 值，它代表应用程序的完整路径，不包括返回末端的 / 和 文件名称 Workbook.Path（将该句删除）	

（3）选中 B4 单元格时将创建一个互联网地址——Address 参数被赋值为百度搜索地址（"https://www.baidu.com"），其他参数也和创建一个本地外部链接一样。

（4）选中 B5 单元格时则是创建一个新的指定路径和指定类型的 txt 文件——Address 参数被赋值为 ThisWorkbook.Path & "\ 新建测试 Txt 文件 " & Format(Now, "yymmddhhmmss") & ".txt"，该语句是创建一个存放在同路径下的 txt 文档——文档名字由新建测试 Txt 文件、创建时的时间自定义格式组合、指定的后缀 .Txt 组合成；本语句中还使用 Set Hy_Oje = .Offset(0, 1).Hyperlinks.Add 来创建超链对象并赋值，然后通过 Hy_Oje 超链对象的 CreateNewDocument 方法创建指定路径下的 txt 文件，并对其相关参数进行赋值设置。

（5）选中 B6 单元格时为创建一个邮件主题——Address 参数赋值为 mailto:46152133@qq.com?subject= 邮件主题，该语句是固定的，mailto 为接收邮件者的具体邮箱地址，并在邮箱地址末端用？隔开，接着 subject 为注明这份邮件的题目（主题），其他参数没有特殊的变化。

💬 无言：代码 2-13 中除了本工作簿的链接外，其他情况都要用 Address 参数。

🥚 皮蛋：嗯，有一个问题，为什么 B2 单元格创建工作表链接时，你的工作表名称前后却出现单引号（'）呢？

💬 无言：这个一般可以不使用的，但是如果遇到名称中还有某些符号时，就需要用到单引号，但是平时使用单引号也没毛病。

如果要获取超级链接对象的相关信息内容的可以查阅 Hyperlink 对象，该对象的成员及作用如表 2-11 所示。

表 2-11 Hyperlink 对象的主要成员说明

方法/属性名称	分　类	作用说明
AddToFavorites	方法	将工作簿或超级链接加入收藏夹
CreateNewDocument	方法	创建一个实体超级链接文档
Delete	方法	删除对象
Follow	方法	是否加载具体文档内容
Address	属性	返回或设置具体的文件或网址
EmailSubject	属性	返回或设置邮件的主题文本内容
Name	属性	获取 Hyperlink 的 TextToDisplay 参数的文本内容

续表

方法/属性名称	分 类	作 用 说 明
Parent	属性	返回指定对象的父对象。只读
Range	属性	返回超级链接的对应单元格文本地址
ScreenTip	属性	返回或设置超级链接的提示内容
Shape	属性	返回超级链接的图形对象
SubAddress	属性	返回或设置超级链接子地址的文本内容
TextToDisplay	属性	返回或设置TextToDisplay参数的具体文本
Type	属性	返回超级链接寄宿的对象类型，具体类型如表2-12所示

Hyperlink.Type 属性枚举常数说明如表 2-12 所示。

表 2-12 Hyperlink.Type 属性枚举常数说明

枚举常数	值	说　　明
msoHyperlinkRange	0	超级链接应用于Range对象
msoHyperlinkShape	1	超级链接应用于形状对象
msoHyperlinkInlineShape	2	超级链接应用于内嵌形状。仅用于 Microsoft Word

Hyperlink 对象用操作或读取工作表上超级链接对象的相关信息或设置。

```
Hy_Str = ActiveSheet.Hyperlinks(1).Address       '获取超链的外部链接文本内容
Hy_Str = ActiveSheet.Hyperlinks(1).Name          '获取 TextToDisplay 参数内容
ActiveSheet.Hyperlinks(1).TextToDisplay = " 重新赋值超链接显示的文本 "
```

回归到代码 2-12 示例过程的 Private Sub Worksheet_Activate() 事件过程，将原来的 .Cells(Cous + 2, 2) = Sht.Name(No.27) 语句替换为如下语句即可省略 Worksheet_BeforeDoubleClick 事件过程，这样只需要一个事件过程就可以搞定工作簿中的工作表跳转操作了。

```
Cells(Cous2+,2).Hyperlinks.Add Anchor:=.Cells(Cous + 2, 2), Address:="", SubAddress:=Sht.Name & "!A1", _
    ScreenTip:=" 跳转到 " & Sht.Name, TextToDisplay:=Sht.Name
```

2.10 右击事件：Worksheet.BeforeRightClick

关于双击单元格事件过程的讲解就到这里，顺便简单讲解与其相似的 Worksheet.

BeforeRight Click（右击）事件，其事件过程外壳如下。

右击工作表时发生此事件
Private Sub Wokrsheet_ BeforeRightClick (ByVal Target As Range, Cancel As Boolean)
　　　　Statements(中间代码语句)
End Sub

该事件与 Worksheet.BeforeDoubleClick 事件拥有同样的参数类型和个数，事件触发都优先于鼠标右键；事件中的 Cancel 参数赋值为 True 时，触发事件后不显示相关右键项。

当设置了 Worksheet.BeforeDoubleClick 和 Worksheet.BeforeRightClick 的 Cancel 参数，在事件过程执行完毕，需要将其重新赋值为 False。

❓ 皮蛋：不这么做会有什么后果呢？

💬 无言：不重新赋值为False时，当选中的区域为非限定区域后将不能对单元格进行双击或右击操作了，所以要设置回默认值。

❓ 皮蛋：这么说的话，上面涉及事件过程Cancel都要在最后重新写上Cancel = False语句了。

2.11　其他Worksheet事件的简要说明

💬 无言：关于双击和右击事件就讲这么多了，不同事件的应用取决于对操作需要。接下来说下FollowHyperlink和PivotTableUpdate事件。

2.11.1　触发单元格超级链接事件：Worksheet.FollowHyperlink

Worksheet.FollowHyperlink 事件当单击的单元格中存在超级链接时触发该事件，该事件只能触发对象的超级链接，该事件过程外壳如下。

当单击工作表上的任意超级链接时，发生此事件
Private Sub Worksheet_FollowHyperlink(ByVal Target As Hyperlink)
　　　　Statements(中间代码语句)
End Sub

> **无言**：在图2-20所示表中，当单击对象含有超级链接时，返回该链接对象的相关信息，事件示例如代码2-14所示。

序号	超级链接	备注
1	链接到Sheet3	链接单元格
2	追龙剧照	链接文件
3	铁路客户服务中心	链接到网页
4		图形超链

图2-20 Worksheet.FollowHyperlink 事件

代码2-14 获取单元格超级链接的相关信息

```
001|Private Sub Worksheet_FollowHyperlink(ByVal Target As Hyperlink)
002|    Dim Hy_Anchor As String, Hy_Address As String, Hy_SubAddress As String
003|    Dim Hy_ScreenTip As String, Hy_TextToDisplay As String
004|    On Error Resume Next
005|    With Target
006|        Hy_Anchor = .Range.Address(0, 0)
007|        Hy_Address = .Address
008|        Hy_SubAddress = .SubAddress
009|        Hy_ScreenTip = .ScreenTip
010|        Hy_TextToDisplay = .TextToDisplay
011|    End With
012|    MsgBox "选中超链的相关信息如下：" & vbCr & "超链所在位置/对象名称：" & Hy_Anchor & vbCr _
013|        & "超链外部链接内容：" & Hy_Address & vbCr & "超链内部链接内容：" & Hy_SubAddress
             & vbCr _
014|        & "超链提示内容：" & Hy_ScreenTip & vbCr & "超链显示文本内容：" & Hy_TextToDisplay
             & vbCr
015|End Sub
```

代码2-14中通过选中的超级链接对象返回其相关参数内容。

（1）过程中首先声明了5个文本变量对应 Hyperlinks.Add 方法参数，通过这些参数返回获取 Hyperlink 对象的属性文本内容。

（2）Worksheet.FollowHyperlink 事件中的 Target 参数为一个 Hyperlink 对象，所以在过程中只要单击了具有超级链接对象的单元格，都能激活该事件；接着通过使用 With Target 语句获取选中超级链接的有关信息并赋值给指定的 5 个变量。

无言： 通过结合 Worksheet.FollowHyperlink 事件和 Hyperlink 对象的属性，可以将超级链接的相关信息内容读取并写入其他对象。

皮蛋： 言子，我有个问题，如何统计有多少个 Hyperlink 对象呢？

无言： 这个还真忘记说了，其实 Hyperlink 和 Hyperlinks 集合虽然看起来像属于 Range 对象，但实际上其属于 Worksheet 对象的成员，要统计存在多少超级链接对象就要使用如下语句才行。

```
ActiveSheet.Hyperlinks.Count      '统计当前工作表存在几个超级链接对象
Sheet1.Hyperlinks.Count           '统计指定工作表存在几个超级链接对象
```

皮蛋： 明白了。

2.11.2 刷新透视表并获得合计明细表：Worksheet PivotTableUpdate

无言： 接下来说说关于刷新透视表响应事件。

Worksheet.PivotTableUpdate 事件用于当指定工作表的透视表刷新时响应代码过程，其事件外壳语法如下。

```
当单击工作表上的任意超级链接时，发生此事件
Private Sub Worksheet_ PivotTableUpdate (ByVal Target As PivotTable)
        Statements( 中间代码语句 )
End Sub
```

Worksheet.PivotTableUpdate 事件过程只有一个参数，且已经声明为透视表（PivotTable）对象，所以只要刷新了表中任一透视表都会激活该事件，现在先做个简单示例——刷新透视表获取该表的名称、版本号和区域范围。具体示例如代码 2-15 所示。

代码 2-15　刷新透视表时返回刷新透视表名称及版本号

```
001|Private Sub Worksheet_PivotTableUpdate(ByVal Target As PivotTable)
002|    With Target
003|        MsgBox "当前刷新透视表的名称是： " & .Value & vbCr & "透视表版本号为： " & .Version & vbCr & _
```

130

```
004|            "透视表的使用区域为(含标题): " & .TableRange2.Address
005|        End With
006|End Sub
```

代码 2-15 透视表刷新事件,当用户刷新工作表上的任意透视表时,该过程将提示该透视表的名称、版本号和区域范围。

无言: 利用该事件可以将统计后的数据粘贴为数值。说到复制粘贴,Worksheet对象中还有几个常用的方法和属性需要好好普及下,在以后的操作中也会频繁地用到。

Worksheet 事件还有好几个,但是它们都是针对数据透视表的对应操作触发响应的,若需要可以查阅它们的相关帮助。

2.12 Worksheet对象的常用方法和属性

Worksheet 常用事件就是前面讲到的几个,运用时要考虑好限制触发事件的位置/对象,及控制某些事件不能同一位置连续触发(死循环),并注意关闭了某些 Application 属性也要在适当的时候开启。

在讲解事件的时候也并伴随着讲解了一些方法和属性,但是还是有常用的方法和属性没有讲解到。下面就讲解这些方法和属性。

2.12.1 激活和选择工作表的方法: Worksheet.Activate 和 Worksheet.Select 方法

在第 1 章中介绍 Range 对象时,知道了 Range.Activate 和 Range.Select 的作用和差别,同样在 Worksheet 对象中也存在着两个方法 Worksheet.Activate 和 Worksheet.Select,先来看下它们的语法和作用。

使当前工作表成为活动工作表 Worksheets.Activate
选择工作表对象,可选择多个 Worksheets. Select(Replace)

从上面两者的语法来看，它们都是作用于 Worksheet 对象，但是 Activate 和 Range.Activate 方法一样，只能在多个选中对象中将具体某个作为活动对象，而 Select 则是可以用来选中多个相同的对象，它们之中也只能有一个作为活动对象。

先来说下 Worksheets.Select 方法，其 Replace 参数用于控制是否选中多个工作表，默认为 True，即不选中多个对象；设置为 False 时则可以选中包括以前选中的对象。如果使用默认 True 可以省略 Replace 参数——即只能选中一个表对象而已。先来看下看选中一个表的 Select 用法。

```
Worksheets(1).Select              '选择工作簿中的第 1 个表
Worksheets("Sheet1").Select       '选中工作簿表名称为 Sheet1 的表
Sheet1.Select                     '选中代码名称为 Sheet1 的表
```

以上示例为选中单个工作表的 Worksheets.Select 用法，那要如何选中多个工作表？

皮蛋：你不是说将Replace参数设置为False就可以了吗。

无言：没错，但是还是给你讲讲实际运用吧，要不到用时就愁人了。

平时通过鼠键配合选中多个工作表，如图 2-21 所示，但是在 VBA 中则必需通过 Replace 参数。上面说了，如果省略该参数则只能选中一个工作表，因为 Replace 的默认值是 True；要选中多表时则必需赋值 Replace 参数为 False，才可选中多表，代码如下。

图 2-21　选择多个工作表

```
Worksheets(2).Select                    '选中表 2
Worksheets(3).Select Replace:=False     '继续选中表 3
Worksheets(4).Select False              '继续选中表 4
```

无言：以上示例，第1句中选中第2个表时省略了Worksheets.Select的参数，第2句在选第3个表时将Replace参数赋值为False，这样就能把第1和第2个表同时选取，第3句选中第4个表时也同样赋值为False，但是省略Replace参数名。

皮蛋：明白了，选多表时第1个选中的表无需设置参数，但是接下来每选中一个表都必需将Replace参数赋值False。

无言：是的，其实还有另外一个方法可以选中多表，还不需要设置Worksheets.Select的参数。

皮蛋：用啥法子？

无言：用Array函数即可。先来一段简单示例代码，如代码2-16所示。

代码 2-16　运用 Array 函数同时选中多个工作表

```
001|Sub Sht_Selects02()
002|    Worksheets(Array(2, 4, 5, 7)).Select
003|End Sub
```

❓ 皮蛋：代码 2-16 示例很简单啊，但是 Array 函数是什么意思？

💬 无言：通过 Array 函数获得一个一维数组的 Variant 变量，类似 Excel 中常量数组，但是 Array 函数只能是列方向的一维，并用逗号隔开才有效，其他的写法都错误，如下示例。

```
A=Array(1,2,3,4)                              '4 个数据的一维横向数组
B=Array(" 卢子 "," 无言 "," 丫头 "," 醉酒飘仙 ")    '4 个数据的一维横向数组
C= Array(1;2;3;4)                             '错误写法
```

使用 Array 时，内容可以是文本也可以数字，数字对应了工作表的次序，而文本则必需对应工作表的正确标签名称，所以 Sht_Selects02 示例过程可修改如下。

```
Sub Sht_Selects02()
Worksheets(Array("Sheet2", "Sheet4", "Sheet5", "Sheet6")).Select    '同时选中表对应的名称工作表
End Sub
```

❓ 皮蛋：言子，我还是喜欢第 2 种方式，比较简单。

💬 无言：嗯，挑自己喜欢的就行了，没啥。接下来说 Worksheet.Activate，其语法已经在前面介绍了。

Worksheets.Activate 的作用在于将某个工作表作为活动表，当工作表激活后就可以使用 ActiveSheet 属性，以下示例为激活某个指定工作表：

```
Worksheets(4).Activate          '激活第 4 个工作表
Worksheets("Sheet1").Activate   '激活名为 Sheet1 的工作表
```

当选择只有一个工作表时，使用 Worksheets.Activate 和 Worksheets.Select 都没有差别，但是如选择多个表时，被激活的默认是第一个被选中的表——或者说是原来激活的工作表。

❓ 皮蛋：此话怎解？

💬 无言：例如选中了 1、5、6、7 这 4 个表，但是第 1 个被选中的表是 1，那么后面选中的都不能算激活表（ActiveSheet）。

❓ 皮蛋：明白了。

2.12.2 工作表的移动和复制

❓ 皮蛋：言子，我有个问题，在操作工作表时，有时会将工作表复制或移动到另一个工作簿，这个操作对应哪个方法？

💬 无言：你说的这个操作对应工作表对象的剪切和复制方法——Worksheet.Move和Worksheet.Copy，接下来逐个来讲解。

> 将工作表移到工作簿中的其他位置
> Worksheet.Move(Before, After)

Worksheet.Move 方法含有 2 个参数且都是可选的，它们的作用如表 2-13 所示，当指定了其中一个参数后，就不能使用另一个，与 Worksheets.Add 方法有相似之处。

表 2-13 Worksheet.Move 方法的参数说明

参数名称	必需/可选	数据类型	作用说明
Before	可选	Variant	指定表移动在某标之前。如果指定了 After，则不能指定 Before
After	可选	Variant	指定表移动在某标之后。如果指定了 Before，则不能指定 After

Worksheet.Move 在指定了在原工作簿中要移动到的工作表对象前后位置，就如同在操作工作表时，选定需要移动的工作表标签，在按照图 2-22（a）所示选择【移动或复制】命令后，接着依次单击需要移动到的工作表名称和【确定】按钮，原激活的工作表就移动到刚才单击的工作表名称后面；如若要移动到最后，则直接单击【（移至最后）】选项即可。

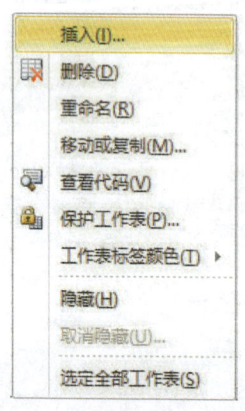
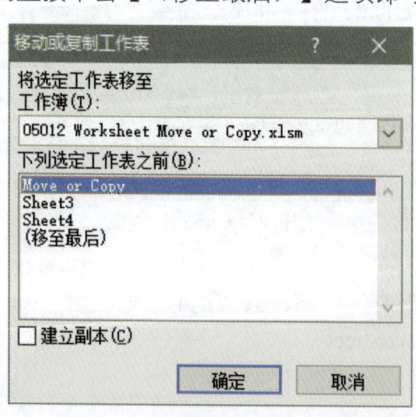

（a） （b）

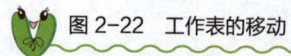

图 2-22 工作表的移动

Worksheet.Move 的语法和 Worksheets.Add 方法有点类似，若指定 Before 参数或 After 参数，另外一个参数则不可用。代码 2-17 为将 Sheet2 工作表移动到最后一个工作表之后的示例。

代码 2-17　将工作表移动到最后

```
001|Sub Sht_Move01()
002|    Worksheets("Sheet2").Move After:=Worksheets(Worksheets.Count)
003|End Sub
```

💬 无言：Worksheet.Count 为统计工作簿中的工作表总个数，过程用于先统计已有工作表个数后，并将指定的工作表移动到最后表的后面——这是 Worksheet.Move 的第1种用法，在原工作簿中的表移动。

❓ 皮蛋：那第2种呢？

Worksheet.Move 方法的第 2 种使用方式——将工作表移动到其他指定工作簿或者新建的工作簿。

当要将指定的工作表移动到其他工作簿时，但必需指明具体的工作簿名称和工作表；若不指明 Before 或 After 参数，Worksheet.Move 方法会默认将指定工作表移动到指定的工作表之前，如下示例。

```
ActiveSheet.Move Workbooks(2).Worksheets(1)  '将激活工作表移动到指定工作簿的第 1 个表之前
```

Worksheet.Move 方法如没有指定要移动的具体工作簿名称等信息时，Move 方法将把工作表移动到一个新建的工作簿，且该工作簿上只存在被移动过来的工作表，如代码 2-18 所示。

代码 2-18　将工作表移动到新建工作簿

```
001|Sub Sht_Move03()
002|    Sheets("Sheet2").Move
003|End Sub
```

代码 2-18 示例过程不指定参数时，相当于将当前工作表中的 Sheet2 表剪切移动到一个新建的工作簿，该工作簿属于未保存状态，此时需要保存，否则关闭当前工作簿将彻底消失，原来的表也将不复存在于原工作簿——双杀。

Worksheet.Move 方法是将指定工作簿中的工作簿移动到其他位置，移动到其他工作簿后原来工作簿的表就没有了；如果需要多一个副本的话，就要用到 Worksheet.Copy 方法，先看其语法。

> 将工作表复制到工作簿中的其他位置
> Worksheet.Copy(Before, After)

💬 **无言**：Worksheet.Copy的语法和参数与Worksheet.Move方法是一样，这里就不多说了；参数可以参考表2-13，现在来进入实用讲解。

Worksheet.Copy方法的用途就重复增加同样结构的表——类似每月每天的统计表模板，如果每次都重新制表或者复制原来的内容到新建的工作表（可能还需要调整列宽、行高等设置），比较耗时；此时就可以使用Worksheet.Copy方法，其操作效果和图2-22是一样的，只是需要勾选该图中的【建立副本】复选框才是Worksheet.Copy方法。

以下示例为分别使用Copy方法的两个参数的语法。

> Worksheets("Sheet2").Copy Before:=Worksheets("Move or Copy")   '复制到指定表前
> Worksheets("Sheet3").Copy After:=Worksheets("Move or Copy")   '复制到指定表后

Worksheet.Copy方法同样可以将工作表复制一份副表到其他工作簿，其语法与Move一样；若不指定任何参数时，Excel会自动将要Copy的工作表复制到一个新建的工作簿，代码2-19示例过程为不指定参数时，将当前表复制到新工作簿的过程。

代码2-19 将指定工作表复制到指定的工作簿

```
001|Sub Sht_Copy02()
002|    Worksheets("Sheet2").Copy
003|End Sub
```

💬 **无言**：Worksheet.Copy方法的功能挺不错的，可以作为将工作表另存为一个工作簿时使用，也就拆分工作簿。

❓ **皮蛋**：是不是那种一簿多拆呢？

💬 **无言**：是的，可以使用代码2-20进行工作簿拆分。

代码2-20 一表一簿，工作簿拆分

```
001|Sub WorksheetToWorkbook_Copy()
002|    Dim Sht As Worksheet, Wb As Workbook
003|    Set Wb = ActiveWorkbook
004|    If Wb.Worksheets.Count = 1 Then End
```

```
005|    For Each Sht In Wb.Worksheets
006|        Wb.Worksheets(Sht).Copy
007|        With ActiveWorkbook
008|            .SaveAs Filename:=Wb.Path & "\" & ActiveSheet.Name, FileFormat:=xlWorkbookDefault
009|            .Close
010|        End With
011|    Next Sht
012|End Sub
```

（1）代码 2-20 示例过程首先定义了两个变量，然后将 Wb 变量赋值为当前工作簿对象，接下来通过 Wb.Worksheets.Count 判断工作簿中是否只存在一个工作表，如果是则直接 End 整个过程。

（2）通过 Sht 变量循环 Wb 工作簿中的所有表，Wb.Worksheets(Sht).Copy 将 Sht 复制到新建的工作簿，接着通过 Workbook.SaveAs 方法将当前新建的工作簿（ActiveWorkbook）保存在 Wb 工作簿路径下，并命名为 Sht 的标签名称，工作簿类型为默认类型，最后通过 Workbook.Close 方法关闭当前工作簿，接着继续循环 Copy/Save。

💬 无言：Wb工作簿中存在多少个工作表就复制保存多少个新的同名工作簿。

❓ 皮蛋：这段代码可以帮我节省很多工作量呢，不错，收入囊中备用。

2.12.3 删除工作表

💬 无言：有新建工作表自然就会有删除工作表，平时在Excel界面操作时，是通过鼠标右击操作，但是在VBA中肯定不是。

删除工作表可以使用 Worksheet.Delete 方法，语法如下。

删除工作表对象，也适用其他对象
Worksheet.Delete

❓ 皮蛋：这个简单，指明需要删除的工作表后用Delete方法即可删除指定表对象。

💬 无言：不错，有进步啊，看来帮助没少看。Delete不仅可以删除工作表对象，还可以删除图表、图形等，它们语法都类似。

当使用 Delete 方法可以指定需要的对象序列或者对象的具体名称,但是删除工作表时还可以使用其代码名称。在删除表时,Excel 总是会出现一个提示窗口,若要禁用该提示窗口则可以运用 Application.DisplayAlerts 属性关闭,以下示例为删除指定工作表语句。

```
Application.DisplayAlerts=False      '关闭提示窗口
Worksheets(1).Delete                 '删除第 1 个工作表
Worksheets(" 工资表 ").Delete         '删除工资表
Sheet1.Delete                        '删除代码名为 Sheet1 的表
Sheets(1).Delete                     '删除第 1 个表
Chars(1).Delete                      '删除第 1 个图表
Application.DisplayAlerts=False      '开启提示窗口
```

 皮蛋:明白了。

 隐藏和显示工作表

在保护工作表的时候,对于不希望被其他用户看到的工作表的操作,通常是在表名称标签处右击后选择【隐藏】,如图 2-23 所示。这种隐藏方法只要用户再一次逆操作就可以显示出被隐藏的表。

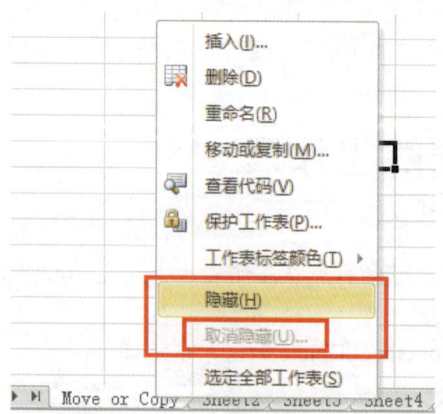

 图 2-23 隐藏和显示表

无言:以上不是这次讲解的重点,重点是认识 Worksheet.Visible 属性,该属性用于确定表对象是否可见(显示/隐藏)。

皮蛋:那平时操作和你要提及的这个属性有什么差异呢?

> 确定对象是否可见
> Worksheet.Visible = Ture| False | XlSheetVisibility

从语法可以看出 Worksheet.Visible 可以通过赋值 True 或 False 来显示或隐藏工作表。但是它还有第 3 个赋值 XlSheetVisibility 枚举常数，它是管什么用的？

💬 **无言**：当属性赋值为 True 时显示指定的工作表，赋值为 False 时隐藏指定工作表；XlSheetVisibility 枚举常数则是可以选择深度隐藏。

❓ **皮蛋**：隐藏还有深度啊，怎么个深度法？

💬 **无言**：显示表很简单，但是如果你不想让其他用户通过右击逆操作就把你隐藏的工作表显示出来，就需要使用该常数值来深度隐藏，如表 2-14 所示。

表 2-14 XlSheetVisibility 枚举常数说明

名 称	值	说 明
XlSheetHidden	0	隐藏工作表，用户可以通过菜单取消隐藏
XlSheetVeryHidden	2	隐藏对象，使对象重新可见的唯一方法是将此属性设置为 True
XlSheetVisible	-1	显示工作表

❓ **皮蛋**：XlSheetVeryHidden 常数是什么意思？

💬 **无言**：XlSheetVeryHidden 常数就是你不可能通过右击取消隐藏的表，只能通过代码在 VBE 窗体中设置为 XlSheetVisible 常数或 True 才能使得被隐藏的表可见。

现在假设有一张希望除了 Sheet1 显示给客户使用外，其他工作表都隐藏起来了，而且不能让客户取消隐藏，那么就可以使用以下代码（见代码 2-21）深度隐藏其他表。

代码 2-21　深度隐藏 Sheet1 之外的表

```
001|Sub Visible_Sht()
002|    Dim Sht As Worksheet
003|    For Each Sht In Worksheets
004|        If Sht.CodeName <> "Sheet1" Then Sht.Visible = XlSheetVeryHidden
005|    Next Sht
006|End Sub
```

💬 **无言**：代码 2-21 隐藏过程就这么简单，当表的代码名称不等于 Sheet1 时，则将该表的 Visible 属性设置为 XlSheetVeryHidden（深度隐藏），这样就避免了客户可以直接取消隐藏的顾虑。如果需要取消隐藏则可以直接将 Visible 属性赋值为 XlSheetVisible。

139

在 Excel 界面上能一次性隐藏多个工作表，但在代码过程中则不能，只能通过循环逐一设置或者用如下的语句赋值。

Worksheets(Array("Sheet1", "Sheet2")).Visible = 0 '一次性隐藏多个表

皮蛋：哦。

 **限定工作表滚动区域**

2.12.5

Excel 工作表的区域很大，有些区域我们不需要用到或者想限定用户只能在某个特定区域内滚动屏幕内容的，那么可以通过 Worksheet.ScrollArea 属性来进行限制，先来看看它的语法及作用。

用户不能选定滚动区域之外的单元格
Worksheet.ScrollArea

Worksheet.ScrollArea 属性只能使用 A1 这种类型的引用方式来限制滚动区域，用户滚动区域只能是被赋值的单元格区域，如下示例。

Sheet1.ScrollArea = "A:D"   '限定滚动的列在 A-D
Sheet1.ScrollArea = Sheet1.UsedRange.Address   '限定滚动区域为已使用的单元格区域

皮蛋：那么滚动区域能进行操作吗？
无言：可以，只要在限制的区域内还是能进行相关操作的。

 **工作表的打印输出**

2.12.6

无言：最后来讲下工作表内容的打印输出。

做好的工作表一般最后都需要将内容打印输出，那么表的打印输出方法对应了 Worksheet.PrintOut 方法，其语法如下。

打印对象
Worksheet.PrintOut(From, To, Copies, Preview, ActivePrinter, PrintToFile, Collate, PrToFileName, IgnorePrintAreas)

PrintOut 方法的参数说明如表 2-15 所示。

表 2-15 Worksheet.PrintOut 方法的参数说明

参数名称	必需/可选	数据类型	作用说明
From	可选	Variant	设置打印的起始页码。如果省略此参数，为从起始业开始
To	可选	Variant	设置打印的结束页面。如果省略此参数，直至最后一页
Copies	可选	Variant	打印份数。省略此参数，则只打印1份
Preview	可选	Variant	是否调用打印预览。True为调用，默认为False不调用
ActivePrinter	可选	Variant	设置活动打印机的名称。不设置时时以默认打印机输出
PrintToFile	可选	Variant	是否将打印文件输入为另外一个文件。默认为False输出为文件；当为True时，则须指明PrToFileName参数的赋值
Collate	可选	Variant	如果为True，则逐份打印多个副本
PrToFileName	可选	Variant	如果PrintToFile设为True，则指明具体的文件名称
IgnorePrintAreas	可选	Variant	如果为True，则忽略打印区域并打印整个对象

Worksheet.PrintOut 方法的参数有 9 个，最常用的有 From、To 和 Copies 参数，它们对应了开始页码、结束页面、打印份数。现以这 3 个参数来讲讲它们的运用，具体示例如代码 2-22 所示。

代码 2-22　打印输菜品明细——打印全部

```
001|Sub Sht_PrintOut_All()
002|    Dim Sht As Worksheet
003|    For Each Sht In Worksheets
004|        If Sht.UsedRange.Count > 1 Then
005|            Application.PrintCommunication = False
006|            Sht.PageSetup.PrintTitleRows = "$1:$1"
007|            Sht.PageSetup.CenterHorizontally = True
008|            Application.PrintCommunication = True
009|            Sht.PrintOut Form:=1, To:=Sht.PageSetup.Pages.Count, Copies:=1
010|        End If
011|    Next Sht
012|End Sub
```

（1）代码 2-22 示例过程通过在当前工作簿的表中循环：If Sht.UsedRange.Count > 1 语句判断当前表中是否已使用（未使用的表的单元格个数为 1），当满足该条件后通过设置工作表页面设置再打印输出。

（2）Application.PrintCommunication = False 语句的作用关闭与打印机通信联系，该设置

有利于当对工作表的页面最近设置时提高操作速度。

（3）Sht.PageSetup.PrintTitleRows = "$1:$1" 语句为设置表的页面打印标题行位置，PageSetup 对象是用于设置页面的对象。PageSetup.PrintTitleRows 和 PageSetup.PrintTitleColumns 分别对应了打印的行或列标题，如图 2-24 所示。

（4）Sht.PageSetup.CenterHorizontally 语句则对应了图 2-25 中的打印时打印内容的水平对齐方式——居中或靠左方式；若需要垂直居中则可以使用 PageSetup.CenterVertically 并赋值为 True 即可。

（5）Application.PrintCommunication = True 语句重新开启与打印机通信，将上面做好的页面设置告诉打印机，打印方式就按照这打印。

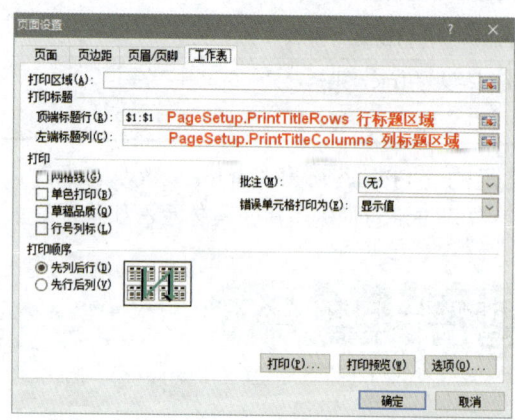

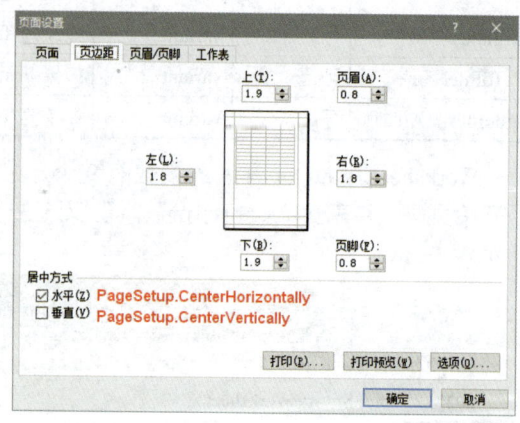

图 2-24　页面设置对应的行列标题位置　　　图 2-25　页面设置对应的水平 / 垂直居中

（6）通过 Sht.PrintOut Form:=1, To:=Sht.PageSetup.Pages.Count, Copies:=1 语句输出打印开始页和结束页，以及打印份数。其中 PageSetup.Pages.Count 为统计当前工作表中存在多少个页面，整句代码的意思从工作表的第 1 页到最后 1 页，且只打印一份。

皮蛋：言子，我感觉把最后的打印输出语句缩减下更好，因为打印全部且只有一次，按照 Worksheet.PrintOut 的语法那些参数都可以省略的嘛。

无言：没错啊，可以直接省略，语法如下。

```
Sht.PrintOut Form:=1, To:=Sht.PageSetup.Pages.Count, Copies:=1
替换为
Sht.PrintOut
```

关于 Wokrsheet 对象的常用事件及常用到的方法和属性就介绍到这里，后面将学习 Workbook 对象的事件及其常用的相关方法和属性。

第 3 章
Excel 自动化的那档事——Workbook 对象

本章主要讲解关于 Workbook 对象的常用事件以及涉及的方法/属性的运用。

Worksheet 事件提及了工作表事件的反应级别优先于 Workbook 事件，同时也说明了存在 Worksheet 事件也可同时存在于 Workbook 事件中，下面就来学习 Workbook 对象的事件、方法、属性。

3.1 与Worksheet对象事件相似的事件

💬 无言：Workbook对象中存在很多与Worksheet对象相近的事件，如表3-1所示。

表3-1 Workbook 对象与 Worksheet 对象相近的事件一览表

事件名称	Worksheet事件参数	Workbook事件参数
SheetActivate		Sh As Object
SheetBeforeDoubleClick	Target As Range, Cancel As Boolean	Sh As Object，Target As Range，Cancel As Boolean
SheetBeforeRightClick		
SheetCalculate		Sh As Object
SheetChange	Target As Range	Target As Range
SheetDeactivate		Sh As Object
SheetFollowHyperlink	Target As Hyperlink	Sh As Object，Target As Hyperlink
SheetPivotTableUpdate	Target As PivotTable	Sh As Object，Target As PivotTable
SheetSelectionChange	Target As Range	Sh As Object，Target As Range

从表 3-1 中可以看到 Workbook 事件中相似事件中都比 Worksheet 事件多了一个 Sh 参数，该参数为 Worksheet 对象——即可以通过指定 Sh 对象操作对应的表。

3.2 工作簿双击事件合并工作表：Workbook.SheetBeforeDoubleClick

💬 无言：这里先用Workbook.SheetBeforeDoubleClick工作簿的双击单元格事件做讲解，先看其过程外壳。

```
当双击任何工作表时发生此事件，此事件先于默认的双击操作发生
Private Sub Workbook_SheetBeforeDoubleClick(ByVal Sh As Object, ByVal Target As Range, Cancel As Boolean)
    Statements( 中间代码语句 )
End Sub
```

从上面的工作簿双击事件过程外壳与 WorkSheet.BeforeDoubleClick 事件非常相似，只多了 Sh 参数，该参数用于限定 / 指定要响应事件的表，当不指定时响应所有工作表。

> 皮蛋：这次的例子是什么呢？
>
> 无言：将工作簿中的非指定表数据合并为一个表，具体如代码3-1所示。

代码 3-1　双击指定工作表后汇总其余表数据

```
001|Private Sub Workbook_SheetBeforeDoubleClick(ByVal Sh As Object, ByVal Target As Range, Cancel As Boolean)
002|        If Sh.CodeName = "Sheet1" Then
003|            Cancel = True
004|            Dim Sta_R As Long, Sh_Rcou As Long, Sht As Worksheet
005|            Sta_R = 2
006|            Sh.Cells.Clear
007|            For Each Sht In Worksheets
008|                If Sht.CodeName <> Sh.CodeName Then
009|                    Sh_Rcou = Sh.UsedRange.Rows.Count
010|                    If Sh_Rcou = 1 Then
011|                        Sht.UsedRange.Offset(Sta_R - 1, 1).Copy Sh.Cells(1)
012|                    Else
013|                        Sht.UsedRange.Offset(Sta_R, 1).Copy Sh.Cells(Sh_Rcou - 1, 1)
014|                    End If
015|                End If
016|            Next Sht
017|            With Sh
018|                .UsedRange.Columns.AutoFit
019|                .ListObjects.Add(xlSrcRange, .UsedRange, , xlYes).Unlist
020|            End With
021|        End If
022|End Sub
```

代码 3-1 Workbook.SheetBeforeDoubleClick 事件过程中通过指定 Sh 参数的工作表代码名称，限制双击事件只对汇总表有效，然后继续后续代码。

（1）设置 Cancel 参数为 True，为双击后不进入单元格编辑状态，并声明几个变量用于后面循环语句。

（2）Sta_R 变量赋值为非双击表的标题开始行号，该工作簿非汇总表数据内容开始于第 3 行，所以将 Sta_R 赋值为 2，接着通过 Sh.Cells.Clear 清除当前表所有单元格的所有并执行循环

145

语句。

（3）循环时首先通过 If Sht.CodeName <> Sh.CodeName 语句判断当前表的代码名称是否等于 Sh 的代码名称，如果不等于则执行内部语句；Sh_Rcou 变量为汇总表已使用区域的行数量，如果等于 1 则说明该表未使用过。

（4）Sh_Rcou=1 时，通过 Sht.UsedRange.Offset(Sta_R - 1, 1).Copy Sh.Cells(1) 语句将对应表的姓名（B）列开始的区域复制到汇总表的第 1 个单元格，当 Sh_Rcou 变量 >1 时，则采用 Sht.UsedRange.Offset(Sta_R, 1).Copy Sh.Cells(Sh_Rcou - 1, 1) 语句从标题行以下的 B 列区域到汇总表已使用区域的下一行的位置。

（5）该部分语句为对汇总表样式的设置——先通过 .UsedRange.Columns.AutoFit 自动区域调整列宽，再使用 .ListObjects.Add(XlSrcRange, .UsedRange, , XlYes).Unlist 将创建的表转换为普通的数据区域。

无言：结合工作簿的双击事件可以有效控制需要操作的工作表对象，相比在每个工作表下写一段相同代码过程，该对象的事件应用范围更加广。

皮蛋：最后一句：.ListObjects.Add(XlSrcRange, .UsedRange, , XlYes).Unlist挺好用的啊，既有颜色，还做了隔行标识。

无言：是的，最后这句代码结合ListObjects集合的Add方法和ListObject对象的Unlist方法，从创建表到转换一气呵成。设置效果如图3-1所示。

姓名	出勤系数	工作表现	最终绩效系数
陈穗卢	1	1.1	1.10
大陆	1	1.1	1.10
丹语	1	1	1.00
飞鱼	1	1	1.00
郭大侠	1	1.2	1.20
宏宇	1	1	1.00
李四	0.88	1	0.88

图 3-1 运用表功能的格式设置效果

3.3　工作簿单元格改变事件拆分工作簿：Workbook.SheetChange

无言：这次学习Workbook.SheetChange工作簿事件，并通过它来学习有关于Workbook的一些方法和属性。

根据关键字段和关键字，从工作簿的所有表中提取满足条件的所有数据，并将创建一个新的工作簿，并运用 Workbook.SheetChange 事件，其事件过程外壳及示例代码（见代码 3-2）如下。

```
当用户或外部链接更改了任何工作表中的单元格时发生此事件
Private Sub Workbook_SheetChange(ByVal Sh As Object, ByVal Target As Range)
        Statements( 中间代码语句 )
End Sub
```

代码 3-2　根据关键字获取数据并新建工作簿

```
001|Rem 通过控制选择的工作表和单元格位置，创建数据有效性
002|Private Sub Workbook_SheetSelectionChange(ByVal Sh As Object, ByVal Target As Range)
003|    Application.EnableEvents = True：Application.DisplayAlerts = True：Application.ScreenUpdating = True
004|    If Sh.CodeName = "Sheet1" And Target.Address(0, 0) = "B1" Then
005|        With Target.Validation
006|            .Delete
007|            .Add xlValidateList, Formula1:="华北地区,东北地区,华东地区,中南地区,西南地区,西北地区"
008|        End With
009|    End If
010|End Sub
011|
012|Rem 根据指定单元格的位置内容判断关键字
013|Private Sub Workbook_SheetChange(ByVal Sh As Object, ByVal Target As Range)
014|    Dim ShtCou As Long, Tem_Sht As Worksheet
015|    Dim New_Wb As Workbook, NewSht As Worksheet, NewShtRow As Long
016|    Dim Val_Str, Cous As Long
017|    Dim OneFind_Add As String, Find_Rng As Range, Union_Rng As Range
018|    Dim OldWb_Luj As String
019|    OldWb_Luj = ActiveWorkbook.Path & "\"
020|    If Sh.CodeName <> "Sheet1" And Target.Address(0, 0) <> "B1" Then Exit Sub
021|    Application.ScreenUpdating = False : Application.EnableEvents = False
022|    Application.DisplayAlerts = False
```

```
023|        If Target.Value = "" Then '如果单元格内容为空
024|            For Each Val_Str In Split(Target.Validation.Formula1, ",")
025|                With Worksheets.Add(Before:=Sh, Count:=1, Type:=xlWorksheet)
026|                    .Name = Val_Str
027|                    Worksheets(Worksheets.Count).Rows(1).Copy .Cells(1)
028|                End With
029|                Set NewSht = Worksheets(Val_Str)
030|                For Sht = 1 To ActiveWorkbook.Worksheets.Count
031|                    Set Tem_Sht = Worksheets(Sht)
032|                    If Tem_Sht.CodeName <> "Sheet1" And Tem_Sht.Name <> Val_Str Then
033|                        If WorksheetFunction.CountIf(Tem_Sht.Columns(4), Val_Str) > 0 Then
034|                            Set Find_Rng = Tem_Sht.Columns(4).Find(What:=Val_Str)
035|                            OneFind_Add = Find_Rng.Address(0, 0)
036|                            Set Union_Rng = Find_Rng
037|                            Do
038|                                Set Find_Rng = Tem_Sht.Columns(4).FindNext(Find_Rng)
039|                                Set Union_Rng = Application.Union(Union_Rng, Find_Rng)
040|                            Loop While Find_Rng.Address(0, 0) <> OneFind_Add
041|
042|                            With NewSht
043|                                NewShtRow = NewSht.UsedRange.Rows.Count
044|                                Union_Rng.EntireRow.Copy .Cells(1).Offset(NewShtRow)
045|                            End With
046|                        End If
047|                    End If
048|                    Set Find_Rng = Nothing: Set Union_Rng = Nothing: OneFind_Add = ""
049|                Next Sht
050|                If NewSht.UsedRange.Rows.Count > 1 Then
051|                    Set New_Wb = Workbooks.Add : NewSht.Activate
052|                    NewSht.Copy Before:=New_Wb.Worksheets(1)
053|                    Worksheets(Val_Str).UsedRange.Columns.AutoFit
054|                    New_Wb.SaveAs Filename:=OldWb_Luj & Val_Str, FileFormat:=xlWorkbookDefault
```

```
055|                New_Wb.Close : NewSht.Delete
056|            Else
057|                NewSht.Delete
058|            End If
059|        Next Val_Str
060|    Else
061|        Val_Str = Target.Value
062|        With Worksheets.Add(Before:=Sh, Count:=1, Type:=xlWorksheet)
063|            .Name = Val_Str
064|            Worksheets(Worksheets.Count).Rows(1).Copy .Cells(1)
065|        End With
066|        Set NewSht = Worksheets(Val_Str)
067|        For Sht = 1 To ActiveWorkbook.Worksheets.Count
068|            Set Tem_Sht = Worksheets(Sht)
069|            If Tem_Sht.CodeName <> "Sheet1" And Tem_Sht.Name <> Val_Str Then
070|                If WorksheetFunction.CountIf(Tem_Sht.Columns(4), Val_Str) > 0 Then
071|                    Set Find_Rng = Tem_Sht.Columns(4).Find(What:=Val_Str)
072|                    OneFind_Add = Find_Rng.Address(0, 0)
073|                    Set Union_Rng = Find_Rng
074|                    Do
075|                        Set Find_Rng = Tem_Sht.Columns(4).FindNext(Find_Rng)
076|                        Set Union_Rng = Application.Union(Union_Rng, Find_Rng)
077|                    Loop While Find_Rng.Address(0, 0) <> OneFind_Add
078|                    With NewSht
079|                        NewShtRow = NewSht.UsedRange.Rows.Count
080|                        Union_Rng.EntireRow.Copy .Cells(1).Offset(NewShtRow)
081|                    End With
082|                End If
083|            End If
084|            Set Find_Rng = Nothing: Set Union_Rng = Nothing: OneFind_Add = ""
085|        Next Sht
086|        If NewSht.UsedRange.Rows.Count > 1 Then
```

```
087|            Set New_Wb = Workbooks.Add:NewSht.Activate
088|            Worksheets(Val_Str).UsedRange.Columns.AutoFit
089|            NewSht.Copy Before:=New_Wb.Worksheets(1)
090|            New_Wb.SaveAs Filename:=OldWb_Luj & Val_Str, FileFormat:=xlWorkbookDefault
091|            New_Wb.Close : NewSht.Delete
092|          Else
093|              NewSht.Delete
094|          End If
095|          Application.EnableEvents = True: Application.DisplayAlerts = True
096|          Application.ScreenUpdating = True
097|    End If
098|End Sub
```

代码 3-2 示例过程通过 Workbook.SheetSelectionChange 事件——开启 Excel 的相关功能提示和响应，限制用户选取的工作表及单元格位置，并依据满足条件时新建一个数据有效性序列——区域划分。

第 2 个事件过程采用 Workbook.SheetChange 事件来获取指定工作表和单元格数据来获取相关数据。

（1）首先过程中定义几个变量，然后将 OldWb_Luj 变量通过 ActiveWorkbook.Path 语句赋值为当前工作簿的存放完整路径，在赋值时使用 & "\" 将所有字符拼接成一个完整的文件存储路径，作为后续保存文件时链接具体文件名称。

（2）If Sh.CodeName <> "Sheet1" And Target.Address(0, 0) <> "B1" 语句用于判断选中表代码名称和单元格位置是否均满足判断条件，不满足则退出过程（Exit Sub）。

（3）接着将 Application 的 3 个属性 ScreenUpdating、EnableEvents、DisplayAlerts 并都赋值为 False，它们的作用是关闭屏幕刷新、事件触发、信息窗口提示。

无言：接下来的 If Target.Value = "" 语句判断单元格内容是否为空，以下的第 1 部分语句是要重点讲解的部分。

（4）当判断单元格内容为空时，将获取单元格中的数据有效性的 Furmula1 参数的文本内容，通过 Split(Target.Validation.Formula1, ",") 语句将文本拆解为一个一维数组（Split 函数是以指定字符拆分字符），并通过 Val_Str 变量循环获取一维数组中的所有内容。

（5）With Worksheets.Add(Before:=Sh, Count:=1, Type:=XlWorksheet) 在指定表前创建新表，并将其 .Name 赋值为 Val_Str 变量中执行地区的名称，再通过 Worksheets(Worksheets.Count).

Rows(1).Copy .Cells(1) 语句将工作簿最后一个表的第 1 行复制到新建表的第 1 行作为标题；最后将新建表赋值给 NewSht 变量。

（6）Sht 循环在当前工作簿的所有表中循环获取满足 Val_Str 变量的对应数据——Tem_Sht 变量被赋值为当前循环表，然后通过 If Tem_Sht.CodeName <> "Sheet1" And Tem_Sht.Name <> Val_Str 比较该表非指定表，则继续执行接下来的代码。

（7）If WorksheetFunction.CountIf(Tem_Sht.Columns(4), Val_Str) > 0 语句为判断循环中的 TemSht 表的第 4 列中是否存在指定大区，存在则继续执行下一语句。

（8）循环表中存在指定大区时，首先通过 Range.Find 方法查找指定大区关键字，并将其单元格赋值给 Find_Rng 变量，并将该变量的单元格文本地址赋值给 OneFind_Add 用于后面的循环查找时是否回到原位置的比较；然后又将 Find_Rng 变量赋值给 Union_Rng 变量，Union_Rng 变量作为当前 TemSht 所有关键字所在单元格位置的存储存变量集合。

（9）在 TemSht 表中找到第 1 个指定大区关键字位置后，通过 Do…Loop Whlie 循环查找其他相同的，直到找到的位置与 OneFind_Add 变量一致，退出 Do 循环。

（10）退出 Do 循环后，通过 NewSht.UsedRange.Rows.Count 统计 NewSht 表中已使用的行数，并赋值给 NewShtRow 变量，配合 Range.Offset 属性的行偏移量，获取从 A1 单元格到下一个空行的具体位置。

（11）Union_Rng.EntireRow.Copy .Cells(1).Offset(NewShtRow) 语句为将 TemSht 表汇总获取的指定大区关键字单元格的集合整行复制到 NewSht 表中已使用行 A 列的下一个有效单元格位置。

（12）因为该循环属于 Sht 循环变量循环，只能所有表都循环完毕才能结束——因为上面已经使用 Application.EnableEvents 语句关闭事件触发响应，不会因 NewSht 的写入触发 Workbook.SheetChange 事件。

（13）每个工作表循环结束前，都将原已赋值对象的变量进行清空释放，而 OneFind_Add 文本变量则被赋值为空文本。

（14）当 Sht 循环结束后，通过 If NewSht.UsedRange.Rows.Count > 1 语句判断 NewSht 表中是否只存在标题行，空表则使用 NewSht.Delete 语句删除该表；因为已关闭了信息提示，所以删除时不会提示；当使用行数 > 1 时，则通过 Workbooks.Add 语句新建一个工作簿并将其赋值给 New_Wb。

（15）新建后通过 NewSht.Copy Before:=New_Wb.Worksheets(1) 将 NewSht 表复制到新工作簿的第 1 个表之前；接着用 Worksheets(Val_Str).UsedRange.Columns.AutoFit 语句自动调整区域列宽。

（16）通过 Workbook.Saveas 保存工作簿到指定位置和格式，后使用 Workbook.Close 关闭该工作簿，并将原激活工作簿中的 NewSht 表删除了。

💬 **无言**：If Target.Value = ""判断语句，当B1单元格不为空时，将根据单元格内的大区关键字在工作簿中查找满足该关键字所有信息；当B1单元格为空时，将以数据有效性的公式文本内容的各大区循环查找拆分，第63～100句的作用都是一样的。

❓ **皮蛋**：言子，这段代码中出现了好多新的方法和属性呢，要不要介绍下呢？

💬 **无言**：这个是必需的，要不还真对不起这么多句代码。

3.4 激活任意工作表时显示班组合计信息：Workbook.SheetActiavte

在介绍之前，继续以 Workbook.SheetActiavte 事件讲解——用该事件来提示激活工作表中每个班组的数量和小计的合计提示，该事件的事件外壳如下。

```
当激活任何工作表时发生此事件
Private Sub Workbook_ SheetActivate(ByVal Sh As Object)
        Statements( 中间代码语句 )
End Sub
```

❓ **皮蛋**：比Worksheet.Activate也是多了一个Sh参数变量。代码3-3所示为一个统计激活表日播报信息的示例。

代码 3-3　统计激活表日播报信息

```
001| Private Sub Workbook_SheetActivate(ByVal Sh As Object)
002|     Dim Bz_Arr, i As Integer, Slsum As Long, Hjsum As Double
003|     Dim Sumsls As Long, SumsHj As Double, Tem_Str As String
004|     Bz_Arr = Array("拉丝组", "绞线组", "挤塑组", "成缆组", "铠装组", "绕包组", "编织组")
005|     With Sh
006|         Tem_Str = .Cells(1) & vbCr & "班组" & vbTab & "数量合计" & vbTab & "小计合计" & vbCr
007|         For i = 0 To 6
008|             Slsum = WorksheetFunction.SumIf(.Columns(2), Bz_Arr(i), .Columns(5))
009|             Hjsum = WorksheetFunction.SumIf(.Columns(2), Bz_Arr(i), .Columns(7))
010|             Sumsls = Sumsls + Slsum
```

```
011|            SumsHj = SumsHj + Hjsum
012|            Tem_Str = Tem_Str & Bz_Arr(i) & vbTab & Slsum & vbTab & Hjsum & vbCr
013|        Next i
014|        Tem_Str = Tem_Str & "总计" & vbTab & Sumsls & vbTab & SumsHj
015|        MsgBox Tem_Str
016|    End With
017|End Sub
```

（1）代码 3-3 示例过程为每当激活工作表时，都会激活表中各生产班组当天的生产统计信息。Bz_Arr 使用 Array 函数写入班组名称的一维数组；Sh 变量在这里指当前激活的工作表对象。

（2）接着将激活表的第 1 个单元格的内容和其他信息作为标题信息写入 Tem_Str 变量，该变量作为统计信息的提示文本，并用于组合各班组的统计信息和合计信息。

（3）不用于循环获取 Bz_Arr 变量中的各班组名称，其从 0 开始到 6 结束，对应了 7 个班组名称；在循环中使用 WorksheetFunction.Sumif 函数分别统计对应班组的数量（SlSum）和小计（HjSum）的值，并将这和两变量值分别加入 Sumsls 和 SumsHj 的累加值中；并将每个班组名称、数量合计、小计合计逐个写入 Tem_Str 变量。

（4）循环结束后，将 Sumssl 和 Sumshj 变量写入 Tem_Str 变量，最后用 Msgbox 函数进行提示，如图 3-2 所示。

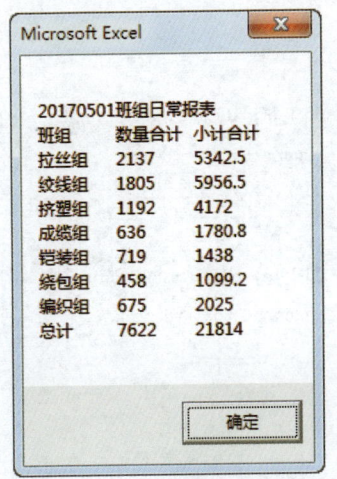

图 3-2　日数据统计提示

> 皮蛋：为什么i循环的值是从0开始而不是1呢，不是7个班组吗？
> 无言：因为Array函数所生成的只能是一维数组，且其开始位置是从0开始的。
> 皮蛋：这样啊。我突然有个问题——现在经常看到有一个单击单元格就有一个十字光标样式的工具，并将其所在的行和列都标示颜色，这个应该也可以用相关事件搞定吧？

3.5 背景色十字光标：Workbook.SheetSelectionChange

> 无言：这个可以啊，只要使用Workbook.SheetSelectionChange事件就可以了，先看事件外壳再举一个例子（见代码3-4）。

```
当激活任何工作表时发生此事件
Private Sub Workbook_SheetActivate(ByVal Sh As Object)
        Statements( 中间代码语句 )
End Sub
```

代码 3-4 十字光标背景

```
001|Private Sub Workbook_SheetSelectionChange(ByVal Sh As Object, ByVal Target As Range)
002|    Cells.FormatConditions.Delete
003|    With Target
004|        With .EntireRow
005|            .FormatConditions.Add Type:=xlExpression, Formula1:="=True"
006|            .FormatConditions(1).Interior.Color = vbCyan
007|        End With
008|        With .EntireColumn
009|            .FormatConditions.Add Type:=xlExpression, Formula1:="=True"
010|            .FormatConditions(2).Interior.Color = vbCyan
011|        End With
012|    End With
013|End Sub
```

> 无言：先来看是不是你需要的效果呢（见图3-3）？

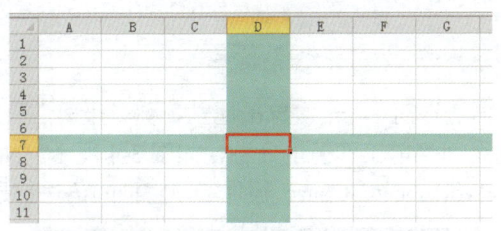

图 3-3 十字光标背景（条件格式）

皮蛋：没错就是这种效果，我以前经常安装某些Excel插件工具箱，它们当中都有。这个效果是通过上面代码做到的吗？来讲解下。

无言：代码 3-4 示例过程挺简单，首先用Cells.FormatConditions.Delete语句清除所有单元格已设置的条件格式，直接以选中单元格的EntireRow（整行）创建表达式=True判断的条件格式，并将条件格式的背景色设置为青色（vbCyan）；接下来选择以选中单元格列的范围创建同样的条件格式和背景色。

该代码分别设置行和列的 2 个条件公式并设置颜色，以达到十字光标作用。

3.6 Workbook对象常用方法和属性介绍

无言：接下来说Workbook对象常用的方法和属性。

在代码 3-2 示例过程中，不知不觉运用了多个 Workbook 对象的方法和属性。下面讲解这些常用的方法和属性。

3.6.1 获取工作簿的名称和路径

当工作簿未保存时，2007 版本及以上版本显示的新建工作簿名称为【工作簿+序列号】，已经保存的则显示其具体名称在 Excel 窗口，那要如何获取工作簿的名称呢？

皮蛋：是不是可以用Workbook.Name呢？因为Worksheet对象也有这个，我想应该是通用的。

无言：没错，VBA中好多属性是具有共同性的。接下来介绍下Workbook.Name属性。

指定工作簿对象的名称
Workbook.Name

Workbook.Name 属性语法很简单——对象 + 属性名称。该属性只能读取工作簿的完整名称以及后缀名称，如下示例返回当前工作簿的名称，如图 3-4 所示。Name 同时也可以返回其他对象的名称，例如 Sheet、Worksheet、Char、控件等，它们的语法都是相同的。

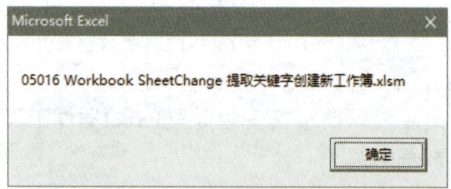

图 3-4　Name 返回的工作簿名称

```
ActiveWorkbook.Name              '获取当前工作簿名称
ThisWorkbook.Name                '获取代码所在工作簿名称
```

皮蛋：嗯嗯，但是这个信息量太少了，如果我要获取包含工作簿所在的路径名称，有这样的属性吗？

无言：有，使用Workbook.FullName属性，就可以获取你说的信息。先看语法和简单示例。

返回对象的名称 (以字符串表示)，包括其磁盘路径。String 型，只读
Workbook.FullName

```
ActiveWorkbook.FullName          '获取当前工作簿完整路径名称
ThisWorkbook.FullName            '获取代码所在工作簿的完整路径名称
Workbooks("123").FullName        '获取指定名称的工作簿的完整路径名称
```

图 3-5 比图 3-4 多了指定工作簿对象的存储路径位置，其后面的文件名称及后缀与图 3-4 中的完全一样。所以当要确认文件的完整路径名称时，可以用 Workbook.FullName 属性来获取。

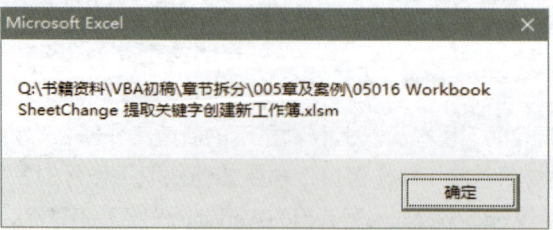

图 3-5　FullName 返回的工作簿名称

😐 **无言**：刚才讲的Workbook.FullName好像就是Workbook.Name的升级版，其实它不只是一个升级版，还是Workbook.Path属性的升级版。

❓ **皮蛋**：Workbook.Path在代码3-2过程中也出现过，你刚才说是获取工作簿的存储路径？Workbook.Path 属性是用来获取工作簿所在的路径，其语法如下。

> 返回一个 String 值，它代表应用程序的完整路径，不包括末尾的分隔符和应用程序名称
> Workbook.Path

Workbook.Path 属性返回的指定工作簿对象的存储路径，如果该对象未保存则返回空白。如图 3-6 所示返回了当前工作簿的存储路径。

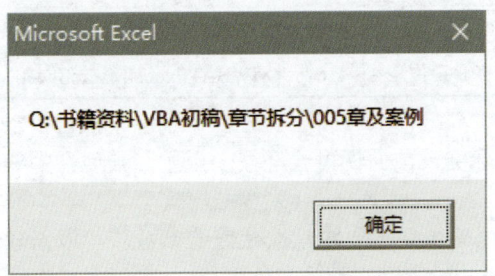

图 3-6　Workbook.Path 属性返回的路径

从图 3-6 看到 Workbook.Path 属性返回的只有图 3-5 中前半部分的路径，不包括 Workbook.FullName 属性返回的完整路径 + 文件名等信息。如果把图 3-4 和图 3-6 组合起来就是 Workbook.FullName 属性的返回信息。

❓ **皮蛋**：但是为什么在代码3-2示例过程中ActiveWorkbook.Path & "\"后面要用\连接呢？

😐 **无言**：这是因为Workbook.Path返回的文件最后一层的文件夹位置，当需要和具体文件名连接时，就需要用& "\"连接。

上面的 Workbook.Path、Workbook.Name、Workbook.FullName 分别用于返回工作簿的路径和文件名称信息，都是只读属性。

3.6.2　工作簿的新建及保存方式

在代码 3-2 示例过程中出现了新建工作簿的方法——Workbooks.Add，该方法属于 Workbooks 对象集合，其语法及作用如下。

> 新建一个工作簿，新工作簿将成为活动工作簿，其第 1 个工作表也将成为激活对象
> Workbooks.Add(Template)

Workbook.Add 为新建一个空白工作簿，其 Template 参数用于指定需要创建的工作簿类型，当创建默认类型是可忽略该参数。

未定指定参数时 Add 方法将新建普通的工作表；如果要指定 Template 参数，则需要指定对应工作簿类型的常数，可以创建 4 种不同类型的表，如表 3-2 所示。

表 3-2 Template 参数对应的工作表类型

方法名称	作用说明	值	方法名称	作用说明	值
XlWBATChart	新建图表	-4109	XlWBATExcel4IntlMacroSheet	Excel版本4宏	3
XlWBATWorksheet	新建普通工作表	-4167	XlWBATExcel4MacroSheet	Excel版本4国际宏	4

💬 无言：其中4宏和4国际宏，前面说过已经很少用了，被现在的VBA代替了，常用的只有普通工作表和图表两种类型。

Workbooks.Add 语法很简单只需要将常数赋值给参数就可以新建需要的表类型。下面的示例（见代码 3-5）可以新建 4 种不同类型的工作表。

代码 3-5　运用 Workbooks.Add 方法新建表

```
001|Sub Add_新建工作簿()
002|    Workbooks.Add
003|    Workbooks.Add Template:=xlWBATWorksheet
004|    Workbooks.Add Template:=xlWBATChart
005|    Workbooks.Add Template:=xlWBATExcel4IntlMacroSheet
006|    Workbooks.Add Template:=xlWBATExcel4MacroSheet
007|End Sub
```

执行代码 3-5 过程后，在 Windows 的任务栏出现如图 3-7 所示的效果，其中的第 1 个【工作簿 1】里含有 3 个普通的工作表，而第 2 个工作簿只创建了一个工作表，其他 3 个工作簿中也都只创建了一个对应类型的表。

图 3-7　Workbooks.Add 新建的表类型

? 皮蛋：为什么会这样呢？与哪些设置有关？

… 无言：与参数有关，也与Excel选项有关。如图3-8所示，只要修改其中的设置，且忽略Workbooks.Add方法的参数，则新工作簿将按照该设置新建指定个数的工作表。

忽略参数Workbooks.Add方法只需要修改Excel选项中的常规设置项中的【新建工作簿时】的相关项即可，使得新建的工作簿满足平时需要；不忽略Template参数时，都将只创建一个含有对应类型表的工作簿。

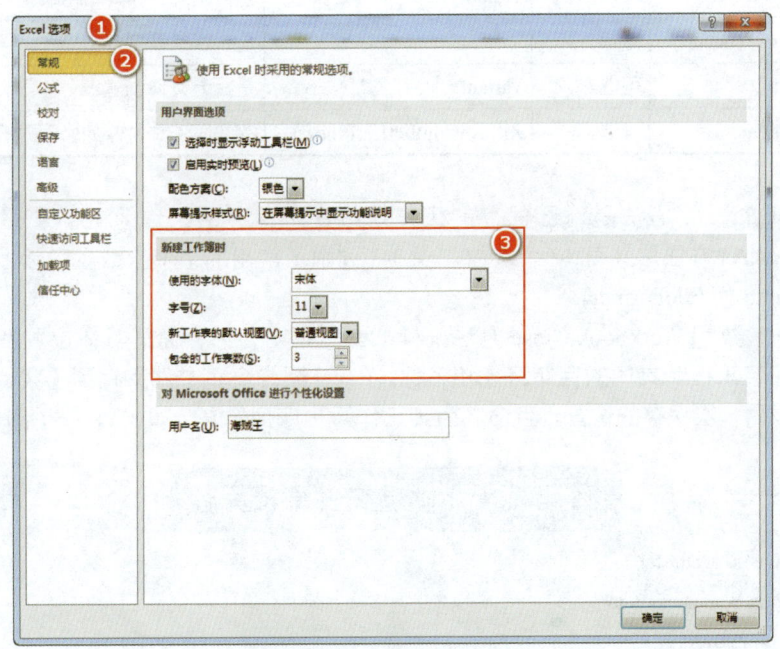

图3-8　修改新建表的设置

新建的工作簿若没有保存，此时Excel程序窗口上显示为【工作簿1】等相似的名称，如果要保存则需要使用Workbook.SaveAs方法，其语法如下。

> 在另一不同文件中保存对工作簿所做的更改
> Workbook.SaveAs(FileName, FileFormat, Password, WriteResPassword, ReadOnlyRecommended, CreateBackup, AccessMode, ConflictResolution, AddToMru, TextCodepage, TextVisualLayout, Local)

? 皮蛋：呵呵，又是一个多参数的方法。

… 无言：继续看Workbook.SaveAs方法参数成员的作用，如表3-3所示。

表 3-3　Workbook.SaveAs 方法的常用参数说明

参 数 名 称	必需/可选	数 据 类 型	作 用 说 明
Filename	可选	Variant	需要另存的文件的完整路径名称
FileFormat	可选	Variant	指定文件另存的类型
Password	可选	Variant	是否指定文件的打开密码
WriteResPassword	可选	Variant	是否指定工作簿写密码
ReadOnlyRecommended	可选	Variant	是否以只读打开文件
CreateBackup	可选	Variant	是否为文件创建一个备份文件
ConflictResolution	可选	XlSaveConflictResolution	存在同一文件时的处理方式

Workbook.SaveAs 方法是对已保存的工作簿或还未保存的工作簿的一个另存为操作。Workbooks.SaveAs 方法总共有 12 个参数，表 3-3 列举了常用的 7 个参数，实际上使用较为频繁的为 Filename 和 FileFormat。

Filename 参数和 Workbook.Close 方法一样，都需指明文件存储的具体位置及其要保存的文件名称。如若未指明具体的存储路径和名称，Excel 同样会将文件另存到【我的文档】路径下或者当前最后一次保存的位置，且命名为【工作簿＋序列号】，如代码 3-6 所示。

代码 3-6　新建文件直接另存

```
001|Sub SaveAsToPath01()
002|    With Workbooks.Add
003|        .SaveAs
004|        .Close
005|    End With
006|End Sub
```

运行代码 3-6 示例过程，不设置 Filename 参数时，Workbook.SaveAs 自动将新建的工作簿保存到【我的文档】或者上一次程序最后保存的位置，文件格式则为 Excel 选项中默认的格式。保存之后还需要用到 Workbook.Close 方法为关闭已保存的工作簿。

无言：当不设置另存的文件名称时，将以默认的【工作簿+序号】的形式保存为文件名。Workbook.Close方法后续讲解，示例如代码3-7所示。

代码 3-7 指定 Filename 参数的具体路径、名称与文件格式

```
001|Sub SaveAsToPath02()
002|    With Workbooks.Add
003|        .SaveAs Filename:="d:\123.xlsx"
004|        .Close
005|    End With
006|End Sub
```

代码 3-7 同样是新建一个工作簿，但是这次使用的是 Filename 参数。该参数赋值注明了将该新建工作簿保存到 D 盘的根目录下，并且命名为 123，文件格式为 2007 版本的普通工作簿表类型（.xlsx），接着关闭该工作簿。

> 无言：其实如果不直接指明文件后缀时，另存的格式也以 Excel 已设置的默认文件格式保存。

> 皮蛋：喔，这样啊！那我如果要保存为其他默认的，只需要修改下 Excel 的选项设置啦。

> 无言：是的，接下来讲解 FileFormat 参数，用于指明另存的文件类型。

Filename 参数可以指定完整的存储路径及文件名称和格式，而 FileFormat 则只能指定 Excel 内置的工作簿类型常数——XlFileFormat 枚举。

XlFileFormat 枚举总共有 54 种不同类型的文件格式，任选其一进行赋值给 FileFormat 参数即可。对于现有文件，默认采用上一次指定的文件格式；对于新文件，默认采用当前所用 Excel 版本的格式。FileFormat 参数常用枚举常数如表 3-4 所示。

表 3-4 FileFormat 参数常用枚举常数

枚举名称	值	文件类型	枚举名称	值	文件类型
XlCurrentPlatformText	-4158	TXT 文本	XlWorkbookDefault	51	默认工作簿
XlUnicodeText	42	Unicode 文本	XlWorkbookNormal	-4143	常规工作簿
XlCSV	6	CSV 文本	XlOpenXMLWorkbookMacroEnabled	52	启用宏的工作簿

表 3-4 中的常规工作簿指的 Excel 2003 版的文件格式。以下示例（见代码 3-8）为指定 Format 参数和同时指定 Filename 参数，文件保存位置的差别。

代码 3-8　指定 FileFormat 参数的另存文件

```
001|Sub SaveAsToPath03()
002|    With Workbooks.Add
003|        .SaveAs FileFormat:=xlWorkbookDefault
004|        MsgBox .Path
005|        .Close
006|    End With
007|End Sub
```

代码 3-8 示例过程，不指明要保存的工作簿 Filename 参数（路径及文件名称），指定另存时 FileFormat 参数的枚举常数默认工作簿（XlWorkbookDefault），而文件地址和名称则按照上面说的方式进行保存，具体示例如代码 3-9 所示。

代码 3-9　指定 Filename 和 FileFormat 参数另存文档

```
001|Sub SaveAsToPath04()
002|    With Workbooks.Add
003|        .SaveAs Filename:="d:\" & ActiveWorkbook.Name & Format(Now, "yyyymmddhhmmss"), _
004|            FileFormat:=xlOpenXMLWorkbook
005|        .Close
006|    End With
007|End Sub
```

代码 3-9 示例过程同时指定 Filename 和 Format 参数的赋值：Filename 参数指定要存储文件的具体路径和文件名称，而文件的类型则由 Format 参数的赋值决定。

❓ 皮蛋：看来平时可以使用Filename参数，Format参数适时使用即可。

💬 无言：是的，但是某些文件还需要通过指定Format参数进行另存。

接下来说说 Workbook.SaveAs 方法的 Password、WriteResPassword、ReadOnlyRecommended 参数，它们主要用于设置工作簿的打开/读写权限密码以及是否打开工作簿后只读属性。这 3 个参数和 Workbook.Open 的 Password、WriteResPassword 和 ReadOnly 刚好是对应的，设置赋值方式也相似。以下示例（见代码 3-10）将通过组合不同参数以达到不同的使用目的。

> **无言**：ReadOnlyRecommended参数用于指定是否选中图3-9提示窗口中的【只读】按钮。如果确定只读，那么弹出该窗口时，只需直接按Enter键即可进入工作簿。此时的工作簿只能看不能编辑。

代码 3-10　另存时设定 Password 参数（工作簿打开密码）

```
001|Sub SaveAsToPath05()
002|    Dim WbFull As String
003|    With Workbooks.Add
004|        .SaveAs Password:="123456", WriteResPassword:="46152133" ', ReadOnlyRecommended: =True
005|        WbFull = .FullName
006|        .Close
007|        Workbooks.Open Filename:=WbFull
008|    End With
009|End Sub
```

代码 3-10 示例过程为在新建一个工作簿后，设置其打开/读写权限密码，并设置默认选中【只读】按钮，并将保存的工作簿的完整路径赋值给 WbFull 变量，关闭当前工作簿。接着用通过 Workbooks.Open 方法打开 WbFull 变量的工作簿，打开后将出现如图 3-9 所示的效果。

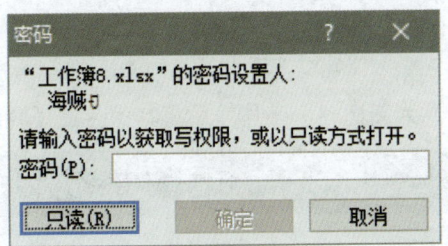

 图 3-9　ReadOnlyRecommended 为 True 时

CreateBackup 参数用于另存时提示是否生成一个备份文件，每个备份文件都会以"原文件名+备份"的形式显示。

ConflictResolution 用于设置同路径下出现同名文件时的处理方式。处理方式由 XlSaveConflict Resolution 枚举常数决定，该值总共有 3 个，如表 3-5 所示。

表 3-5　ConflictResolutiont 参数的枚举常数

枚举名称	值	文件类型
XlUserResolution	1	弹出对话框请求用户解决冲突
XlLocalSessionChanges	2	总是接受本地用户所做的更改
XlOtherSessionChanges	3	总是拒绝本地用户所做的更改

皮蛋：如想覆盖，那么只需将ConflictResolution参数赋值为2即可啦，不覆盖就选3啦。

无言：是的，这个参数就这么简单，1、2、3对应不同的处理方式，采用该方式时需配合Application.DisplayAlerts属性来禁用其提示。代码如下。

```
Application.DisplayAlerts=False
ActiveWorkbook.SaveAs ConflictResolution:=XlLocalSessionChanges
Application.DisplayAlerts=True
```

皮蛋：明白了。

无言：Workbook.SaveAs方法是对工作簿另存操作，该操作和平时按F12功能键的另存操作是一样的。如只想对已经修改的工作簿直接保存则用Workbook.Save方法即可。

对工作簿有所改动时，需要对工作簿进行保存时用 Workbook.Save 方法，其语法如下，极其简单。

```
保存对指定工作簿所做的更改
Workbook.Save

Workbooks(1).Save            '保存打开着的第 1 个工作簿
Workbooks(" 行程安排 ").Save    '保存指定工作簿名称
```

示例代码（见代码 3-11）为新建一个工作簿后将其保存在【我的文档】路径下。

代码 3-11　新建工作簿后保存并关闭

```
001|Sub AddbookSaveToClose()
002|    With Workbooks.Add        '新建工作簿
003|        .Save                 '保存工作簿，默认保存到【我的文档】路径下
004|        .Close                '关闭保存的文档
005|    End With
006|End Sub
```

无言：由于是新建的工作簿，所以新建工作簿默认的保存名称为【工作簿+序列号】并保存于【我的文档】下或Excel程序未关闭前的最后一次保存路径下。

如果需要检测打开的工作簿是否更改过，可以通过 Workbook.Saved 属性进行判断，其语法及作用如下。

> 如果指定工作簿从上次保存至今未发生过更改，返回一个 Boolean 值
> Workbook.Saved

如果工作簿从打开到关闭前都未有过任何操作修改的话，Workbook.Saved 属性将返回 True，修改过则返回 False。但是如果想强制不保存已修改的工作簿则可以通过将 Workbook.Saved 属性赋值为 True 即可，这样 Excel 就不会提示文件修改需要保存。

> 检查活动工作簿是否有未保存的更改，如有，则显示一条消息
> If Not ActiveWorkbook.Saved Then MsgBox " 该工作簿已修改过，请注意。"

> ActiveWorkbook.Saved=True ' 强制将激活工作簿更改为未修改属性

- 💬 无言：皮蛋，保存的方式除了新建保存（另存）、修改保存，还有备份副本保存。
- ❓ 皮蛋：这个我用过，有时怕文件出错，每次都要另存副本，这个也有对应的VBA方法啊！
- 💬 无言：若对工作簿保留初始状态，除了SaveAs方法之外，还可用Workbook.SaveCopyAs方法将指定工作簿的副本保存到文件，但不会修改原存在的工作簿。
- ❓ 皮蛋：你是搭积木吧，怎么感觉是一步步搭建起来的。
- 💬 无言：呃，这个只是功能上差别而已。不要介意啦，积木也不错啊，最少循序渐进啊。

> 指定工作簿的副本保存到文件，但不修改内存中的打开工作簿
> Workbook..SaveCopyAs(Filename)
> ActiveWorkbook.SaveCopyAs "D:\" & ActiveWorkbook.Name   ' 激活的工作簿另存一个副本

❓ Workbook.SaveCopyAs 方法的参数说明如表 3-6 所示。

表 3-6 Workbook.SaveCopyAs 方法的参数说明

参数名称	必需/可选	数据类型	作用说明
Filename	可选	Variant	指定副本的文件名

SaveCopyAs 的语法很简单，就一个 Filename 参数，需要另存到指定为位置及其文件名，以下示例是将激活工作簿 D 盘，并以激活的工作簿名称保存。

皮蛋：言子啊，我感觉还是SaveAs比它实用，功能也多。
- 💬 无言：存在即是道理，自有用处。好了关于工作簿新建及保存就到此为止。
- ❓ 皮蛋：嗯嗯，明白了。但是你上面又涉及了其他方法。

 **工作簿的打开方法**

💬 **无言**：上面的示例过程运用了Workbooks.Open和Workbook.Close方法。

Workbooks.Open 和 Workbook.Close 方法分别对应了打开和关闭工作簿的操作，先来看Workbooks.Open 方法。

❓ **皮蛋**：打开工作簿我平时都是按Ctrl+O快捷键打开的，或者直接双击文件打开的。

💬 **无言**：Workbooks.Open是打开工作簿的方法，该方法的参数也还不少。先来看下语法。

打开一个工作簿
Workbooks.Open (FileName, UpdateLinks, ReadOnly, Format, Password, WriteResPassword, IgnoreReadOnlyRecommended, Origin, Delimiter, Editable, Notify, Converter, AddToMru, Local, CorruptLoad)

Workbooks.Open 方法的常用参数说明如表 3-7 所示。

表 3-7　Workbooks.Open 方法的常用参数说明

参数名称	必需/可选	数据类型	作用说明
FileName	可选	Variant	具体的文件路径及文件名，String类型
UpdateLinks	可选	Variant	是否更新外部链接数据
Password	可选	Variant	用于输入有打开工作簿密码的属性
WriteResPassword	可选	Variant	输入工作簿读写权限密码
ReadOnly	可选	Variant	如果为 True，则以只读模式打开工作簿
Format	可选	Variant	导入文本文件时指定分隔符号
Delimiter	可选	Variant	Format 参数为 6，指定的分隔符，且只能一个字符

❓ **皮蛋**：哈哈，某些参数很眼熟。

💬 **无言**：当然啦，Workbooks.Open方法的常用参数和Workbook.SaveAs方法的参数是对应的，前面就和你说过了。

FileName 参数用于指定打开的文件的存储路径和完整文件名称，以下示例采用 2 种方式打开指定文件。

Workbooks("X:\XX 文件夹\XX 文件 N\ 文件名. 后缀名 ").Open   ' 打开指定文件
Workbooks.Open Filename:= "X:\XX 文件夹\XX 文件 N\ 文件名. 后缀名 "' 指定 Filename 参数具体内容

采用 Workbooks().Open 语法结构时，表明省略了 Open 方法的所有参数，则需要在括号内注明文件的存储路径及文件名后缀（如上示例所示），否则将为错误语法。

以 Workbooks.Open 的语法结构书写时，直接使用 Filename 参数并注明必要路径和文件信息，即可打开指定的工作簿。

来看一个具体示例，如代码 3-12 所示。

代码 3-12　打开没有密码的工作簿

```
001|Sub Open_Book()
002|    Dim Luj As String
003|    Luj = ThisWorkbook.Path & "\Open\打开工作簿测试.xlsx"
004|    Stop                        '暂停执行后面语句
005|    Workbooks(Luj).Open
006|    Workbooks.Open Filename:=Luj
007|End Sub
```

代码 3-12 示例过程采用了上述的两种方式打开：第 1 种在 Workbooks 括号中直接写明要打开的具体 Excel 文件的路径和文件名。文件路径通过 Thisworkbook.Paht 属性获取，并指定要打开的文件名和后缀名，并赋值给 Luj 文本变量，最后采用 Open 方法打开该文件。

❓ **皮蛋**：过程中的Stop干什么用呢？

💬 **无言**：Stop一般用于调试，当运行该语句时，过程将暂停执行后面的语句，停留在该语句，和按F9功能键是一个作用，中断代码的运行；如若需要继续执行，可以按F5功能键继续或者F8功能键逐句执行均可。

❓ **皮蛋**：好的，明白了。

在暂停后需要手工当前打开的工作簿，再继续执行，此时运用第 2 种方法：指定了 Workbooks.Open 的 Filename 参数，使用 Luj 文本变量，也可打开同一个文件。

💬 **无言**：这就是Filename参数省略与否的区别。

UpdateLinks 参数用于打开工作簿时，若工作簿中存在外部链接，不管是公式中引用了其他工作簿数据或者是工作簿引用其他网络数据等。

该参数用来指定是否更新被引用链接。该参数存在 4 种处理方式，其值如表 3-8 所示，常数视具体情况选用即可。

```
Workbooks(Luj).Open UpdateLinks:=0            '不更新外部引用数据
Workbooks.Open Filename:=Luj , UpdateLinks:=0 '不更新外部引用数据
```

表 3-8 UpdateLinks 的枚举常数值

值	作用说明	值	作用说明
0	不更新任何引用	2	更新远程引用，但不更新外部引用
1	更新外部引用，但不更新远程引用	3	同时更新远程引用和外部引用

Password、WriteResPassword 和 ReadOnly 三个参数，与 Workbook.SaveAs 方法是对应的设置加密信息、输入解密信息、只读权限。

它们主要用于输入已经加密的工作簿的打开密码、读写权限密码及默认打开只读模式：Password 用于输入打开工作簿的密码、WriteResPassword 则是输入已经设置了的读写权限的密码、ReadOnly 用于选择是否只读打开工作簿，而不输入写密码。

在 Thisworkbook 同路径下存在不同加密方式的 Excel 文件，一个加密了打开密码，一个不仅加密了打开密码而且还有写权限的密码，现在通过示例（见代码 3-13）来了解上述 3 个参数的用法。

代码 3-13　打开没有密码的工作簿

```
001|Sub Open_加密01()
002|    Dim Luj As String
003|    Luj = ThisWorkbook.Path & "\Open\打开工作簿测试-加密打开读取.xlsx"
004|    Workbooks.Open Filename:=Luj, Password:="123456"
005|End Sub
```

代码 3-13 示例过程通过打开指定路径的工作簿，且该工作簿已设置了打开密码，可以密码提示窗口输入密码，也可以通过 Password 参数输入。

代码 3-14 示例过程打开的工作簿不仅设置了打开密码，还设置了写权限的密码，通过过程在打开文件时直接输入打开工作簿密码后，在输入栏写入写权限密码，此时无需人工输入写权限密码，即可直接进入工作簿。

代码 3-14　输入工作簿的打开和写密码

```
001|Sub Open_加密02()
002|    Dim Luj As String
003|    Luj = ThisWorkbook.Path & "\Open\打开工作簿测试-加密打开读写.xlsx"
004|    Workbooks.Open Filename:=Luj, Password:="123456", WriteResPassword:="46152133"
005|End Sub
```

当被打开的工作簿中只存在打开密码时,就可以采用代码 3-13 示例过程,该过程中指定了 Password 参数的具体密码,也就是图 3-10 ①中输入的密码。

当被打开的工作簿中存在打开密码和和写权限密码时,就可以采用代码 3-14 示例过程,该过程中分别指定了 Password 参数的打开密码(见图 3-10 中的①)和 WriteResPassword 参数的写密码(见图 3-10 中的②),这样我们就可以直接打开工作簿、修改工作簿以及对其修改进行保存。

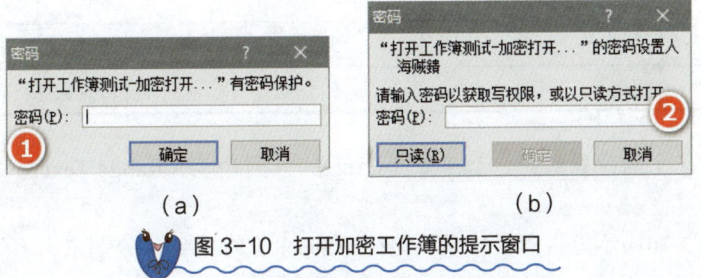

图 3-10 打开加密工作簿的提示窗口

当设置了写密码且只需读取工作簿内容而不能对其修改保存的话,就直接将 ReadOnly 赋值为 True 即可,如代码 3-15 所示。

代码 3-15　输入打开密码且让工作簿只读

```
001|Sub Open_加密03()
002|    Dim Luj As String  '指定工作簿的具体路径和名称
003|    Luj = ThisWorkbook.Path & "\Open\打开工作簿测试-加密打开读写.xlsx"
004|    Workbooks.Open Filename:=Luj, Password:="123456", ReadOnly:=True
005|End Sub
```

❓ **皮蛋**:也就是说在知道密码的情况下,设置这两个参数就可以直接打开了,是吧?

💬 **无言**:是的,省手工。

Workbooks.Open 方法与 Workbook.SaveAs 方法两者 Format 参数的作用是完全不同的:Workbook.SaveAs 的用于指定要保存的文件类型,Workbooks.Open 的则用于指明要导入文件时具体分隔符。

Format 参数用于导入文本文件时,指定选用哪种分隔符作为导入文本文件的参照;而 Delimiter 参数则是在 Format 参数赋值为 6 时,由用户自定义分隔符。Format 参数相当于分列功能的内置分隔符项,Delimiter 参数则是分列功能中其他指定的分隔符项。

表 3-9 所示为 Format 参数的值对应的分隔符。当 Format 参数为 6 时，Delimiter 参数必需指定一个分隔符，如 Chr(9) 代表制表符使用，","代表逗号、使用";"代表分号，或者使用自定义字符。若为多字符识别字符串时，只能识别字符串中的第 1 个字符。

表 3-9　Format 参数的值

值	对应分隔符	值	对应分隔符
1	标签	4	分号
2	逗号	5	Nothing
3	空格	6	自定义字符

皮蛋： 原来这个两个参数组合起来就是Excel的分列功能（Range.TextToColumns），那好理解。

无言： 代码 3-16所示为导入工作簿同路径下的3个文本文件，分别采用不同的分隔符。

代码 3-16　导入文本文件

```
001|Sub Open_Txt()
002|    Dim Luj As String
003|    Luj = ThisWorkbook.Path & "\Open\文本导入.txt"
004|    Workbooks.Open Filename:=Luj, Format:=1
005|    Luj = ThisWorkbook.Path & "\Open\文本导入逗号.txt"
006|    Workbooks.Open Filename:=Luj, Format:=2
007|    Luj = ThisWorkbook.Path & "\Open\文本导入逗号.txt"
008|    Workbooks.Open Filename:=Luj, Format:=4
009|End Sub
```

代码 3-16 示例过程当导入不同分隔符的 txt 文件时，根据其内部的具体分隔符，选择对应的分隔符进行导入打开。

Workbooks.Open 方法的参数虽然还有很多，例如是否打开时指定该工作簿上的宏、将工作簿添加到最近的打开列表中等，这些方法都可以通过帮助搜索获得说明文件。

3.6.4 关闭工作簿

既然有打开的方法,那就有关闭的方法啦。接下来讲解如何关闭工作簿——Workbook.Close 方法。

> 关闭对象(工作簿)
> Workbook.Close(SaveChanges, Filename, RouteWorkbook)

Workbook.Close 方法通过指定序列或具体名称关闭该工作簿,总共有 3 个参数,其中 SaveChanges 和 Filename 两个参数是比较常用的。

SaveChanges 参数用于当对工作簿有改动时,需要对改动进行保存则将该参数赋值为 Ture,如若已改动的不想保存则将参数赋值为 False。对于新建未保存的则需结合 Filename 参数对该工作簿保存到指定路径和文件名,具体参数说明如表 3-10 所示。

表 3-10 Workbook.Close 方法的参数说明

参数名称	必需/可选	数据类型	作用说明
SaveChanges	可选	Variant	如工作簿已改动需要保存则设置为 True,不需要则设为 False。若为新建未保存的则需要配合 Filename 保存
Filename	可选	Variant	新建未保存时,需以此文件名保存所做的更改
RouteWorkbook	可选	Variant	是否需要将工作簿发送给其他人,若需要则需要设置该参数的收件人信息,一般忽略

💬 无言:以下示例为使用 Workbook.Close 方法关闭指定单个工作簿。

```
Workbooks(1).Close                                '关闭第1个工作簿,假设工作簿未改动过,将不提示直接关闭
Workbooks("行程安排").Close SaveChanges:=True    '关闭前保存工作簿
Workbooks("行程安排").Close SaveChanges:=False   '关闭前不保存工作簿,将不会出现提示框
Workbooks(2).Close SaveChanges:=False,Filename:="D:\备份.Xlsx"    '将文件另存在D盘并命名为备份.xlsx
```

💬 无言:以上的示例是一个个地关闭指定的工作簿对象,如要一次性关闭所有打开的工作簿,则需使用另一个方法。

❓ 皮蛋:什么方法呢?

> 无言：Workbooks.Close方法。该方法可以一次性关闭所有打开的工作簿，但是不能选择是否保存，只能按照提示执行保存或关闭。

```
关闭所有打开的工作簿
Workbooks.Close
```

> 无言：如果打开的工作簿中某个有改动，Excel将询问是否保存更改的对话框和相应提示。因此，该方法一般用于对所有工作簿没有变动的情况进行关闭或者不需要保存修改项。

工作簿的方法和属性还有好多，这里先讲到这里，后面讲继续回归到工作簿常用相关事件的运用。

3.7 打开工作簿时触发事件：Workbook.Open

> 无言：言归正传，回到事件的学习运用上，现在来学习Workbook.Open事件，其过程外壳如下。

```
打开工作簿时，发生此事件
Private Sub Workbook_Open()
        Statements( 中间代码语句 )
End Sub
```

Workbook.Open 事件作为 Workbook 对象的默认事件，用于当打开工作簿时，即触发该事件过程，且该事件过程不存在任何参数。

根据 Workbook.Open 事件打开即执行的特点，来做一个自动更新工作簿表目录表，并隐藏其他非目录表的过程。具体过程如代码 3-17 所示。

代码 3-17　通过 Workbook.Open 事件更新目录并隐藏其他表

```
001|Private Sub Workbook_Open()
002|    Dim Sht As Worksheet, Cous As Long
003|    Cous = 1
004|    Application.ScreenUpdating = False
005|    With Sheet1
006|        .Visible = xlSheetVisible
```

```
007|            .Select
008|            .Cells(2, 1).Resize(.UsedRange.Rows.Count, .UsedRange.Columns.Count).Clear
009|            For Each Sht In Worksheets
010|                If Sht.CodeName <> .CodeName Then
011|                    Cous = Cous + 1:  Cells(Cous, 1) = Cous – 1:  Cells(Cous, 2) = Sht.Name
012|                    Sht.Visible = xlSheetVeryHidden
013|                End If
014|            Next Sht
015|            .ListObjects.Add(xlSrcRange, .UsedRange, , xlYes).Unlist
016|            .UsedRange.Columns.AutoFit
017|        End With
018|        Application.ScreenUpdating = True
019|End Sub
```

（1）代码 3-17 过程中采用 Workbook.Open 事件——首先定义了 2 个变量，Sht 作为对象循环变量，和 Cous 作为工作表计数器；接着关闭屏幕刷新。

（2）打开工作簿时指定 Sheet1 为目录表，并将其 Visible 设置为显示并选中该表，然后清空第 1 行以下的所有数据。

（3）通过 Sht 对象循环，获取不为 Sheet1 表的所有表名称，将它们写入 Sheet1 表中的从第 2 行开始的位置，并将对应 Sht 表进行深度隐藏。当循环结束后将 Sheet1 表的使用区域创建表后将其转化成普通区域，之后再调整区域的列宽。

打开前的效果如图 3-11 所示，重新打开后效果如图 3-12 所示。

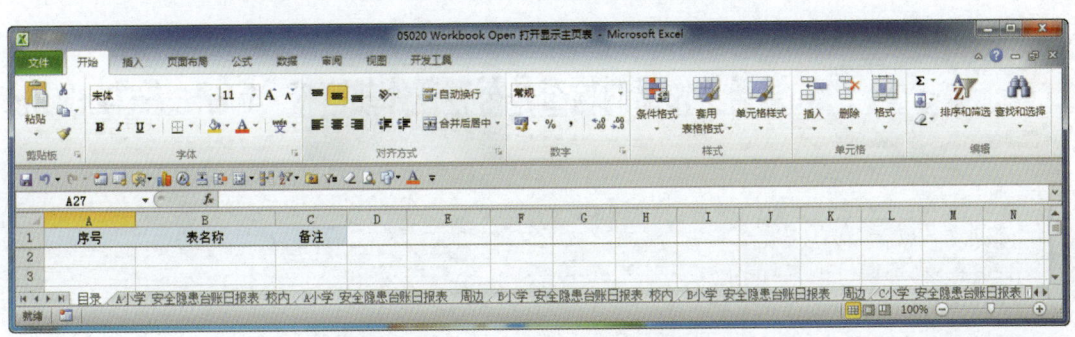

图 3-11　重新打开前工作簿情况

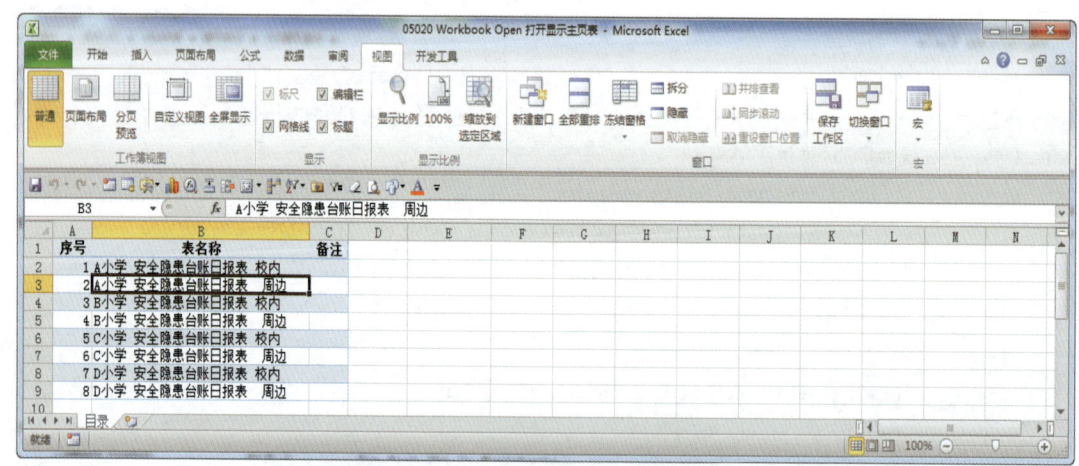

图 3-12 重新打开后工作簿的情况

😊 无言：利用Workbook.Open事件的特性，还可以用来提示当天纪要、更新数据或提取数据之类的操作。

3.8 激活和转非激活时触发事件：Workbook.Activate和Workbook.Deactivate

😊 无言：接下来介绍两个关联事件过程，激活工作簿和转非激活工作簿时的事件——Workbook.Activate和Workbook.Deactivate，先来看看它们的事件外壳。

3.8.1 激活工作簿时检查是否存在外部链接：Workbook.Activate

激活工作簿、工作表、图表工作表或嵌入式图表时发生此事件
```
Private Sub Workbook_Activate ()
        Statements( 中间代码语句 )
End Sub
```

Workbook.Activate 事件过程不存在任何参数，该过程用于当工作簿从非激活（焦点）状态转化为激活状态时的响应。这里利用该事件的特性做一个简单的示例——检测当前工作簿是

174

否存在外部数据,如图 3-13 所示。具体过程如代码 3-18 所示。

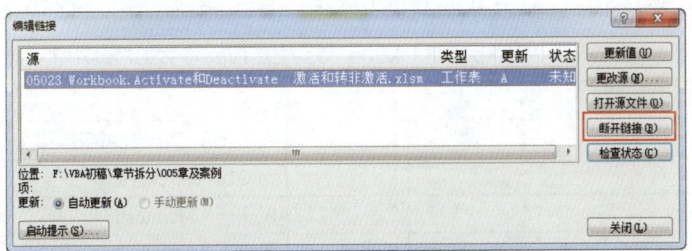

图 3-13 存在外部链接的工作簿

代码 3-18　激活时检查工作簿中是否存在外部链接

```
001|Private Sub Workbook_Activate()
002|    Dim Wblj, i As Long
003|    With ActiveWorkbook
004|        Wblj = .LinkSources
005|        If IsEmpty(Wblj) = True Then Exit Sub
006|        For i = 1 To UBound(Wblj)
007|            .BreakLink Wblj(i), xlLinkTypeExcelLinks
008|        Next i
009|    End With
010|End Sub
```

（1）代码 3-18 示例过程为检测激活工作簿时,其是否存在外部链接,如若存在则将 Wblj 赋值为工作簿中的外部链接的数组（LinkSources）。

（2）通过 IsEmpty 函数检测 Wblj 是否传递了参数。若 Wblj 传递了数据,那么 IsEmpty 函数返回 False；若返回 True,则说明 Wblj 未接收到数据。

（3）通过 If 语句判断 IsEmpty 函数的 Boolean 值,True 则退出过程,False 则通过指数循环获取 Wblj 数组中的数据；在循环中通过 Workbook.BreakLink 方法将每个数据链接转换为单元格的值。

 无言：过程中运用了 2 个 Workbook 对象方法：Workbook.LinkSources 和 Workbook.BreakLink,看下它们的语法和作用。

返回工作簿中链接的数组
Workbook.LinkSources(Type)

Workbook.LinkSources 方法用于返回工作簿所有外部链接，其中的 Type 参数为可选，用于指定要获取外部链接的类型，并返回的一个数组。Type 参数的常数说明如表 3-11 所示。

表 3-11　Workbook.LinkSources 方法 Type 参数的常数说明

常 数 名 称	值	说　　明
XlExcelLinks	1	到 Excel 工作表的链接
XlOLELinks	2	到 OLE 源的链接
XlPublishers	5	仅用于 Macintosh
XlSubscribers	6	仅用于 Macintosh

代码 3-18 事件过程汇总未指定要获取的数据类型，所以将获取已有的链接并将它们赋值给 Wblj 变量，在过程中使用 Ubound 函数获取 Wblj 数组中存在多个数据——即 Wblj 变量中存在多少个链接。当 Workbook.LinkSources 方法无传递任何外部链接时将返回 Empty，所以过程中使用了 IsEmpty 函数判断。

Workbook.BreakLink 方法是将外部链接直接转换为单元格的具体值，该方法有 2 个必需参数：Name 参数为指定外部链接的名字（具体链接路径）；Type 参数为指定被转链接的类型，如果非指定的类型将不被转换。

将链接到其他 Microsoft Excel 源或 OLE 源的公式转换为值
Workbook.BreakLink(Name, Type)

💬 无言：Type参数的常数值可以参考表 3-11中的第1和第2项。

❓ 皮蛋：过程中出现的IsEmpty函数是不是和Excel中的所有Is类函数一样，用于判断某类错类型的？

💬 无言：是的，作用是一样的。VBA中的Is类函数的作用如表3-12所示。

表 3-12　Is 类函数作用一览表

函数名称	语　法	作用说明
IsArray	IsArray(varname)	指出变量是否为一个数组
IsDate	IsDate(expression)	指出一个表达式是否可以转换成日期
IsEmpty	IsEmpty(expression)	指出变量是否已经初始化
IsError	IsError(expression)	指出表达式是否为一个错误值
IsMissing	IsMissing(argname)	指出一个可选的 Variant 参数是否已经传递给过程
IsNull	IsNull(expression)	指出表达式是否不包含任何有效数据（Null）
IsNumeric	IsNumeric(expression)	指出表达式的运算结果是否为数字
IsObject	IsObject(identifier)	指出标识符是否表示对象变量

> 无言：Is类函数的判断结果都是返回Boolean值。使用不同的Is函数判断该错误类型属于哪种错误，进而根据错误选择正确的操作。

 3.8.2 工作簿转入后台时检测保存提示：Workbook.Deactivate

说完了 Workbook.Activate 激活工作簿触发事件过程，接着说下它的对立面的 Workbook.Deactivate 事件过程。该过程是当工作簿由激活状态转为非激活状态时触发该事件，即当前工作簿转入后台触发，先来看下该事件的外壳。

```
图表、工作表或工作簿被停用时发生此事件
Private Sub Workbook_Deactivate ()
        Statements( 中间代码语句 )
End Sub
```

> 皮蛋：停用事件，那用来做什么呢？
> 无言：假设有多个工作簿，然后我们要去操作其他工作簿，或有时不经意间单击了【关闭】按钮，或者想让转入后台的工作簿能自动保存或者备份一份，都可以使用该事件，如代码3-19所示。

代码 3-19 转为非活动工作簿时检测是否改动并提示

```
001|Private Sub Workbook_Deactivate()
002|    With ActiveWorkbook
003|        If Not .Saved Then
004|            If MsgBox("工作簿将转为非激活状态，且文件已修改。是否需要保存！" & _
005|                vbCr & "点击Yes保存，No不保存！", vbYes, "保存提示") = vbYes Then .Save
006|        End If
007|    End With
008|End Sub
```

代码 3-19 示例过程当激活的工作簿转入后台时，触发 Deactivate 事件并提示用户是否保存再转入后台。事件中使用 Workbook.Saved 属性判断激活工作簿是否修改过并未保存，若是则提示用户选择是否保存工作簿。

> 皮蛋：那我以后不想判断了，直接使用Workbook.Save保存就行了，不是更简单？
> 无言：是的。

3.9 保存工作簿触发事件：Workbook.AfterSave和Workbook.BeforeSave

💬 **无言**：接着讲解两个凑对的事件Workbook.AfterSave和Workbook.BeforeSave。

为什么说Workbook.AfterSave和Workbook.BeforeSave是凑对呢？因为Workbook.AfterSave事件用于工作簿保存后触发，而Workbook.BeforeSave事件过程则是在工作簿保存前触发，一前一后，刚好凑对。

3.9.1 保存后刷新数据并打印：Workbook.AfterSave

💬 **无言**：先米讲解下Workbook.AfterSave事件的外壳及简单运用。

```
在保存工作簿后发生
Private Sub Workbook_AfterSave(ByVal Success As Boolean)
        Statements( 中间代码语句 )
End Sub
```

Workbook.AfterSave事件过程中只有一个参数，Success参数返回一个Boolean值，该参数用来判断工作簿保存是否已经成功，如果成功则返回True。根据该性质，通过Success参数的Boolean值来判断是否执行后续代码，如代码3-20所示。

代码3-20　工作簿保存后提示刷新透视表并打印

```
001|Private Sub Workbook_AfterSave(ByVal Success As Boolean)
002|    If Success Then          '当执行保存后则执行后续语句
003|        Dim Tis As Integer
004|        Tis = MsgBox("是否要将Sheet2表中透视表内容刷新并打印！", vbYesNo, "打印提示")
005|        If Tis = vbYes Then
006|            With Sheet2
007|                .PivotTables(1).RefreshTable
008|                .PrintOut
```

```
009|        End With
010|      End If
011|    End If
012|End Sub
```

代码 3-20 示例过程，运用了 Success 参数的 Boolean 值，当保存成功后提示用户是否要根据 Tis 变量的提示并选择对应项，若用户选择【是】则刷新 Sheet2 表中第 1 个数据透视表的数据并打印，如图 3-14 所示。

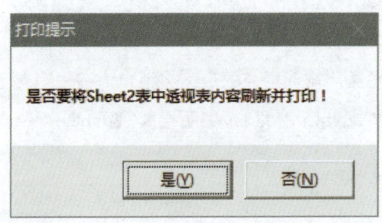

图 3-14　保存后提示刷新和打印

3.9.2　保存工作簿前提示备份：Workbook.BeforeSave

Workbook.AfterSave 事件是保存后触发过程，而 Workbook.BeforeSave 如前面说的是在保存前触发，就是在保存前给予选择，其过程外壳如下。

```
在保存工作簿后发生
Private Sub Workbook_BeforeSave(ByVal SaveAsUI As Boolean, Cancel As Boolean)
        Statements( 中间代码语句 )
End Sub
```

Workbook.BeforeSave 事件过程具有两个参数：SaveAsUI 参数，当使用另存功能时该参数为 True，并显示【另存为】对话框；Cancel 参数则用于设置是否在执行完事件的中间语句后保存该工作簿，当赋值为 True 时，将在过程后不保存工作簿，默认 False 即操作后将执行保存。

> 无言：运用该事件来模拟一个保存前的备份提示，具体如代码3-21所示。

代码 3-21　保存工作前提示是否备份

```
001|Private Sub Workbook_BeforeSave(ByVal SaveAsUI As Boolean, Cancel As Boolean)
002|    Dim Tis As Integer, Lc_Str As String, Hzts As String
003|    Dim Wjgs As Integer, Hzgs As String, Yjgs_Str As String, Wjm_Str As String
004|    Tis = MsgBox("是否要将该工作簿备份一份，并不保存", vbYesNo, "备份提示")
005|    Lc_Str = "另存方式为：" & vbCr & "1、存在与其相同的路径下" & vbCr & "2、文件名称同名+实时时间的组合" & vbCr & _
006|        "文件的后缀名与根据选择组合。"
007|    Hzts = "文件的后缀分为3类，输入相应的数字将组合为该后缀,默认第1类。" & vbCr & _
008|        "1 Xlsx 07版格式" & vbCr & "2 xls 03版格式" & vbCr & "3 与源文件相同"
009|    If Tis = vbYes Then
010|        MsgBox Lc_Str
011|        Wjgs = Application.InputBox(Hz_Str, "文件格式选择", 1, Type:=1)
012|        With Me
013|            Yjgs_Str = StrReverse(.Name)
014|            Yjgs_Str = StrReverse(VBA.Left(Yjgs_Str, InStr(Yjgs_Str, ".")))
015|            Wjm_Str = VBA.Left(.Name, Len(.Name) - Len(Yjgs_Str))
016|            Select Case Wjgs
017|                Case 1: Hzgs = ".xlsx"
018|                Case 2: Hzgs = ".xls"
019|                Case Else: Hzgs = Yjgs_Str
020|            End Select
021|            .SaveCopyAs .Path & "\" & Wjm_Str & Format(Now, "yymmddh hmmss") & Hzgs
022|        End With
023|    End If
024|End Sub
```

当使用代码3-21示例过程时，会出现如图3-15所示的提示对话框，让用户选择保存与否。

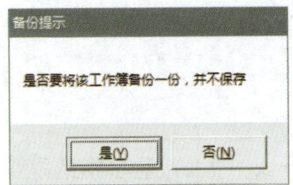

图 3-15 保存前提示备份

（1）首先 MsgBox Lc_Str 用于提示并让用户选择要保存的文件格式，将要保存的格式通过 Application.InputBox 方法赋值给 Wjgs 变量。

（2）通过 StrReverse 函数将倒置的工作簿信息文本内容赋值给 Yjgs_Str 变量；再通过 StrReverse、Left、InStr 三个函数配合获取倒置文本内容中的文件后缀名，最后再通过 StrReverse 函数倒置后缀名文本并再次赋值给 Yjgs_Str 变量。

（3）根据用户选择输入的 Wjgs 数字对应到具体的后缀名，当用户不输入时，将后缀名 Hzgs 变量赋值为 Yjgs_Str 变量的值。最后通过 Workbook.SaveCopyAs 方法另存一个备份文档。

 无言：过程中保存的文件名的格式——原名称+当前时间的年月日+时分秒+后缀名的组合模式。

皮蛋：如果备份后不想保存当前这个工作簿的修改要怎么设置呢？

无言：直接将Cancel赋值为True即可，这样就能另存副本后不保存当前工作簿的修改。

 反转、定位字符及字符的比较模式

皮蛋：嗯嗯，过程中出现的——StrReverse函数，具体作用和语法是啥呢？

无言：好说，StrReverse函数就把字符从右往左反过来，下面是它的语法和参数。

返回一个字符串，其中一个指定子字符串的字符顺序是反向的
StrReverse(expression)

StrReverse 函数只有 expression 参数；该参数是一个字符串表达式，它的字符顺序要被反向。如果表达式长度为零的字符串（""），则返回一个长度为零的字符串；如果 expression 为 Null，则产生一个错误。

- 😐 **无言**：该函数就把'12345'字符串反过来变为'54321'。

> 指定一字符串在另一字符串中最先出现的位置
> InStr([start,]string1, string2[, compare])

- ❓ **皮蛋**：还有一个问题，代码中出现的Me，这里指的是工作表吗？
- 😐 **无言**：不是，这里Me指的不是Worksheet工作表本身了，因为这里代码是写在Workbook对象的代码窗口中了，所以这里的Me指向的对象是Workbook对象——即代码所在的工作簿本身。
- ❓ **皮蛋**：代码写在哪个事件对象代码窗口，Me指的就是代码窗口的对象本身？
- 😐 **无言**：是的。

关于保存工作簿触发事件——Workbook.AfterSave 和 Workbook.BeforeSave 事件过程就讲到这里，涉及了字符反转、定位、取字符及字符比较模式等，这里不再赘述。接下来学习其他事件。

3.10 打印前触发事件：Workbook.BeforePrint

- 😐 **无言**：打印前有时会忘记填写某项内容，就哗哗啦啦地将一张张雪白的A4纸或者几联纸打印出来，皮蛋，遇到过这样的情况没？
- ❓ **皮蛋**：呵呵，这个有过。以前随便打，现在不行了，对于销售单据连号的，废了联就要"挨板子"——扣款，所以我现在都检查了又检查，但看多了眼花花，容易漏错。
- 😐 **无言**：那好，现在教你一个打印事件，而且是打印前执行的哦，这样能减少"挨板子"。
- ❓ **皮蛋**：啥事件过程？
- 😐 **无言**：Workbook.BeforePrint事件过程，先来看事件外壳和作用，后面再讲"挨板子"问题。

> 在打印指定工作簿（或者其中的任何内容）之前，发生此事件
> Private Sub Workbook_BeforePrint(Cancel As Boolean)
>   Statements(中间代码语句)
> End Sub

Workbook.BeforePrint 事件过程只有 1 个 Cancel 参数，就像其他事件过程一样，该参数决定了响应了事件后是否继续执行某个操作。在这里 Cancel 参数的作用是响应后是否执行打印输出。

- 😐 **无言**：现在来说说"挨板子"的问题，可以通过该事件来判断单元格中的数据是否完整，减少"挨板子"。

代码 3-22 为打印前检测数据完整性的示例代码。

代码 3-22 打印前检测数据的完整性

```
001|Private Sub Workbook_BeforePrint(Cancel As Boolean)
002|    Dim Rng1 As Range, Rng2 As Range, Err1 As Byte, Err2 As Byte
003|    With Sheet1
004|        Set Rng1 = Application.Union(.Range("D3:D5"), .Range("H3:H5"),.Range("D6"), .Range("F6"), .Range("D7"), .Range("H7"))
005|        Set Rng2 = .Cells(9, "B").Resize(.Cells(9, "B").End(xlDown).Row - 9, 8)
006|        Err1 = IIf(WorksheetFunction.CountA(Rng1) < 10, 1, 0)
007|        Err2 = IIf(WorksheetFunction.CountA(Rng2) < Rng2.Count, 2, 0)
008|        If Err1 + Err2 = 0 Then
009|            Cancel = False
010|        Else
011|            Cancel = True
012|            Select Case Err1 + Err2
013|                Case 1
014|                    MsgBox Rng1.Address(0, 0) & "区域的相关联系方式或单号等信息未填写完整，请检查", vbExclamation + vbOKOnly
015|                Case 2
016|                    MsgBox Rng2.Address(0, 0) & "区域的相关产品清单信息不完整，请检查核对", vbExclamation + vbOKOnly
017|                Case 3
018|                    MsgBox Rng1.Address(0, 0) & "区域" & vbCr & Rng2.Address(0, 0) & "区域" &vbCr _
019|                    & "相关信息均为填写完整，请检查核对", vbExclamation + vbOKOnly
020|            End Select
021|        End If
022|    End With
023|End Sub
```

（1）代码 3-22 示例过程，首先声明了 2 个区域 Rng 变量以及 2 个 Byet 类型的 Err 变量，Rng1 变量被赋值为 Sheet1 区域中填写关于订货单中相关人员的姓名、联系方式及订货编号日期等信息的区域；Rng2 变量则被赋值为订货单中的获取清单范围的区域，该区域为标题至合计间的区域。

（2）运用 Iif 函数配合 WorksheetFunction.CountA 工作表函数，统计 Rng1 和 Rn2g 区域中的单元格是否都具有内容：当 Rng1 区域中内容小于 10 时，将 Err1 赋值为 1，则赋值为 0；Err2 是当区域中单元格的内容小于区域的单元格个数时，赋值为 2，否则为 0。

（3）判断 Err1 与 Err2 的和，如果为 0，则将 Cancel 赋值 False，响应事件后执行打印操作；若两变量的和分别等于 1、2、3，则通过 Select Case 语句选择提供不同提示信息，并将 Cancel 赋值 True，响应事件后不执行打印操作。

无言：通过上面的代码 3-22 事件过程，既可以节省纸张，还可以减少"挨板子"的可能性。通过控制Workbook.BeforePrint事件的Cancel参数控制打印响应，是运用该事件的要点。

皮蛋：嗯嗯，检查功能有了，看来我还要去弄一个自动填表的功能了。

无言：自动填表功能，可以通过Worksheet.SelectionChange和Worksheet. Change事件的结合运用搞定。但是也需要有良好的制表习惯才能节省代码。

皮蛋：这个问题不大，反正我现在很少用多表头和合并单元格了。

3.11 关闭工作簿前触发事件：Workbook.BeforeClose

无言：有良好的制表习惯就好了，很多统计困难都是因为表的"粗制滥造"造成的。接下来说下其他事件。

3.11.1 Workbook.BeforeClose 事件的简单运用

每当关闭工作簿前，可能都有某个工作表不希望被任何人修改标签名称，导致数据引用出错，从而造成不必要的麻烦。所以需要在关闭工作簿前检查指定的表是否被修改了名称，并将其改回来。此时可以使用 Workbook.BeforeClose 事件。先来看看该事件过程外壳及作用。

```
在关闭工作簿之前，先产生此事件
Private Sub Workbook_BeforeClose(Cancel As Boolean)
        Statements( 中间代码语句 )
End Sub
```

Workbook.BeforeClose 事件过程只有一个参数，Cancel 参数的作用是否响应关闭操作。如果该事件过程将此参数设置为 True，则停止关闭操作，工作簿保持打开状态；当事件发生时为 False，则关闭工作簿；默认为 False。

💬 **无言**：用该事件来限制用户对指定工作表名称的修改。具体示例如代码3-23所示。

代码 3-23　关闭工作簿前核对指定表的名称

```
001|Private Sub Workbook_BeforeClose(Cancel As Boolean)
002|    If Sheet1.Name <> "出勤统计明细表" Then
003|        Cancel = True
004|        Sheet1.Name = "出勤统计明细表"
005|        Me.Close True
006|    End If
007|End Sub
```

代码 3-23 示例过程在关闭工作簿前检测代码名称为 Sheet1 的表标签名称（Worksheet.Name）是否被修改了——若被修改了，先将 Cancel 赋值为 True，关闭工作簿的关闭响应操作，接着将该表的标签名称修改为默认名字，并使用 Workbook.Close 方法并将 SaveChanges 参数赋值为 True，保存并关闭该工作簿。

❓ **皮蛋**：挺简单的运用，能来点高端点的吗？例如统计使用次数或日期达到一定日期后就不让使用之类的。

💬 **无言**：蛋蛋，听过文档自杀不？

❓ **皮蛋**：这个倒没有，不过听过被木马删除文件信息或盗取资料的，难道Excel还能做这个操作吗？

3.11.2　获取工作簿的内置文档信息

💬 **无言**：先不说删除（自杀）问题，先通过一个Workbook属性获取其内置的文档属性。若要获取Workbook工作簿文档内置信息内容，就必需通过Workbook.BuiltinDocumentProperties属性来实现，先来看看它的作用及语法。

该集合表示指定工作簿的所有内置文档属性
Workbook.BuiltinDocumentProperties

Workbook.BuiltinDocumentProperties 属性返回的是一个 DocumentProperties 集合，该集合为文档在计算机中的详细信息内容（如图 3-16 和图 3-17 所示），且只可读。

图 3-16　文档的信息内容 01

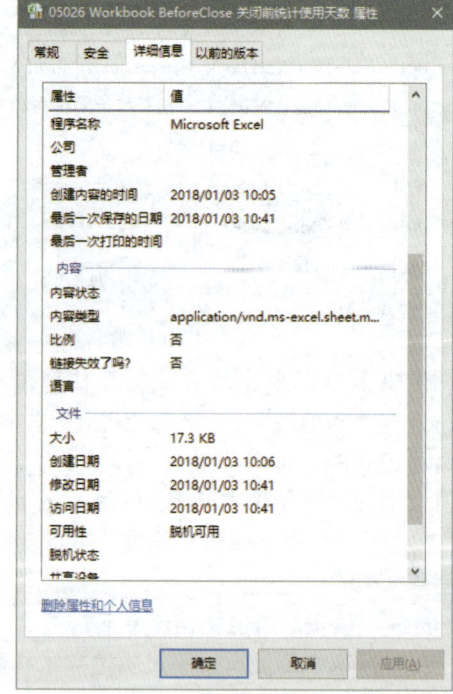

图 3-17　文档的信息内容 02

要 DocumentProperties 集合的相关项的内容，则必需通过指定项名称或集合索引号。采用索引号时可使用数组或者 Item 属性集合的项成员（DocumentPropert 对象）。由于 Item 属性是 DocumentProperties 集合的默认属性。

以下示例为获取文档属性的第 1 项信息 - 标题
ActiveWorkbook.BuiltinDocumentProperties.Item(1)
ActiveWorkbook.BuiltinDocumentProperties(1)
ActiveWorkbook.BuiltinDocumentProperties.Item("Title")

无言：从上面的简例中可以看到第1个和第2个的作用是相同的，都是获取DocumentProperties

集合中的第1项信息内容,而第3个则是直接指明要获取的文档信息中的项名称(见图3-16)。

> **皮蛋**:那有对应的序号或者名称的表没,我可记不得这么多。

> **无言**:这里提供了对应序号及名称的明细表(见表3-13)。

表 3-13 Workbook.BuiltinDocumentProperties 属性文档属性对应序号/名称明细

序号	英文名称	中文名称	序号	英文名称	中文名称
1	Title	标题	18	Category	类别
2	Subject	主题	19	Format	格式
3	Author	作者	20	Manager	经理
4	Keywords	关键词	21	Company	单位
5	Comments	评论	22	Number of bytes	字节数
6	Template	模板	23	Number of lines	行数
7	Last author	最后作者	24	Number of paragraphs	一些段落
8	Revision number	修订号	25	Number of slides	一些幻灯片
9	Application name	应用程序名称	26	Number of notes	一些笔记
10	Last print date	最后打印日期	27	Number of hidden Slides	隐藏幻灯片的数目
11	Creation date	创建日期	28	Number of multimedia clips	多媒体剪辑的数目
12	Last save time	上次保存时间	29	Hyperlink base	超级链接
13	Total editing time	总编辑时间	30	Number of characters (with spaces)	字符数(包含空格)
14	Number of pages	页数	31	Content type	内容类型
15	Number of words	字数	32	Content status	内容状态
16	Number of characters	字符数	33	Language	语言
17	Security	安全	34	Document version	文件版本

> **无言**:通过表 3-13中的序号/名称就可以获取指定文档的相应内置信息;引用名称时必需用英文半角双包围才可使用名称,这个一定要记住。

3.11.3 限制文档使用

上一节认识了 Workbook.BuiltinDocumentProperties 属性作用及如何获取其各项对应的文档信息内容,现在就运用这个知识点结合 Workbook_BeforeClose 事件的特性进行关闭前的检查提示,如代码 3-24 所示。

代码 3-24　限制文档使用日期（期限）

```
001|Private Sub Workbook_BeforeClose(Cancel As Boolean)
002|    Dim C_date As Date, O_date As Date, Days As Integer
003|    C_date = ActiveWorkbook.BuiltinDocumentProperties(11)
004|    O_date = #12/31/2018#
005|    Days = DateDiff("d", C_date, O_date)
006|    Select Case Days
007|        Case 30
008|            MsgBox "该文档还可使用30天！", vbExclamation
009|        Case 15
010|            MsgBox "该文档还可使用15天！", vbExclamation
011|        Case 1
012|            MsgBox "该文档还可使用1天！", vbExclamation
013|    End Select
014|    If Days = 0 Then
015|        MsgBox "今天是文档的最后使用日期，关闭的时候文档将自动消失。", vbExclamation
016|        With Application
017|            .EnableCancelKey = xlDisabled
018|            .DisplayAlerts = False
019|            ActiveWorkbook.ChangeFileAccess xlReadOnly
020|            ActiveWorkbook.Close False
021|            Kill ActiveWorkbook.FullName
022|            .EnableCancelKey = xlInterrupt
023|            .DisplayAlerts = True
024|        End With
025|    End If
026|End Sub
```

代码 3-24 示例过程进行了如下设置。

（1）首先定义了 3 个日期用的变量——C_date 变量的赋值通过获取激活工作簿的文档信息中的创建日期；O_date 变量则直接通过赋值为指定的日期；Days 变量则通过 DateDiff 函数计算日期变量间的天数差。

188

（2）通过 Select Case 语句根据 Days 变量的天数提示相应信息；直到 Days 变量的天数为 0 时，满足了 If 语句的条件，立即执行 If 语句里的中间语句。

（3）通过 Msgbox 函数提示工作簿的使用期限及操作，然后通过 EnableCancelKey 属性赋值为 False 取消中断程序进入调试模式，并关闭相关的提示窗口；ActiveWorkbook.ChangeFileAccess 语句则是将工作簿设置为只读权限并关闭工作簿。

（4）在关闭工作簿的同时通过 Kill 语句抹杀刚才关闭的工作簿，并将 EnableCancelKey 和 DisplayAlerts 属性赋值为 True。

💬 无言：代码 3-24 示例过程中使用 Kill 语句在关闭后删除了刚才激活的工作簿，先来看下它的语法及作用。

从磁盘中删除文件
Kill pathname

Kill 语句中只存 pathname 参数：该参数用于指定要删除的完整文件名的字符串表达式。

pathname 可以包含目录或文件夹，以及驱动器。在 MicrosoftWindows 中，Kill 支持多字符 * 和单字符 ? 通配符来指定多重文件。然而在 Macintosh 中，这些字符作为合法文件名字符使用，不能作为通配符指定多个文件。

💬 无言：要删除的文件必需为未使用状态，这是使用 Kill 语句必需要注意的地方；要删除同一路径下的某类文件或者文件名中存在模糊字符时，也可以使用 Kill 删除。

```
Kill "*"                                  '删除当前路径下是所有文件
Kill "X:\X\005 章及案例\Kill 语句\8*5.txt"    '删除指定路径下开头是 8 结尾是 5 的任意 TXT 文件
Kill "X:\X\005 章及案例\Kill 语句\*.txt"      '删除指定路径下开头所有 TXT 文件
```

💬 无言：如果将 * 改为 ?，则代表某个字符，和 Like 函数相似。

❓ 皮蛋：不错啊！对了，删除后的文件能不能通过回收站找回来呢？

💬 无言：这就不行了，通过 Kill 语句删除的文件是无法回到回收站的，所以使用的时候要特别小心。

因为 Kill 无法删除文件夹，所以如果要删除文件夹的话需要通过 RmDir 语句才能将文件夹内未含有任何其他文件夹或目等状态下的文件夹删除，其语法如下。

删除一个存在的目录或文件夹
RmDir path

RmDir 语句和 Kill 语句一样，都只有一个参数，path 参数用来指定要删除的目录或文件夹，path 可以包含驱动器。如果没有指定驱动器，则 RmDir 会在当前驱动器上删除目录或文件夹。

```
RmDir "MYDIR"          '将 MYDIR 删除
RmDir "C:\123"         '删除 C 盘下的 123 文件夹
```

 无言：讲完了删除文件和文件夹的语句，顺便讲解创建文件夹的语句——MkDir语句。

```
创建一个新的目录或文件夹
MkDir path
```

MkDir 语句也是只有一个参数，且和 RmDir 语句具有同样的参数——path，该参数用来指定所要创建的目录或文件夹的字符串表达式。path 可以包含驱动器。如果没有指定驱动器，则 MkDir 会在当前驱动器上创建新的目录或文件夹。

```
MkDIr "C:\123"         '在 C 盘下建立新的文件夹
MkDIr " 123"           '在我文档下建立新的文件夹
```

Kill、RmDir、MkDIr 三个语句在未指明具体路径时，删除、新建的位置都是在系统指定的【我的文档】路径下进行操作的，且三个语句的参数都是必需的。

在代码 3-24 事件过程中的 Application.EnableCancelKey 和 Workbook.ChangeFileAccess，它们的作用和语法分别如下。

```
控制 Microsoft Excel 如何处理 Ctrl+Break( 或 Esc、Command+Period) 用户中断以用于运行过程
Application.EnableCancelKey=XlEnableCancelKey
```

Application.EnableCancelKey 属性用来控制 VBA 在运行过程中，是否接受用户的中断操作的响应，XlEnableCancelKey 的枚举常数有关，如表 3-14 所示。

表 3-14 Application.EnableCancelKey 属性的 XlEnableCancelKey 的常数说明

参 数 名 称	值	作 用 说 明
XlDisabled	0	完全禁用"取消"键捕获功能
XlErrorHandler	2	将中断作为错误发送给运行程序，由 On Error GoTo 语句设置的错误处理程序捕获。可捕获的错误代码为 18
XlInterrupt	1	中断当前运行程序，用户可进行调试或结束程序的运行

在事件过程中将 Application.EnableCancelKey 设为 XlDisabled，即禁止响应用户中断按键的操作，防止用户中途取消代码。

Workbook.ChangeFileAccess 语法如下，其参数说明如表 3-15 所示。

```
更改工作簿的访问权限
Workbook .ChangeFileAccess(Mode, WritePassword, Notify)
```

表 3-15　Workbook.ChangeFileAccess 方法的参数说明

参数名称	必需/可选	数据类型	作用说明
Mode	必需	XlFileAccess	指定新的访问模式
WritePassword	可选	Variant	如果文件设置了写保护并且 Mode 为 XlReadWrite，则指定写保护密码。如果文件没有密码或 Mode 为 XlReadOnly，则忽略此参数
Notify	可选	Variant	如果该值为 True（或省略该参数），则当无法立即访问文件时通知用户

Workbook.ChangeFileAccess 属性用于修改工作簿的读写属性，其中 Mode 参数的 XlFileAccess 类型决定了工作簿的读写权限方式，其他常数值如表 3-16 所示。

表 3-16　Workbook.ChangeFileAccess 属性的 XlFileAccess 的枚举常数

参数名称	值	作用说明	参数名称	值	作用说明
XlReadOnly	3	只读。	XlReadWrite	2	可读/写。

❓ **皮蛋**：如果我不想使用日期做限制，而想要用打开次数限制呢？

💬 **无言**：可以的，用另外一段代码就可以达到，如代码 3-25 所示。

代码 3-25　按照打开次数限制文档的使用

```
001|Private Sub Workbook_Open()
002|    Dim Xzcs As Long, Syc As Long, Zcb
003|    Zcb = GetSetting("OpenCous", "OpenBooks", "打开次数", "")
004|    If Zcb = "" Then
005|        Xzcs = 50
006|        MsgBox "本工作簿限制" & Xzcs & "次打开次数" & vbCrLf & "超过次数将自动销毁!", vbExclamation
007|        SaveSetting "OpenCous", "OpenBooks", "打开次数", Xzcs
008|    Else
009|        Syc = Val(Zcb) - 1
010|        MsgBox "你还能打开" & Syc & "次,请注意!", vbExclamation
011|        SaveSetting "OpenCous", "OpenBooks", "打开次数", Syc
012|        If Syc <= 0 Then
013|            DeleteSetting "OpenCous", "OpenBooks", "打开次数"
```

```
014|            Application.EnableCancelKey = xlDisabled
015|            Application.DisplayAlerts = False
016|            ActiveWorkbook.ChangeFileAccess xlReadOnly
017|            ActiveWorkbook.Close False
018|            Kill ActiveWorkbook.FullName
019|            Application.EnableCancelKey = xlInterrupt
020|            Application.DisplayAlerts = True
021|        End If
022|    End If
023|End Sub
```

代码 3-25 示例过程，使用了 Workbook.Open 事件过程，在打开工作簿的时候就统计工作簿累计打开次数，过程大部分和代码 3-24 差不多，这里主要讲解 GetSetting、SaveSetting、DeleteSetting 语句的作用。

（1）过程中声明了 3 个变量，其中 Zcb 变量为变体变量，其通过 GetSetting 语句将需要的项目加入到 Windows 注册表中，并初始化其值（为空）；然后通过 If 语句判断 Zcb 变量是否为空，如果是则将 Xzcs 变量赋值为 50，该变量为限制打开该文档的最高次数，并进行提示，然后通过 SaveSetting 语句将 Xzcs 的最高限制加入注册表中。

（2）然后每次打开工作簿时只要 Zcb 变量不为空，都执行 If 语句的 Else 部分，打开一次减少一次 Zcb 变量的值，并通过 Val(Zcb) - 1 语句将该值赋值给 Syc 变量，并在通过 SaveSetting 语句将 Syc 变量的值改写原来注册表中的该项的值。

（3）当打开的次数达到极限 0 时，执行 Kill 等语句删除文件。首先通过 DeleteSetting 语句将原来加入注册表的项删除，并限制中断代码的操作、信息提示、设置工作簿权限、关闭激活工作簿、Kill 该工作簿，最后恢复相应设置。

无言：当打开工作簿后，将出现如图 3-18 和图 3-19 所示的提示，当打开为最后一次时会出现如图 3-20 所示的提示。

图 3-18 销毁提示窗口

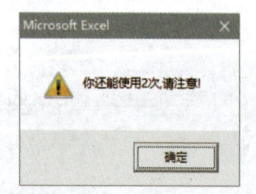

图 3-19 第 N 次提示

图 3-20 第 0 次，将销毁

当打开次数达到 0 次时，代表过程将在这次提示后直接删除工作簿，所以以上过程可以达到保护工作簿不被无限次使用的目的。

💬 **无言**：接下来讲下 GetSetting、SaveSetting、DeleteSetting，3个语句的作用及语法如表3-17所示。

表 3-17 关于操作注册表的 3 个语句

语句名称	语句语法	作用说明
GetSetting	GetSetting(appname, section, key[, default])	初始注册表中的项目的值或返回项目的值
SaveSetting	SaveSetting appname, section, key, setting	初始注册表中的项目的值或建立项目的值
DeleteSetting	DeleteSetting appname, section[, key]	初始注册表中的项目或删除项目

从表 3-17 中可以看出，这 3 个语句可以对注册表的某一个项目进行返回、赋值、删除等操作，它们的相似之处是将某一项初始化——即将注册表对应的项目设置为最开始的值。

在上面的过程中 GetSetting 语句用于返回注册表中是否存在打开次数的项目，如果返回值为空，则将 Zcb 变量赋值为空；而当 Zcb 变量为空时，满足了 If 语句判断，过程将 Xzcs 变量赋值为 50，并通过 SaveSetting 语句依据 Xzcs 变量的值，创建一个打开次数的注册表项目，并将其赋值给 SaveSetting 的最后一个参数 setting；当打开的次数为 0 时，通过 DeleteSetting 语句删除注册表中原来注册的项目。

表 3-17 中 3 个语句的删除都很相似，现在讲解它们的作用。

（1）aappname 参数：作为要加入注册表的应用程序或工程的，该参数为必需参数，3个语句都具有该参数。

（2）section 参数：作为要将入注册表后的程序或工程的注册表项，类似于下级目录，该参数也为必需的，3个语句同时具有。

（3）key 参数：类似再下一级目录的名称，类似于注册表中的键，该参数是 GetSetting 和 SaveSetting 的必需参数。

（4）default 参数：是 GetSetting 语句的参数，该参数用于存储 Key 参数的值，类似于注册表中的键值，该参数为可选参数。

（5）setting 参数：是 SaveSetting 语句的必需参数，用于指定 Key 参数具体值，即具体的数字或文本等。

💬 **无言**：过程中使用 SaveSetting 语句逐次改写注册表中指定的程序的对应键的键值，达到记录该文件打开次数记录。

❓ **皮蛋**：高大上的语句啊，又一次懵了。

💬 **无言**：这里不要求会操作注册表，但是要记得赋值加入的程序/工程到最后要使用 DeleteSetting 语句删除该程序/工程在注册表中的残留；而修改则用 SaveSetting 修改对应键值；GetSetting 只用来读取需要的键值。

193

❓ **皮蛋**：嗯嗯，这里又需要好好地消化消化了。

3.12 新建表时触发事件：Workbook.NewSheet和Workbook.NewChart

💬 **无言**：现在讲关于Workbook.NewSheet工作簿事件。

Workbook.NewSheet 事件过程的作用是当新建工作表或图表时都能触发该事件，通过该事件，在新建表时按需设置且一步到位。该事件过程外壳语法如下。

```
当在工作簿中新建工作表时发生此事件
Private Sub Workbook_NewSheet(ByVal Sh As Object)
        Statements( 中间代码语句 )
End Sub
```

Workbook.NewSheet 事件只有一个 Sh 参数，该参数主要用于判断新建的表类型是 Worksheet 或 Chart 对象。

💬 **无言**：现在利用Workbook.NewSheet事件过程设置一个智能新表，当插入表类型为Worksheet时设置好表页面、页脚等信息，按当天日期命名表的标签名称等。具体如代码3-26所示。

代码 3-26　新建表时设置新表格式

```
001|Private Sub Workbook_NewSheet(ByVal Sh As Object)
002|    If Sh.Type = xlWorksheet Then
003|        Application.ScreenUpdating = False
004|        With Sh
005|            .Move After:=Worksheets(Sheets.Count)
006|            .Name = Format(Date, "yyyymmdd日产记录表")
007|            With .Cells(1)
008|                .Resize(1, 10).Merge
009|                .Value = Format(Date, "yyyy年mm月dd日 日产记录表")
010|                .Font.Bold = True.Font.Size = 20: .RowHeight = 35 '
011|                .HorizontalAlignment = xlCenter :.VerticalAlignment = xlCenter
012|                With .Offset(1).Resize(1, 10)
```

```
013|        .Value = Array("序号", "日期", "班组", "班组负责人", "型号规格", "数量", "单价", "小
                计", "备注", "统计员")
014|        .HorizontalAlignment = xlCenter :.VerticalAlignment = xlCenter
015|    End With
016|    With .Offset(2)
017|        .Value = 1
018|        .Resize(50).DataSeries Rowcol:=xlColumns, Type:=xlLinear, Date:=xlDay, Step:=1,
                stop:=50, Trend:=False
019|        .Resize(50, 7).HorizontalAlignment = xlCenter
020|        .Resize(50, 7).VerticalAlignment = xlCenter
021|        .Offset(0, 1).Resize(50).NumberFormat = "yyyy/mm/dd"
022|        .Offset(0, 5).Resize(51, 3).NumberFormat = "#,##0.00;[Red]-#,##0.00;"
023|    End With
024|    Sh.ListObjects.Add(xlSrcRange, .Offset(1).Resize(51, 10), , xlYes).Unlist
025|    .Offset(2).Offset(0, 7).Resize(50).FormulaR1C1 = "=RC[-2]*RC[-1]"
026|    .Offset(52) = "合计"
027|    .Offset(1).Offset(52, 7) = "=SUM(R[3]C:R[-1]C)"
028|    End With
029|    With .Cells(2, 1).Resize(52, 10)
030|        .Borders.LineStyle = 1 :.RowHeight = 17 : .ColumnWidth = 15 : .Item(1).Resize(1).Columns.AutoFit
031|    End With
032|    Application.PrintCommunication = False
033|    ActiveWindow.View = xlPageBreakPreview
034|    With .PageSetup
035|        .PaperSize = xlPaperA4 : PrintArea = Sh.UsedRange.Address
036|        .Orientation = xlLandscape:.PrintTitleRows = "$1:$2"
037|    End With
038|    .VPageBreaks(1).DragOff Direction:=xlToRight, RegionIndex:=1
039|    .ScrollArea = .UsedRange.Address
040|    ActiveWindow.View = xlNormalView
041|    Application.PrintCommunication = True
042|    Application.ScreenUpdating = True
```

```
043|        End With
044|    End If
045|End Sub
```

代码 3-26 示例过程中运用了 Workbook.NewSheet 事件，完成从插入表到完成一个日记录表的设置过程，包括抬头、标题、序号、单元格数字格式、公式、底色、边框、页面设置等一系列操作，都在插入新表时完成，效果如图 3-21 所示。

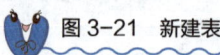

图 3-21　新建表设置好样式

（1）首先过程通过 If Sh.Type = XlWorksheet 语句判断新建的表的类似是否为 Worksheet 表，是则继续执行中间代码，并关闭屏幕刷新提速；接着用 Wokrsheet.Move 方法将新建的表移动到工作簿的最后，并按照日期+固定字符命名。

（2）将 A1:J1 单元格合并，并写入具体内容，再设置合并单元格字体的相关属性以及单元格的行高及水平和垂直的对齐方式。

（3）设置完抬头后，接着偏移到其下一行位置，用 Array 函数在 A2:J2 单元格区域写入具体的标题内容且设置对齐方式。

（4）继标题设置后从 A1 单元偏移 2 行后在 A3 单元写 1，并运用 Range.DataSeries 方法填充 1～50 的序号，并设置 A3:J52 单元格区域的对齐方式，然后通过 .Offset(0, 1).Resize(50).NumberFormat 和 .Offset(0, 5).Resize(51, 3).NumberFormat 语句分别设置了日期列的日期格式和 F:H 三列的数字格式。

（5）设置完了表区域的相关格式后通过 Sh.ListObjects.Add(XlSrcRange, .Offset(1).Resize(51, 10), , XlYes).Unlist 语句创建一个表格后再将其转换为普通单元格区域，作为表格样式代入。

（6）转换后在 H 列的合计行写入小计公式和 Sum 合计公式，公式使用 R1C1 方式写入单元格，这样公式在写入单元格后能自动变化引用的单元格位置；公式写完、样式设置完之后，继续设置 A2:J53 区域的边框、行高、列宽，最后将第 1 列的设置为自动列宽。

💬 无言：上面都是单元格内容的设置，接下来是打印设置。

（7）为了提高设置页面的速度，通过将 Application.PrintCommunication 赋值为 False 关闭每项设置的响应，然后通过 ActiveWindow.View 属性将工作簿的视图设置分页预览模式（XlPageBreakPreview），接下来进行页面设置——打印纸张为 A4、打印区域、纸张方向为横向以及打印标题区域。

（8）接着通过 VPageBreaks 对象集合（垂直分页符），将第 1 个垂直分页符拉动 1 列到最后一分页符的位置，接着设置 Wokrsheet.ScrollArea 属性限制页面滚动范围，最后将页面预览模式更改为普通视图（XlNormalView），并重新开启通信设置和屏幕刷新功能。

❓ 皮蛋：效果杠杠的，不过又多了好多个属性和方法了。

💬 无言：是的，接下来就简单说下它们的用法。

3.12.1 填充数字系列：Range.DataSeries

Range.DataSeries 方法是用来填充指定区间的数值的，例如在 A1:A20 填入 1 ~ 20 的数值，就可以用该方法，其作用和方法如下。

在指定区域内创建数据系列——序列填充
Range.DataSeries(Rowcol, Type, Date, Step, Stop, Trend)

Range.DataSeries 方法共有 6 个参数，其作用如表 3-18 所示。其中，参数 Type 和 Date 的枚举常数说明分别如表 3-19 和表 3-20 所示。

表 3-18 Range.DataSeries 方法的参数说明

参数名称	必需/可选	数据类型	作用说明
Rowcol	可选	Variant	要输入系列的写入方向：XlRows 或 XlColumns，如果省略则按选定区域判断
Type	可选	XlDataSeriesType	数据序列的类型
Date	可选	XlDataSeriesDate	Type 参数为 XlChronological，则设定 Date 参数的日期单位
Step	可选	Variant	系列的步长值。默认值为 1
Stop	可选	Variant	系列的终止值。如果省略本参数，Microsoft Excel 将填满整个区域
Trend	可选	Variant	如果为 True，则创建一个线性趋势或增长趋势。如果为 False，则创建一个标准数据序列。默认值为 False

表 3-19 Range.DataSeries 方法 Type 参数 XlDataSeriesType 枚举常数

常数名称	值	作用说明
XlAutoFill	4	按照"自动填充"设置对系列进行填充
XlChronological	3	用数据值进行填充
XlDataSeriesLinear	-4132	扩展值，假定一个加法级数（例如，"1, 2"被扩展为"3, 4, 5"）
XlGrowth	2	扩展值，假定一个乘法级数（例如，"1, 2"被扩展为"4, 8, 16"）

表 3-20 Range.DataSeries 方法 Date 参数 XlDataSeriesDate 枚举常数

常数名称	值	作用说明	常数名称	值	作用说明
XlDay	1	日	XlWeekday	2	工作日
XlMonth	3	月	XlYear	4	年

💬 无言：使用Range.DataSeries方法需要注意在开始的单元输入一个需要的数字，然后按照需要设定参数，才能获得需要的系列数字。

```
[A1] = 1  ' 在 A1 单元格输入数字 1
' 在 A1:A50 区域列方向输出 1-50 的数字
[A1].Resize(50).DataSeries Rowcol:=XlColumns, Type:=XlLinear, Date:=XlDay, Step:=1, stop:=50, Trend:=False
```

❓ 皮蛋：那[A1].Resize(50).DataSeries Rowcol:=XlColumns, Type:=XlLinear, Date:=XlDay, Step:=1, stop:=50, Trend:=False这句是不是能修改为[A1].Resize(50).DataSeries Rowcol:=XlColumns, Type:=XlChronological, Step:=1？

💬 无言：可以。因为已经表明了要在A1:A50区域输入数字，所以可以省略。系列填充的Range.DataSeries方法就翻篇了，接下来说下ListObject对象的简单运用。

 **3.12.2 ListObject 对象的简单运用**

代码 3-26 示例过程及前面的过程中多次用到 ListObject 对象，该对象就是平时在 Excel 界面中插入功能区表格组中的【表】功能。过程中运用到的是 ListObjects 对象集合的 Add 方法（新建）和 ListObject 对象的 Unlist 方法（转换）。首先来看 Add 方法，其语法及参数说明如下（见表3-21）。

创建新的列表对象
Worksheet.ListObjects.Add(SourceType, Source, LinkSource, HasHeaders, Destination)

表 3-21 ListObjects.Add 方法的参数说明

参数名称	必需/可选	数据类型	作用说明
SourceType	可选	XlListObjectSourceType	新建表的类型
Source	可选	Variant	当 SourceType 为 XlSrcRange 时，代表数据源的 Range 区域；省略时，Source 默认值将是列表区域检测代码返回的区域 当 SourceType 为 XlSrcExternal 时，它是一个 String 值数组，用于指定与数据源的连接，包含以下元素： 0-SharePoint 网站的 URL；1-ListName；2-ViewGUID
LinkSource	可选	Variant	Boolean 型。如果存在外部链接将则设置为 True
HasHeaders	可选	Variant	创建的区域是否存在标题，没有则将自动生成标题；标题的设置由 XlYesNoGuess 枚举决定，可以查阅或参考第4章内容
Destination	可选	Variant	一个 Range 对象，作用是将一个单元格引用指定为新列表对象左上角的目标区域

💬 无言：ListObjects.Add 将创建一个 ListObject 对象，在过程中使用了 Unlist 方法将该列表转换为普通单元格区域，现在来看下它的语法。

```
从 ListObject 对象删除列表功能
ListObject.Unlist
```

ListObject.Unlist 方法很简单，就像 Range.Merge 方法一样：Range.Merge 是将多单元格合并为一个单元格，而 ListObject.Unlist 方法就直接将选定列表转换为普通单元格。运行此方法可保留工作表中的单元格数据、格式和公式，"汇总行"也保留不变。

此方法可删除 Microsoft SharePoint Foundation 网站的所有链接。"自动筛选"也从列表中删除。

💬 无言：结合上面示例过程，下面的过程语句是只将有区域转为列表，再由列表转换为区域。

```
将新建表的单元格区域转后列表后再转为普通的区域
Sh.ListObjects.Add(SourceType:=XlSrcRange, Source:= .Offset(1).Resize(51, 10), LinkSource:=False , TableStyleName := XlYes).Unlist
```

在代码 3-26 示例过程中，上述语句主要用在将原单元格区域转换为表，通过此方法表的内置表样式，还能做到隔行不同色。如要将表格样式换成其他的表格样式名称，则可以通过 Workbook.TableStyles 属性来指定需要的表格样式，如下所示。

```
将激活表上的第 1 个列表的样式设置为工作簿中的第 1 个样式
ActiveSheet.ListObjects(1).TableStyle = ActiveWorkbook.TableStyles(1)
```

> **皮蛋**：这个法子挺好，利用内部资源，懂了。

3.12.3 表的页面设置：PageSetup 对象

> **无言**：懂了就行，接着说关于页面设置，在代码3-26示例过程中就运用到了该功能，它的对象是PageSetup。

PageSetup对象，所有成员都是属性类，不存在方法。其经常被用于对Excel表格打印输出、标题、区域、方向、纸张、页眉页脚等设置。它总共有48个属性，现在结合代码3-26示例过程对其中几个属性进行讲解，如表3-22所示。

表3-22 PageSetup对象常用属性一览表

序号	属性名称	作用说明
1	CenterFooterPicture	返回或设置中间页脚的关联图片及属性
2	CenterHeaderPicture	返回或设置中间页眉的关联图片及属性
3	LeftFooterPicture	返回或设置左侧页脚的关联图片及属性
4	LeftHeaderPicture	返回或设置左侧页眉的关联图片及属性
5	RightFooterPicture	返回或设置右侧页脚的关联图片及属性
6	RightHeaderPicture	返回或设置右侧页眉的关联图片及属性
7	CenterFooter	返回或设置中间页脚的文本内容
8	CenterHeader	返回或设置中间页眉的文本内容
9	LeftFooter	返回或设置左侧页脚的文本内容
10	LeftHeader	返回或设置左侧页眉的文本内容
11	RightFooter	返回或设置右侧页脚的文本内容
12	RightHeader	返回或设置右侧页眉的文本内容
13	Orientation	返回或设置页面的横竖打印方向，由XlPageOrientation枚举决定
14	PaperSize	返回或设置纸张大小。可读写 XlPaperSize
15	PrintArea	返回或设置打印的区域范围，必需为单元格文本地址，且为A1的引用方式
16	PrintTitleColumns	返回或设置列的重复列标题范围，必需为单元格文本地址，且为A1的引用方式
17	PrintTitleRows	返回或设置行的重复行标题范围，必需为单元格文本地址，且为A1的引用方式

> **无言**：表3-22中的属性为我们设置工作表页面时经常使用的PageSetup对象属性，在代码3-26示例过程中也用到了几个：Orientation（设置页面纸张方向）、PaperSize（输出纸张）、

PrintArea（打印区域）和 PrintTitleRows（打印的行标题）。

皮蛋：我比较想知道的是如何设置页眉页脚，因为平时经常会用到。

设置页面的页眉页脚需要用到 **PageSetup** 对象属性中带有页眉（Header）和页脚（Footer）的属性，表 3-22 中的 1～12 项都用来页眉页脚的属性，其中 1～6 项为在设置或返回页眉页脚的图片，而 7～12 项则是用来返回或设置页眉页脚的文本内容。1～12 项中 Left 代表左侧，Center 代表中间，Right 代表右侧，而属性中带有 Picture 结尾的都是设置图片相关的。示例如下。

```
Application.PrintCommunication = False
With ActiveSheet.PageSetup
        .LeftHeader = " 该属性是页眉左侧 "
        .CenterHeader = " 该属性是页眉中间 "
        .RightHeader = " 该属性是页眉右侧 "
        .LeftFooter = " 该属性是页脚左侧 "
        .CenterFooter = " 该属性是页脚中间 "
        .RightFooter = " 该属性是页脚右侧 "
End With
Application.PrintCommunication = True
```

无言：上述示例是设置当前表中页眉页脚的3个位置的文本内容，如若要设置其中某一个位置，只需要使用简例中的任一位置的文本内容，其他属性可以省略，省略默认为空白。若要插入图，则可以使用 CenterFooterPicture 等属性设置，如下所示。

```
ActiveSheet.PageSetup.LeftHeaderPicture.Filename = "C:\123.jpg"  ' 设置左侧图片，引用位置为 C 盘的 123.jpg 文件
```

插入图片时，必需在 **LeftHeaderPicture** 属性后面加 **.Filename** 属性来获取具体文件的存储位置，否则将出错。插入的图片将返回一个 **Graphic** 对象，通过该对象可对插入图片进行设置调整。

 ## 3.12.4 Workbook.NewChart 事件的简述

无言：关于 Graphic 对象的说明可以翻阅帮助文件，这里就不再讲解。不过记住 Workbook.NewSheet 事件过程对于由表复制或者移动的插入是无效的，只能新建插入表时才能触发该事件。还有另外一个相似的事件——Workbook.NewChart事件，这里就简单说下。

```
在工作簿中创建新图表时发生
Private Sub Workbook_NewChart(ByVal Ch As Chart)
```

```
        Statements( 中间代码语句 )
End Sub
```

Workbook.NewChart 事件过程外壳语法上，同样它也只有一个参数，不过该参数的对象只有一类——Chart（图表）；而且该事件的触发点比较多，在工作表上新建嵌入工作表上的图表或者创建图表（F11），都能触发该事件，如代码 3-27 所示。

代码 3-27　插入图表设置图表的相关项

```
001|Private Sub Workbook_NewChart(ByVal Ch As Chart)
002|    With Ch
003|        .Move After:=Worksheets(Sheets.Count)        '移动到最后
004|        .Name = "20XX销售情况"
005|        .ChartType = xlColumnClustered               '选择表的类型——簇状柱形图
006|        Rem 设置源数据区域
007|        .SetSourceData Source:=Range(Sheet1.UsedRange.Address)
008|    End With
009|End Sub
```

💬 无言：好好运用 Workbook.NewChart 事件的触发点，可以用来设置图表的样式、坐标、标题等的设置。关于工作簿的事件及常用的方法/属性就告一段落，接下来学习 Application 对象的相关内容。

❓ 皮蛋：这些都够我消化一段了，容我缓缓。

第 4 章

Excel 自动化的那档事——Application 的常用属性方法及类

本章主要讲解 Excel 的顶级对象 Application 的相关属性及方法运用，并简单介绍类及其运用，最后通过类启用 Application 对象的程序级事件的示例。

4.1 父对象：Parent属性的用法

💬 **无言**：趁热打铁才是硬道理，否则晾凉了又该开始重新起火烧铁了。

从前面的学习中得知 Application 对象作为所有 Excel 内置 VBA 对象的顶端对象——Excel（程序软件）本身，接下来学习有关顶端对象的常用方法和属性以及简单的类模块运用。

在 VBE 中的关键字不再是 <Excel>，而是 <Application>，因为 Application 对象是 Excel 中最高级的对象，也等于 Excel 本身，所以在帮助搜索栏内只要输入 Application 就会出现与其有关联的方法／属性链接，下面来认识下 Application 的常用方法。

Application 的方法针对整个 Excel 编程都有效，所以其使用范围也最为广泛，在认知这些方法后，将在以后的编程中适时使用它们。

💬 **无言**：接下来，咱挑经常用到的方法/属性进行讲解，其他的还是要靠蛋蛋白己的努力了，哈哈哈。

❓ **皮蛋**：你想想就好吧，那现在介绍哪些呢？

在前面的章节中多次提及了父对象——返回当前对象的上一层对象。如图 2-1 所示的当前层上一层的对象在 VBA 中最顶层的对象就是 Application，Excel 是所有下层对象的父级对象。

如果要返回指定对象的父级对象可以通过 Parent 属性，它的作用就是获取指定对象的父级对象。

❓ **皮蛋**：老规矩——举例。

💬 **无言**：先看下Parent属性的语法吧。

> 返回指定对象的父对象。只读
> 当前对象 .Parent

Parent 的对象是当前使用的对象，例如当前的对象是 Range 对象，要获取 Range 对象的父对象的语句如下。

> Range("A1").Parent　默认情况下，单元格对象前为注明具体的工作表名称时，将默认为当前激活工作表

💬 **无言**：此时Range("A1").Parent属性获取的是对象类型，而非文本类型。

现在有个工作簿，其中 Sheet1 工作表上放置了 2 个图形和一个数据区域。要获取不同当前对象的位置或名称，并使用 Parent 属性获取它们的父级对象，如代码 4-1 所示。

代码 4-1 获取工作表上的不同父级对象及其数据类型

```
001|Sub ObjectsParent()
```

```
002|    Dim Rng As Range, Sht As Worksheet, Wb As Workbook,Shp As Shape, Flei As String
003|    Set Rng = Selection: Set Sht = ActiveSheet: Set Wb = ActiveWorkbook: Flei = TypeName(Rng.Parent)
004|    MsgBox "单元格对象的位置是:【" & Rng.Address(0, 0) & "】" & vbCr & "其父对象是:" _
005|            & Rng.Parent.Name & vbCr & "对象类型是:" & Flei
006|    Flei = TypeName(Sht.Parent)
007|    MsgBox "激活工作表对象的名称是:【" & Sht.Name & "】" & vbCr & "其父对象是:" _
008|            & Sht.Parent.Name & vbCr & "对象类型是:" & Flei
009|    Flei = TypeName(Wb.Parent)
010|    MsgBox "激活工作簿对象的名称是:【" & Wb.Name & "】" & vbCr & "其父对象是:" _
011|            & Wb.Parent.Name & vbCr & "对象类型是:" & Flei
012|    Flei = TypeName(Shp1.Parent)
013|    Set Shp = Sheet1.Shapes(1)
014|    Flei = TypeName(Shp.Parent)
015|    MsgBox "激活工作簿对象的名称是:【" & Shp.Name & "】" & vbCr & "其父对象是:" _
016|            & Shp.Parent.Name & vbCr & "对象类型是:" & Flei
017|    Set Shp = Sheet1.Shapes(2)
018|    Flei = TypeName(Shp.Parent)
019|    MsgBox "激活工作簿对象的名称是:【" & Shp.Name & "】" & vbCr & "其父对象是:" _
020|            & Shp.Parent.Name & vbCr & "对象类型是:" & Flei
021|End Sub
```

代码 4-1 前面定义了几个对象变量,都是经常使用对象:单元格、工作表、工作簿、图形对象,最后定义了 Flei 的文本变量,其用于读取当前对象的父级对象的分类。

接着将对象变量具体赋值——其中单元格 Rng 对象被赋值为 Selection,返回当前选中单元格对象,该对象不局限于 Range 对象类型,可以是多种对象类型;Sht 和 Wb 对象变量则都分别赋值为被激活的当前对象工作表(簿);Shp 则是表上的图形等图形对象,并在执行过程分别对 Shp 赋值为工作表上图形 1 和图形 2;对象如图 4-1 所示。

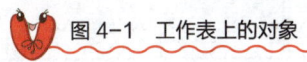

图 4-1 工作表上的对象

? 皮蛋：前面的变量声明和赋值部分我懂，后面这个Parent属性的也能理解，但是TypeName不大认识。

无言：这个等下详细说（其实前面有讲过的），先把思路讲明白。

? 皮蛋：好！

赋值之后，Flei 变量通过 TypeName(*.Parent) 获取指定对象的父级对象，并通过 Msgbox 提示父级对象的类型，提示内容如图 4-2 所示。

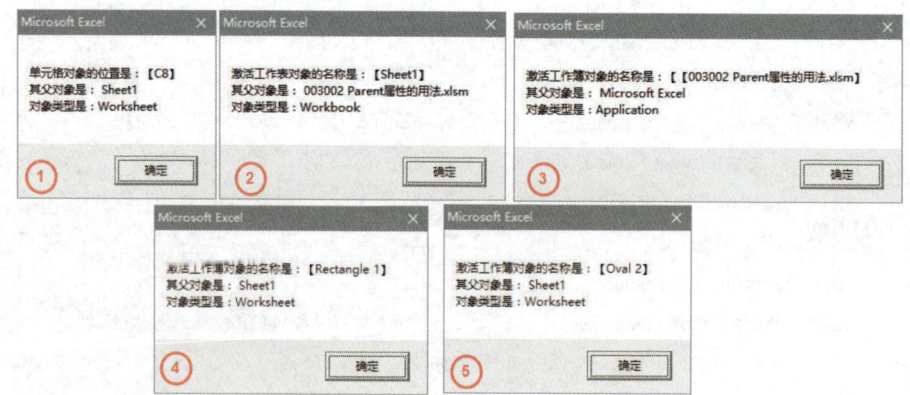

 图 4-2　获取对象父级属性效果

4.2　TypeName函数的用法

图 4-2 中的所有父级对象都使用对象 .Parent 属性获取，Parent 属性获取的结果是对象类型。这个对象类型的具体文本名称可通过 TypeName 函数获得，该函数的作用和语法如下。

返回一个 String，提供有关变量的信息
TypeName (varname)

TypeName 函数的参数说明如表 4-1 所示。

表 4-1　TypeName 函数的参数说明

参数名称	必需/可选	数据类型	作用说明
varname	必需	Variant	varname 参数是一个 Variant，它包含用户定义类型变量之外的任何变量。变量名称为必需参数，该变量类型不可为自定义数据类型

皮蛋：那也就是说，使用TypeName函数不能获取自定义数据类型的信息啦。

无言：是的，TypeName函数用于自定义数据类型时是不可用状态；它的使用也极其简单，只需通过另外一个变量获取其返回的变量类型文本。

> 变量名称 =TypeName(具体变量对象)
> LeiX_Str = TypeName(Range("A1"))　' 该结果返回的对象为 Range 对象类型

Parent 属性可以用于所有对象，且返回的是只读对象，例如以当前单元格获取父对象，那么使用 ActiveCell.Parent 返回的将是一个 Sheet 或者 Worksheet 对象，此时如果要在该表的 A1 单元格写入数字，可以通过如下语句完成。

> ActiveCell.Parent.Cells(1)=1　' 在获取的父对象的 A1 单元格写入 1

皮蛋：明白了，Parent属性获取的是对象，而不是文本。

无言：明白了就好。Parent属性的用途不少，根据实际情况使用就行了。接下来介绍关于打开文件的方法。

4.3　运用【打开】对话框选择文件

无言：这次先介绍Application.FindFile方法，该方法和按快捷键Ctrl+O启动的【打开文件】对话框的作用是一致的，如图 4-3所示。先来看下它的语法帮助。

> 显示【打开】对话框
> Application.FindFile

Application.FindFile 方法返回一个 Boolean 值——当使用【打开】对话框成功打开一个新文件，则返回 True；如果用户退出 / 关闭该对话框，则返回 False。

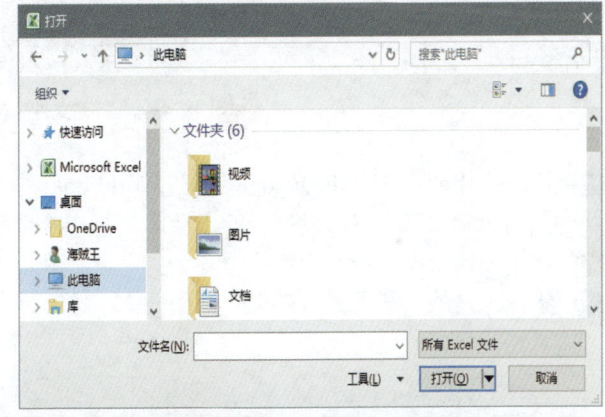

图 4-3　【打开】对话框

Application.FindFile 比较简单，等同于 Ctrl+O 快捷键打开文件的操作，虽然帮助中说让用户打开一个文件，其实该方法能一次打开多个文件。示例如代码 4-2 所示。

代码 4-2 打开文件 _FindFile

```
001|Sub 打开文件_FindFile()
002|    Dim Dkwj As Boolean, Old_Wb As Long
003|    Dkwj = Application.FindFile
004|    MsgBox Dkwj & vbCr & "打开了" & IIf(Workbooks.Count > 1, Workbooks.Count - Old_Wb, 0) &
        "个新文档", vbOKOnly, "打开文件提示"
005|End Sub
```

代码 4-2 运行后将弹出一个【打开】对话框，用户选择需要打开的文件，如果需要打开多个文件，须按住 Ctrl 或 Shift 功能键。过程中声明了一个 Dkwj 的 Boolean 值，其代表了如若打开了新文件时 Application.FindFile 的返回值；Old_Wb 变量用来统计在运行【打开对话框】前已经打开的工作簿个数。过程最后通过 Msgbox 函数提示打开的新工作簿个数，如图 4-4 所示。

 图 4-4 打开文件个数提示窗口

无言：代码 4-2的Msgbox函数通过Workbooks.Count统计已打开的工作簿>1，如是则按打开的工作簿个数减去原已经打开的工作簿个数，获得新打开工作簿的个数。

皮蛋：这个挺简单。

无言：是的，和平时打开文件操作一样，接下来说下另外一个与它相似的方法。

4.4 不打开文件获取文件名信息

上面介绍的 Application.FindFile 方法在【打开】对话框中选中文件后即可打开，这样可以直接看到被打开的工作簿。在 Excel 中还有另一个相似的文件获取方法，该方法可以不必直接打开文件而只返回选中文件的相关信息——Application.GetOpenFilename 方法，其作用语法如下。

> 显示标准的【打开】对话框，并获取用户文件名，而不必真正打开任何文件
> Application.GetOpenFilename (FileFilter, FilterIndex, Title, ButtonText, MultiSelect)

从语法说明上看，Application.GetOpenFilename 方法也会出现对话框，但在选中后不会显示（打开）被选中文件。

Application.FindFile 虽然也有对话框，但是 Application.FindFile 是在前台打开，让用户看得到打开了哪些文件，而 Application.GetOpenFilename 只能获取选中文件的完整路径及文件名称，用户无法直接获取相关信息，只能通过其他方式来获取文件情况，其参数说明如表 4-2 所示。

表 4-2　Application.GetOpenFilename 方法的参数说明

参数名称	必需/可选	数据类型	作用说明
FileFilter	可选	Variant	指定可以选择的文件类型
FilterIndex	可选	Variant	指定FileFilter参数中所列可选文件格式的序列号，默认为1，超过FileFilter参数条目的也将视为1
Title	可选	Variant	指定对话框的标题文字
ButtonText	可选	Variant	仅限 Macintosh
MultiSelect	可选	Variant	是否允许选择多个文件，默认为False（不能），多选须为True

FileFilter 参数——即【打开】对话框中显示的可打开文件类型。该参数用于预设打开的文件类型，默认为所有 Excel 文件。文件类型如图 4-5 所示。

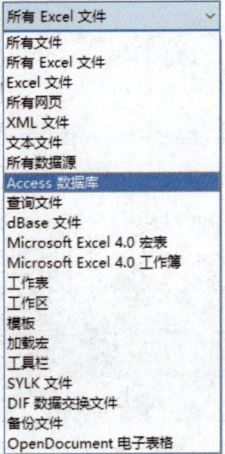

图 4-5　FileFilter 参数对应的位置

如若需指定打开类型则可以按照如下方式声明。

"①显示的文件名称1②[(*.文件后缀)],③*.文件后缀1,①显示的文件名称N②[(*.文件后缀)],③*.文件后缀N"

其中的①和②部分参数为显示给用户知道能选择的具体文件名称和类型是什么,而③则是让系统知道具体能选择的文件类型是什么。如果要多个需要打开的类型只需要重复①至③的设置,而其中的②可省略。如若忽略该参数,那么则可以打开任何Excel可读取的文件,如下所示。

FileFilter 参数的自定义文件类型
"Excel 97-03 版文件 (*.Xls),*.Xls,Excel 07 版文件 (*.Xlsx),*.Xlsx,Excel 文件 (*.Xl*),所有文件 (*.*),*.*"

FilterIndex 参数用于指定 FileFilter 参数可选择的文件类型个数,设置默认以第 N 个为默认选择的类型,当省略该参数时,默认为第 1 个。

Title 参数为设置标题的显示内容,没啥说的,想如何设置随你喜欢,只要符合要求;ButtonText 参数则是配合使用苹果系统的,暂时忽略它。

MultiSelect 参数用于决定是单选文件还是多选文件,若需多选时将该参数设置为 True,单选时则设置为 False,该参数的默认值为 False。

? 皮蛋:言子,例子,对第1个参数有些不太清楚,需要"栗子"压压惊。

无言:是你需要吃才对吧,来吧,给你2个"栗子",不管饱。

Application.GetOpenFilename 单选文件如代码 4-3 所示。

代码 4-3　Application.GetOpenFilename 单选文件

```
001|Sub 打开文件_GetOpenFilename01()
002|    Dim Wjlx As String, MoRen As Byte, BiaoT As String, DuoXuan As Boolean
003|    Dim Wj_Odj
004|    Wjlx = "Excel 97-03版文件 (*.Xls),*.Xls,Excel 07版文件 (*.Xlsx),*.Xlsx,Excel文件 " & _
005|          "(*.Xl*),*.Xl*,Word文件 (*.Doc?),*.Doc?,所有文件 (*.*),*.*"    MoRen = 3
006|    BiaoT = "后台打开文件": DuoXuan = False
007|    Wj_Odj = Application.GetOpenFilename(Wjlx, MoRen, BiaoT, , DuoXuan)
008|    MsgBox Wj_Odj
009|End Sub
```

代码 4-3 示例过程声明了 5 个变量,其中 Wjlx、MoRen、BiaoT、DuoXuan 分别对应了 Application.GetOpenFilename 方法的可选文件类型(FileFilter)、默认条目序号(FilterIndex)、标题内容(Title)、是否多选(MultiSelect)4 个参数;Wj_Odj 参数则是一个变体变量,用于

存储选中的文件信息。当所有参数都赋值后，通过 Wj_Odj 变量显示对话框窗口让用户选择文件（见图 4-6），最后通过 Msgbox 显示选中的文件信息，如图 4-7 所示。

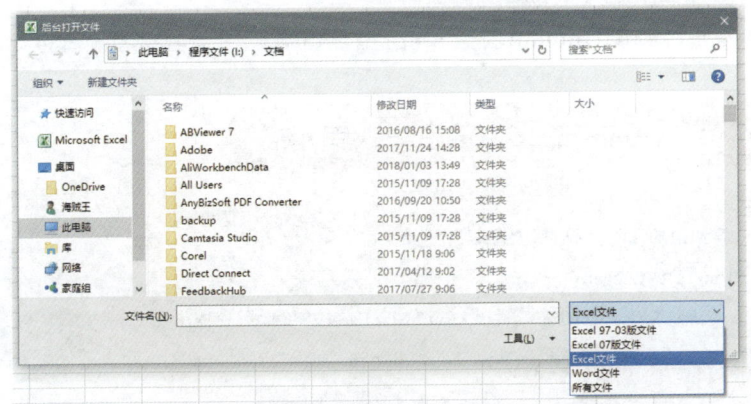

 图 4-6　GetOpenFilename 的对话框　　　 图 4-7　选中的文件信息

Application.GetOpenFilename 多选文件如代码 4-4 所示。

代码 4-4　Application.GetOpenFilename 多选文件

```
001|Sub 打开文件_GetOpenFilename02()
002|    Dim Wjlx As String, MoRen As Byte, BiaoT As String, DuoXuan As Boolean
003|    Dim Wj_Odj
004|    Wjlx = "Excel 97-03版文件 (*.Xls),*.Xls,Excel 07版文件 (*.Xlsx),*.Xlsx,Excel文件 " & _
005|           "(*.Xl*),*.Xl*,Word文件 (*.Doc?),*.Doc?,所有文件 (*.*),*.*"    MoRen = 3
006|    BiaoT = "后台打开文件"
007|    DuoXuan = True
008|    Wj_Odj = Application.GetOpenFilename(Wjlx, MoRen, BiaoT, , DuoXuan)
009|    On Error Resume Next  '容错语句
010|    If UBound(Wj_Odj) > -1 Then MsgBox Wj_Odj(UBound(Wj_Odj))
011|End Su
```

代码 4-4 和代码 4-3 相比，基本上没有什么不同，也声明了 5 个变量，作用也相同，但是 DuoXuan 变量对应的参数 MultiSelect 参数由 False 变成了 True，可按 Ctrl 或者 Shift 功能键选

择多个文件了。Wj_Odj 还是返回被打开的对象信息，但是因为存在多个文件，要获取 Wj_Odj 变量中的文件个数则配合 Ubound 函数获取文件个数。

皮蛋： 那我想把这些选中文件信息写入单元格要如何做呢。

无言： 这个简单，结合上面说到的 Ubound 函数和 For 循环就可以了，具体如代码4-5所示。

代码 4-5 将选中的文件信息写入单元格

```
001|Sub FilesToCell()
002|    On Error Resume Next   '容错语句，防止用户取消选择对话框
003|    Dim Wj_Odj, Wjlx As String, i As Integer
004|    Wjlx = "Excel 97-03版文件(*.Xls),*.Xls,Excel 07版文件(*.Xlsx),*.Xlsx,Excel文件(*.Xl*),*.Xl*"
005|    Wj_Odj = Application.GetOpenFilename(FileFilter:=Wjlx, FilterIndex:=3, Title:="打开", MultiSelect:=True)
006|    If Err.Number <> 0 Then Exit Sub
007|    Cells.Clear
008|    Application.ScreenUpdating = False
009|    Cells(1, 4) = "选中的文件信息"
010|    For i = 1 To UBound(Wj_Odj)
011|        Cells(i + 1, 4) = Wj_Odj(i)
012|    Next i
013|    Application.ScreenUpdating = True
014|End Sub
```

代码 4-5 示例过程中首先使用了 On Error 容错语句，接着设置 Wjlx 的具体可选类型文本内容；Wj_Odj 变量通过 Application.GetOpenFilename 方法选择文件；当用户取消选择后将形成一个错误代码，代码可通过 Err.Number 属性的数字配合 If 语句判断，不为 0 则退出过程，为 0 时继续执行，将激活表的所有单元格内容清除，并在 D1 单元格写入标题；最后通过循环从 D2 单元格逐一写入选中文件的完整名称信息。

皮蛋： 那我还有问题，如果我想要获取这些文件的内容，例如多个工作簿的数据汇并到当前工作簿呢？

无言： 你是机关枪啊——不消停，一个接一个的。办法是有的，不过要借助另外一个方法来打开文件。

4.5 后台打开文件

如果需要打开文件而不直接在前台显示，使用 GetObject 函数就可以做到。先来看下它的作用和语法。

> 返回文件中的 ActiveX 对象的引用
> GetObject([pathname] [, class])

GetObject 函数用来打开通过自动化接口，对接其他应用程序或编程工具对象，这里先限定为 Excel 文件吧。GetObject 函数拥有 2 个参数，它们的作用如表 4-3 所示。

表 4-3 GetObject 函数的参数说明

参数名称	必需/可选	参数类型	作用说明
pathname	可选	Variant（String）	包含待检索对象的文件的完整路径和名称
class	可选		代表该对象类的字符串，省略 pathname，则 class 是必需的

💬 **无言**：先来说说 pathname 参数，因为我们操作的时候都是板上钉钉的具体文件了，所以一般用它。

pathname 参数，用来指定具体文件的完整路径和完整的文件，若不完整将不能打开文件；对 pathname 参数赋值后，Excel 将在后台打开该文件，且不在前台显示被打开的工作簿，只能在 VBE 窗口的资源管理器看到。

```
Dim Wb as Workbook
Set Wb = GetObject(pathname:= ("C:\123.Xlsm")
```

💬 **无言**：上面的示例先声明一个 Wb 的工作簿变量，然后使用 GetObject 函数打开 pathname 指定路径下的 123 的宏工作簿。

❓ **皮蛋**：pathname 参数理解了，那后面的 Class 参数呢？

当不指明 pathname 参数（即不是打开文件）时，则需要指明 Class 参数具体程序对象。当使用 Calss 参数的需要指明其 2 个必需参数——appname 和 objecttype，其语法及作用如表 4-4 所示。

表 4-4 GetObject 函数的 Call 参数的说明

参数名称	必需/可选	参数类型	作用说明
appname	必需	Variant（String）	提供该对象的应用程序名称
objecttype	必需		提供该对象的应用程序名称

Calss 参数实际上是用来启用或创建一个应用程序或对象的类型或类，如下示例。

Dim Word_App As Object
Set Word_App = GetObject(Class:="Word.Applcation")

当对象当前已有实例，或要创建已加载文件的对象时，就使用 GetObject 函数；当对象当前还没有实例，或不想启动已加载文件的对象时，则应使用 CreateObject 函数。

如果对象已注册为单个实例的对象，则不管执行多少次 CreateObject，都只能创建该对象的一个实例。若使用单个实例对象，当使用零长度字符串（""）语法调用时，GetObject 总是返回同一个实例；若省略 pathname 参数，就会出错。不能使用 GetObject 来获取 Visual Basic 创建的类的引用。

💬 无言：接下来进入重点吧——不打开文件将多工作簿内容汇总，如代码4-6所示。

代码 4-6　多工作簿汇总

```
001| Sub WorkbookFileoMcg()
002|     On Error Resume Next
003|     Dim Wj_Odj, Wjlx As String, i As Integer
004|     Dim Old_Wb As Workbook, Old_Sh As Worksheet, OldMr As Long
005|     Dim Wb As Workbook, Sh As Worksheet, Max_R As Long, Max_C As Integer
006|     Wjlx = "Excel 97-03版文件(*.Xls),*.Xls,Excel 07版文件(*.Xlsx),*.Xlsx,Excel文件(*.Xl*),*.Xl*"
007|     Wj_Odj = Application.GetOpenFilename(FileFilter:=Wjlx, FilterIndex:=3, Title:="打开", MultiSelect:=True)
008|     If Err.Number <> 0 Then Exit Sub
009|     Set Old_Wb = ActiveWorkbook
010|     Set Old_Sh = Old_Wb.Worksheets(1)
011|     Old_Sh.Cells.Clear
012|     Application.ScreenUpdating = False
013|     Application.DisplayAlerts = False
014|     For i = 1 To UBound(Wj_Odj)
015|         Set Wb = GetObject(Wj_Odj(i))
016|         For Each Sh In Wb.Worksheets
017|             With Sh
018|                 If .UsedRange.Cells > 1 Then
019|                     OldMr = Old_Sh.UsedRange.Rows.Count
```

```
020|                      If OldMr = 1 Then .Rows(1).Copy Old_Sh.Cells(1)
021|                      Max_R = .UsedRange.Rows.Count
022|                      Max_C = .UsedRange.Columns.Count
023|                      .Cells(2, 1).Resize(Max_R - 1, Max_C).Copy Old_Sh.Cells(1).Offset(OldMr)
024|                    End If
025|                End With
026|                Wb.Close False
027|            Next Sh
028|       Next i
029|       Old_Sh.UsedRange.Columns.AutoFit
030|       ActiveWindow.SplitRow = 1
031|       ActiveWindow.FreezePanes = True
032|       Application.DisplayAlerts = True
033|       Application.ScreenUpdating = True
034|End Sub
```

皮蛋：代码4-6前半部分和代码4-5没有太多不同啊。

无言：是的,1~8句基本没有不同,现在主要讲解后面相关语句的作用。

（1）当检测用户没有取消打开对话框后,继续执行后面的代码,首先将 Old_Wb 赋值为激活的工作簿,并再将 Old_Sh 变量赋值为 Old_Wb 工作簿中的第 1 个工作表,该表用于写入汇总的其他工作簿的数据;然后清空 Old_Sh 表的所有数据。

（2）用 Ubound 函数获取 Wj_Odj 变量中文件的个数并作为指数循环的终值,接着使用 GetObject 函数并以 Wj_Odj 集合中的具体文件信息作为 pathname 的赋值,在后台打开对应的工作簿并赋值给 Wb 变量。

（3）当工作簿打开后,使用 Sh 循环读取 Wb 变量工作簿的所有表,若表为空白表则不执行内部语句。

（4）当表不为空时,首先获取 Old_Sh 表的已使用区域行数赋值给 OldMr 变量,接着判断如果 OldMr 的值为 1,则将当前表的第 1 行复制到 Old_Sh 表的第 1 行作为标题;然后统计 Sh 表中使用区域的行数和列数,并分别赋值给 Max_R、Max_C 变量,最后使用 .Cells(2, 1).Resize(Max_R - 1, Max_C).Copy Old_Sh.Cells(1).Offset(OldMr) 语句将标题外的区域复制到 Old_Sh 表有效数据行的下一行位置。

（5）当 Sh 循环完毕,使用 Wokrbook.Close 方法关闭后台打开的工作簿且不保存;当循环结束后，设置 Old_Sh 表的为自动列宽以及冻结首行，最后重新开启信息提示及屏幕刷新。

💬 **无言**：过程中采用了指数和对象两种循环方式，并运用了 Range.Copy、Workbook.Close 等方法将由 GetObject 函数在后台打开的文件复制到指定工作簿的指定工作表上。

❓ **皮蛋**：嗯嗯，我自己去消化，有了这个我就可以临摹修改为适合自己的代码了。

💬 **无言**：关于 GetObject 函数的运用就结束了，接下来学习其他的。

4.5.1 使用特定对话框

在 Excel 界面时，通过单击不同的图标按钮时，可以打开不同的对话框，那么在 VBA 中也可以通过以下属性打开这些窗口。

4.5.2 打开特定的对话框：Application.Dialogs

💬 **无言**：话不多说，进入正题 Application.Dialogs 属性，先来看下它的语法和作用。

> 返回一个 Dialogs 集合，该集合表示所有内置对话框的
> Application.Dialogs (XlBuiltInDialog).Show

从语法帮助中可以看到 Application.Dialogs 属性必需配合 Dialogs 对象的 Show 方法才能显示需要的对话框，其中 Dialogs 的 XlBuiltInDialog 枚举为内置的常数。其常数数量众多，这里列举常用对话框常数（见表 4-5），其他的在搜索栏内输入 XlDialog 即可查阅。

表 4-5　Dialog 对象的 XlBuiltInDialog 枚举常数

常　数	值	打开对话框名称	按　键	值	打开对话框名称
XlDialogOpen	1	【打开】对话框	XlDialogAlignment	43	【对齐方式】对话框
XlDialogPrint	8	【打印】对话框	XlDialogCellProtection	46	【单元格保护】对话框
XlDialogPrinterSetup	9	【打印机设置】对话框	XlDialogWorkbookProtect	417	【保护工作簿】对话框
XlDialogSaveAs	5	【另存为】对话框	XlDialogCalculation	32	【计算】对话框
XlDialogWorkbookNew	302	【新建工作簿】对话框	XlDialogImportTextFile	666	【导入文本文件】对话框

续表

常　数	值	打开对话框名称	按　键	值	打开对话框名称
XlDialogNew	119	【新建】对话框	XlDialogInsertPicture	342	【插入图片】对话框
XlDialogNameManager	977	【名称管理器】对话框	XlDialogInsert	55	【插入】对话框
XlDialogColorPalette	161	【调色板】对话框	XlDialogAddinManager	321	【加载项管理器】对话框
XlDialogBorder	45	【边框】对话框	XlDialogActiveCellFont	476	【活动单元格字体】对话框
XlDialogFilterAdvanced	370	【高级筛选】对话框	XlDialogApplyStyle	212	【应用样式】对话框

无言：现在使用表 4-5 中的对应枚举常数配合语法，运行代码 4-7 示例过程。

代码 4-7　Application.Dialogs 打开指定文件

```
001 Sub Dialogs_打开文件()
002     Application.Dialogs(XlDialogOpen).Show
003 End Sub
```

代码 4-7 过程配合了 XlDialogOpen 常数及 Show 方法弹出如图 4-8 所示对话框，XlDialogOpen 常数指定打开对话框类型，而 Show 方法显示打开对话框这个操作。XlDialogOpen 常数作用和 Application.FindFile 方法是一样的，如果打开文件返回值为 True，否则返回 False。

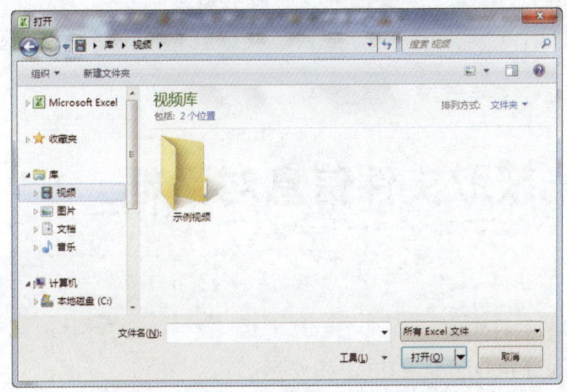

图 4-8　Dialogs 打开对话框

> 🥚 **皮蛋**：言子，我刚才看了 Application.Dialogs 帮助的语法，和你给的有些不同呢，没有提及 Show 方法，你自己瞎加的吧。
>
> 💬 **无言**：非也，这个选取的对象不同，而且如果不配合，你看看代码 4-8 示例过程运行会出现啥结果。

代码 4-8　Application.Dialogs 不配合 Show 方法

```
001|Sub Dialogs_NOShow()
002|    Application.Dialogs (XlDialogOpen)
003|End Sub
```

　　代码 4-8 中缺少 Show 方法，执行过程时会弹出【属性的使用无效】提示，所以 Application.Dialogs 必需配合 Show 方法才能运行。

　　再来一段打开【高级筛选】对话框，只需要将枚举常数换为 XlDialogFilterAdvanced，执行后弹出如图 4-9 所示对话框，之后按执行高级筛选操作即可。

> 🥚 **皮蛋**：这么说 Dialogs 就是用于打开 Excel 内置对话框的啦。
>
> 💬 **无言**：是的，打开内置对话框后其他操作就如同在 Excel 上的操作一样啦。
>
> 🥚 **皮蛋**：哦，对于某些 Excel 设置选项也可以通过它调出来了。
>
> 💬 **无言**：是的，按照语法和正确的枚举常数设置就都可以办到。接下来说 Application.FileDialog。

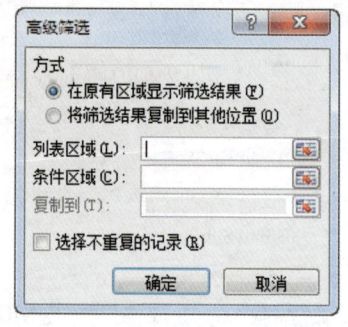

 图 4-9　Dialogs 高级筛选

4.5.3 获取文件信息对话框

> 🥚 **皮蛋**：又是孖宝啊！
>
> 💬 **无言**：是的，差不多的孖宝。

先来看下 Application.FileDialog 的语法和作用。

> 返回一个 FileDialog 对象，该对象表示文件对话框的实例
> Application.FileDialog(fileDialogType).Show

　　Application.FileDialog 和 Application.Dialogs 方法一样，都要在最后用 Show 来显示对话框。

该方法也只有一个参数，但是和其他 Application.Dialogs 的有点差别。先看下 fileDialogType 参数的作用及其对话框类型成员（见表 4-6）。

表 4-6 Application.FileDialog 属性的参数说明

参数名称	必需/可选	参数类型	作用说明
fileDialogType	必需	MsoFileDialogType	文件对话框的类型

FileDialog 对象是提供文件对话框，其功能与 Microsoft Office 应用程序中标准的【打开】和【保存】对话框类似，Application. FileDialog 属性也需要配合枚举常数及 Show 方法才能有效。

FileDialog 属性使用 DialogType 参数确定返回的 FileDialog 对象类型。FileDialog 对象有 4 种类型，对应了 fileDialogType 参数的 MsoFileDialogType 枚举常数，如表 4-7 所示。

表 4-7 FileDialog 对象的 fileDialogType 参数成员列表

常数名称	值	打开对象	说明
msoFileDialogFilePicker	3	【文件选取器】对话框	允许用户选择一个或多个文件。用户选择的文件路径将捕获到 FileDialogSelectedItems 集合中
msoFileDialogFolderPicker	4	【文件夹选取器】对话框	允许用户选择一个路径。用户选择的路径将捕获到 FileDialogSelectedItems 集合中
msoFileDialogOpen	1	【打开】对话框	允许用户选择一个或多个可以在宿主应用程序中使用 Execute 方法打开的文件
msoFileDialogSaveAs	2	【另存为】对话框	允许用户选择一个文件，然后可以使用 Execute 方法将当前文件另存为该文件

MsoFileDialogType 常数代表对话框的类型，用于控制用户的选择，如可以打开单个或多个文件的作用。

如果要限制用户的单选或多选就需要使用 FileDialog.AllowMultiSelect 属性，该参数只能赋值为 True 或者 False，True 为允许用户多选，False 为不允许用户多选。

> 二选一，True 为允许多选，False 为单选
> Application.FileDialog.AllowMultiSelect = True | False

❓ 皮蛋：不行了，怎么又出来个AllowMultiSelect属性？

💬 无言：在Application.GetOpenFilename方法已经就提及过了。

刚才已经说了 Application.FileDialo 返回的一个 FileDialog 对象，AllowMultiSelect 属性属于其对象成员。

FileDialog 对象会将用户选择的文件或文件夹存入 FileDialogSelectedItems 集合（其如同一个中间容器，保存着用户选择的对象）中通过 FileDialog.SelectedItems 属性即可读取这些数据。该属性获取一个 FileDialogSelectedItems 集合，其中包含用户在使用 FileDialog 对象的 Show 方法显示的文件对话框中所选文件的路径列表，只读。

如若需要获取集合中每个文件具体路径情况,可以通过在 SelectedItems 中的文件序号读取,也可以用 SelectedItems.Count 的方法来获取最后一个选择对应的信息,语法如下。

> Application. FileDialog. SelectedItems(1)   '第 1 个选择对象的信息,序号修改对应的即为第几个对象信息
> Application. FileDialog. SelectedItems(FileDialog. SelectedItems.count)   '为最后一个选择对象的信息

> 只要通过上面的属性才能获取已选择对象的信息,FileDialog 对象还有其他的方法和属性,大家可以通过以下的链接到微软的 MSDN 库查看该对象的属性帮助。注意:该对象帮助不存在 VBA 的帮助中
> FileDialog 对象 (Office)MSDN 链接:https://msdn.microsoft.com/zh-cn/library/ff862446

FileDialog 对象的常用对象成员如表 4-8 所示。

表 4-8 FileDialog 对象的常用对象成员

方法/属性名称	分 类	作 用 说 明
Execute	方法	在调用 Show 方法后立即执行用户的操作
Show	方法	显示文件对话框并返回一个 Long 类型的值,指示用户单击【操作】按钮(-1)还是【取消】按钮(0)。在调用 Show 方法时,在用户关闭文件对话框之前不会执行其他代码。在【打开】和【另存为】对话框中,使用了 Show 方法后会立即使用 Execute 方法执行用户操作
AllowMultiSelect	属性	如果允许用户从文件对话框中选择多个文件,则为 True。可读/写
ButtonName	属性	设置或获取代表文件对话框中动作按钮上所显示文本的 String 类型的值。可读/写
DialogType	属性	返回一个 MsoFileDialogType 常数,代表 FileDialog 对象被设置为要显示的文件对话框的类型。只读
FilterIndex	属性	获取或设置一个 Long 类型的值,指示文件对话框的默认文件筛选器。默认筛选器决定首次打开文件对话框时显示的文件类型。可读/写
Filters	属性	获取一个 FileDialogFilters 集合。只读
InitialFileName	属性	设置或返回一个 String 类型的值,代表文件对话框中初始显示的路径或文件名。可读/写
InitialView	属性	获取或设置一个 MsoFileDialogView 常数,代表文件对话框中文件和文件夹的初始表示形式。可读/写
Item	属性	获取与对象关联的文本。只读
SelectedItems	属性	获取一个 FileDialogSelectedItems 集合,并可通过该集合获取选中的文件信息,只读
Title	属性	设置或获取使用对话框的标题。可读/写

 无言:现在进入举例环节,运用 MsoFileDialogType 配合 AllowMultiSelect 和 Show 方法进行单选文件过程,具体如代码 4-9 所示。

代码 4-9　FileDialog .AllowMultiSelect 单选文件

```
001|Sub FileDialog_单选打开文件()
002|    Application.FileDialog(msoFileDialogOpen).AllowMultiSelect = False
003|    Application.FileDialog(msoFileDialogOpen).Show
004|    If Application.FileDialog(msoFileDialogOpen).SelectedItems.Count > 0 Then _
005|        MsgBox Application.FileDialog(msoFileDialogOpen).SelectedItems(1)
006|End Sub
```

代码4-9示例过程中,首先设置打开文件类型对话框,且只能单选,然后通过.SelectedItems.Count属性统计选择文件的个数,最后通过Msgbox提示相关信息,如图4-10所示。

皮蛋：那要多选,是不是应该将AllowMultiSelect赋值为True?

无言：是的,并且要获取最后一个文件的信息,通过SelectedItems.Count语句进行统计后,写在第SelectedItems()括号内。

皮蛋：言子,要不你弄个多选和最后一个文件信息的过程,让我看下哩。

无言：这个简单,请看代码4-10过程和图4-11所示效果。

代码 4-10　FileDialog .AllowMultiSelect 多选文件

```
001|Sub FileDialog_多选打开文件()
002|    Application.FileDialog(msoFileDialogOpen).AllowMultiSelect = True
003|    Application.FileDialog(msoFileDialogOpen).Show
004|    If Application.FileDialog(msoFileDialogOpen).SelectedItems.Count > 0 Then _
005|        MsgBox Application.FileDialog(msoFileDialogOpen).SelectedItems(Application. _
006|        FileDialog(msoFileDialogOpen).SelectedItems.Count)
007|End Sub
```

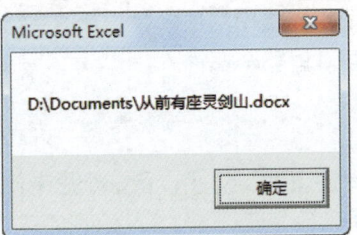

图 4-10　FileDialog 单选文件信息

图 4-11　FileDialog 多选文件信息

> **无言**：会不会感觉这段代码语句老长了，还总是重复引用同一个对象呢，皮蛋？
>
> **皮蛋**：没错啊，看起来有一瀑布那么长，哎——晕！估计该With语句出马了。
>
> **无言**：没错，看来记住了啊。

代码 4-9 和代码 4-10 过程中 3 句代码都在重复引用 Application.FileDialog 对象，所以可以通过 With 语句缩减重复对象引用。

将原重复引用的对象通过 With 语句精简修改为如下过程（见代码 4-11 所示），代码会"清爽"好多！

代码 4-11　使用 With 对象语句的效果

```
001|Sub FileDialog_With语句()
002|    With Application.FileDialog(msoFileDialogOpen)
003|        .AllowMultiSelect = True
004|        .Show
005|        If .SelectedItems.Count > 0 Then
006|            MsgBox .SelectedItems(.SelectedItems.Count)
007|        End If
008|    End With
009|End Sub
```

代码 4-11 示例过程中用 With 语句将 Application.FileDialog(msoFileDialogOpen) 作为重复对象引用，这样后面的中间语句都重复引用该对象。

> **皮蛋**：清爽就是好。

Application.FileDialog 属性主要用于打开选择文件后获取该文件的相关信息，再通过借助其他方法/属性来获取需要信息。

> **无言**：对于Application.FileDialog的MsoFileDialogType枚举常数的使用可以将其替换下，多多尝试；还有MsoFileDialogType枚举常数也可以直接使用表格中的值代替长长的字符串。
>
> **皮蛋**：好了，这个我今晚回去熟悉熟悉，接下来还要讲解哪个属性。
>
> **无言**：这个问题就深了，我要下班了，走起，拜。
>
> **皮蛋**：晕，才几点啊。
>
> **无言**：快5:30了，奉行不加班原则，明天有空继续喝皮蛋粥。对了，留一个思考问题，如何将选中的信息导出到工作表上呢？示例如代码4-12所示。

代码 4-12　获取选中对象的信息写入单元格

```
001|Sub FileObj_information()
002|    Dim FileD As Object, Obj As Object, Cous As Long
003|    Set FileD = Application.FileDialog(msoFileDialogFilePicker)
004|    With FileD
005|        .AllowMultiSelect = True
006|        If .Show = -1 Then
007|            Cells.Clear
008|            For Each Obj In .SelectedItems
009|                Cous = Cous + 1: Cells(Cous, 6) = Obj
010|            Next Obj
011|        End If
012|    End With
013|End Sub
```

4.6　将文本表达式、名称转为引用或值

4.6.1　将名称转换为对象或者值：Application.Evaluate

💬 **无言**：皮蛋，昨天的思考问题怎么样了？今天可不会等你的哦。下面我们该学其他的了。

❓ **皮蛋**：还行吧，那就继续吧，我会补的。

💬 **无言**：在Excel函数中存在着一个Evaluate宏表函数，该函数的作用就将文字表达式转换成计算结果值；在VBA中也存在着这么一个，但它是方法而不是函数——Application.Evaluate，其作用及语法如下。

将一个 Microsoft Excel 名称转换为一个对象或者一个值
Application.Evaluate(Name)

Application.Evaluate 方法的参数说明如表 4-9 所示。

表 4-9 Application.Evaluate 方法的参数说明

参 数 名 称	必需/可选	参 数 类 型	作 用 说 明
Name	必需	Variant	使用 Microsoft Excel 命名约定的对象名称

所谓使用 Microsoft Excel 命名约定的对象名称，可以分为如下几种情况。

（1）A1 格式引用：可以通过 A1 格式表示法引用单个单元格，所有引用均视为绝对引用区域。在引用中可以使用区域、交集和联合运算符（分别为冒号、空格和逗号分隔）。

（2）定义的名称：可用宏语言指定任何名称和外部引用（使用 ! 运算符引用另一工作簿中的单元格或已定义名称）。例如，Evaluate("[BOOK1.XLS]Sheet1!A1")。

（3）图表对象：可以指定任何图表对象名称（如 Legend、Plot Area 或 Series 1），以访问该对象的属性和方法。例如，Charts("Chart1").Evaluate("Legend").Font.Name 返回图例中所用字体的名称。

❓ 皮蛋：这个只有一个参数，但是说明好乱啊，怎么约定的对象名称？

💬 无言：可通过单元格的值、自定义名称或者文本串获取计算结果、转化为对象或引用图表对象等作用。

Application.Evaluate 方法虽然只有 Name 参数，但是其用法也是千变万化的。依据帮助，Evaluate 可以将 Name 参数转化为对象或者值；但是在实际运用时，更多用于将字符表达式转换为 Excel 常量数组、引用地址的值、文字四则运算表达式的值或设置属性等。先看下代码 4-13 示例过程。

代码 4-13 Application.Evaluate 方法获取变量的信息

```
001| Sub Evaluate()
002|     Dim Tem As String
003|     Tem = "A1"                                      '赋值文本变量
004|     MsgBox TypeName(Application.Evaluate(Tem))
005|     MsgBox Application.Evaluate(Tem)                '获取当前激活工作表A1的值
006|     ThisWorkbook.Worksheets(1).Evaluate(Tem).Font.Size = Int(Rnd * 29) + 10
007|     MsgBox Evaluate(Tem).Font.Size                  '读取A1单元格的字号
008|     Tem = "{10,20,30;40,50,60}"
009|     MsgBox Application.Evaluate(Tem)(1, 1)
```

```
010|    Tem = "[工作簿2.Xlsx]Sheet1！A1"
011|    MsgBox Application.Evaluate(Tem) '读取单元格的值
012|End Sub
```

代码 4-13 示例过程声明一个 Tem 文本变量并赋值不同的文本内容。

（1）MsgBox TypeName(Application.Evaluate(Tem))：将 Tem 赋值为 A1 文本内容，运用 Evaluate(Tem) 转换后用 TypeName 函数，提示 Evaluate 方法将 A1 文本内容转换为 Range 对象，在通过 Msgbox 函数获取当前工作表 A1 单元格的值。

（2）ThisWorkbook.Worksheets(1).Evaluate(Tem).Font.Size = Int(Rnd * 29) + 10：则是将 Evaluate(Tem) 转换为 Rang 对象后，设置工作簿第 1 个工作表 A1 单元格的字号；并通过 Msgbox 函数读取 A1 单元格字号。

（3）Tem = "{10,20,30;40,50,60}"：和在 Excel 工作表常量数组的写法相同，将文本类型的常数数组转换为 Excel 公式中的常量数组，因为 VBA 不支持直接输入这样的常量数组，所以通过定义为文本字符，再由 Evaluate 转换为一个变体数据类型，这样就可以获取该文本常量数组中的指定位置数据； Evaluate(Tem)(1, 1) 语句为获取 Tem 变量转换后的变体中的指定序列位置的数据。

（4）Tem = "[工作簿 2.Xlsx]Sheet1!A1"：直接将变量赋值为一个指定打开的工作簿的 Sheet1 工作表 A1 单元格，再通过转换语句获取指定工作簿的单元格的值。

💬 无言：该方法最常用于将Excel中的常量数组转换为VBA数组。
❓ 皮蛋：原来是这样！但是文本转换为对象时，感觉对象赋值还是用Set比较直观。
💬 无言：是，但如果是文本串的话，就必需使用Evaluate进行转换。

上面运用 Application.Evaluate 方法将 A1 单元格的引用方式转换为具体位置引用，这个论证是通过 TypeNam 函数得到的。

4.6.2 方括号（[ ]）等同于 Evaluate

💬 无言：皮蛋，如果有时觉得Evaluate太长了，咱们可以换个法子转换Evaluate的文本表达式。
❓ 皮蛋：快说快说，不要卖关子了。

使用方括号 (例如，"[A1:C5]") 与用字符串参数调用 Evaluate 方法是等效的

使用方括号可以起到和 Evaluate 方法一样的转化作用——将文本表达式的常量数组转换为 VBA 数组，或者对单元格进行赋值，如下所列，它们的效果是等效的：

```
[a1].Address
[a1].Value = 25
Evaluate("A1").Value = 25
TrigVariable = [SIN(45)]
TrigVariable = Evaluate("SIN(45)")
Set FirstCellInSheet = Workbooks("BOOK1.XLS").Sheets(4).[A1]
Set FirstCellInSheet = Workbooks("BOOK1.XLS").Sheets(4).Evaluate("A1")
```

皮蛋：这样好啊，看起来更简短。有些还挺像函数公式的，可以直接用函数代替吗？

无言：举例给你看，咱们眼见为实吧（见代码 4-14）。

代码 4-14　方括号的运用

```
001| Sub 方括号()
002|     MsgBox [SUM(B6:C12)]   '统计B6:C12的和
003|     MsgBox [a1]
004|     MsgBox [Sheet2!A1]
005|     [a1].Interior.ColorIndex = 10
006|     [a2] = "使用方括号赋值"
007|     Range("E6:I6") = [{10,50,100,99,56}]
008| End Sub
```

无言：直接运行上述代码即可获得结果。

使用方括号的优点在于代码较短，但是必需是对象或者 VBA 认可的表达式内容；使用 Evaluate 的优点在于参数是字符串，这样既可以在代码中构造该字符串，也可以使用变量。

Evaluate 方法还可以将表达式直接转换为值。例如使用 Evaluate 方法可以将 300*50/30 这个文本表达式直接转换为其计算结果，写法如下。

```
Application.Evaluate ("300*50/30")              '结果为 500
Application.Evaluate("sum(300,50,100,0.5)")     '结果为 450.5，运用了文本表达式的 Sum 函数求和
[sum(300,50,100,0.5)]                           '同等于上一示例，结果为 450.5
Application.Evaluate ("2*(10-6)/5")             '结果为 1.6 与 [2*(10-6)/5] 方括号表达式结果一样
```

运用 Application.Evaluate 或方括号，可以将单元格内的文本计算表达式或文本地址直接转换为值或者一个对象。

💬 皮蛋：确实，简单实用才是王者。

💬 无言：Application.Evaluate或方括号就讲到这里，当单元格存在文本需要转换为值或对象时就使用这两种方法。咱们继续讲其他吧！

4.7 给过程指定快捷键：Application.OnKey

💬 无言：皮蛋，想给自己的VBA过程设置一个快捷键吗？
💬 皮蛋：原来录制宏的不是就可以设置吗？
💬 无言：录制的宏可以一开始就设置，但是自己编写的就没法直接设置了。
💬 皮蛋：原来是这样啊，快来说说吧。
💬 无言：这就需要借助Application.Onkey方法，先来看下语法和作用。

> 当按特定键或特定的组合键时运行指定的过程
> Application.Onkey(Key, Procedure)

Application.Onkey方法的参数说明如表4-10所示。

表4-10 Application.Onkey 方法的参数说明

参数名称	必需/可选	参数类型	作用说明
Key	必需	String	表示要按的键的字符串
Procedure	可选	Variant	表示要运行过程名称的字符串，参数为空时则不响应任何操作

Application.Onkey 方法用于当使用特定组合键（快捷键）时运行指定的过程，就像给过程安装了一个启动键，一按就启动，比通过单击开发工具的运行宏快多了。

先说 Procedure 参数，用于指定已有的过程名称，只需将相应的过程名称加上双引号写在该参数的位置即可，如果为空文本则不会运行任何过程。

> Procedure 参数为空时会占用被使用的快捷键。如果省略 Procedure 参数，则 Key 恢复为 Microsoft Excel 中的正常结果，同时清除先前使用 OnKey 方法所做的特殊键设置。

接着重点说下 key 参数的书写和需要注意的地方。

Key 参数作为必需参数，就是非指定一个快捷键不可，且指定快捷键如果和 Microsoft Excel 原来的快捷键冲突的话，它是将直接覆盖了该键的功能——既是如果使用了 Ctrl+C 复制快捷键时，原来的复制功能将被替换为 Procedure 参数指定的过程，而非复制功能了。

Key 参数的使用主要在键值的组合上，也就是对应键盘上每个键的按键代码值。表 4-11 中的按键代码主要针对功能按键，如果是单字母按键，则要注意区分字母大小写。

给 Key 参数赋值时，需要将代码或字符用一对英文双引号包围；如果指定按键是单个字母时，若是小写字母直接按键盘即可；若是大写字母则必需配合 Shift 功能键一起使用。

表 4-11 Application.Onkey 的 Key 参数按键代码

按 键	代 码	按 键	代 码
向上键	{UP}	Enter（数字小键盘）	{ENTER}
向下键	{DOWN}	Num Lock	{NUMLOCK}
向左键	{LEFT}	Caps Lock	{CAPSLOCK}
向右键	{RIGHT}	Scroll Lock	{SCROLLLOCK}
PageDown	{PGDN}	Break	{BREAK}
PageUp	{PGUP}	Backspace	{BACKSPACE} 或 {BS}
Home	{HOME}	Clear	{CLEAR}
End	{END}	Help	{HELP}
Delete 或 Del	{DELETE} 或 {DEL}	F1～F15	{F1} ～ {F15}
Ins	{INSERT}	Shift	+（加号）
Esc	{ESCAPE} 或 {ESC}	Ctrl	^（插入符号）
Tab	{TAB}	Alt	%（百分号）
Return	{RETURN}		

🍥 皮蛋：那要具体怎么使用Application.Onkey呢？

💬 无言：Application.Onkey必需先运行已有关联过程。

代码 4-15 中设置了 4 个过程，其中 2 个为公有过程和 2 个私有过程，其中 Onkey 方法设置关联过程，设置了 2 个关联快捷键 a 和 A，分别关联 CellValue 和 SumCellValue 两个私有过程，当运行该过程之后，我们在键盘上按 a 键和 Shift+a 快捷键是会分别弹出 2 个窗口，对应了 2 个私有过程，分别如图 4-12 和图 4-13 所示。

代码 4-15　Application.Onkey 自定义快捷键，关联过程

```
001|Rem 自定义快捷键，关联过程
002|Sub Onkey方法设置关联()
003|    Application.Onkey "a", "CellValue"          '按 a 键执行指定过程
004|    Application.Onkey "A", "SumCellValue"       '按 Shift+a快捷键执行指定过程
005|End Sub
006|
007|Rem 取消快捷键关联
008|Sub Onkey方法取消关联()
009|    Application.Onkey "a", ""                   '取消关联
010|    Application.Onkey "A", ""                   '取消关联
011|End Sub
012|
013|Rem 获取显示激活单元格的值
014|Private Sub CellValue()
015|    MsgBox ActiveCell
016|End Sub
017|
018|Rem 获取激活单元格连续区域求和
019|Private Sub SumCellValue()
020|    Dim Rng_Str As String
021|    Rng_Str = ActiveCell.CurrentRegion.Address
022|    ActiveSheet.Calculate                       '激活工作表公式重算
023|    MsgBox Application.Evaluate("Sum(" & Rng_Str & ")")
024|End Sub
```

？皮蛋：如果我要和F1键或者其他键组合该怎么办呢？

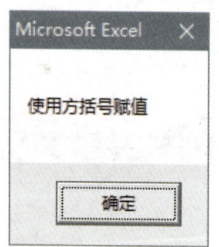 

图 4-12　按 a 键后的显示内容　　图 4-13　按 Shift+a 快捷键后的显示内容

 无言：这就要用到表 4-11 中对应键位代码了。

如果需要有其他组合，假设现在需要用 Shift 键和 Tab 键组合执行一个操作，那么可以对应表 4-11 中的键值写成如下代码。

> Application.Onkey "+{TAB}"," 关联的过程名称 "

 皮蛋：这样啊，那如我要用=键上面的+呢，要如何书写？

 无言：这样的话，只需要把+包围在花括号中即可——{+}，完整的代码写法如下。

> Application.Onkey "{+}"," 关联的过程名称 " '此时的操作应该按 Shift+= 快捷键才有效

关联了快捷键后，就须记得取消关联的键位，将 Onkey 方法的第 2 参数设置为空即可。如代码 4-15 将 Onkey 方法直接赋值为空或者省略，这样再按这些键位时就会默认返回原来的键位功能，不会覆盖原有的功能。

 无言：Onkey 方法就是为一键执行用的，但是必需慎用，不要覆盖了常用的功能键就行了。

 皮蛋：好的，我去记快捷键行了吧，防错还不行吗？

 无言：聪明啦，孺子可教也，继续下一个。

4.8　用系统快捷键代替人工单击：Application.SendKeys

 无言：接下来说说和 Onkey 方法相近的 SendKeys 方法。

 皮蛋：孪生，孖仔吗？

> **无言**：差不多，反正它们是同一个"妈"。还是老样子，语法、作用走起。

以文本形式发送给应用程序的键或快捷键
Application.SendKeys(Keys, Wait)

Application.Sendkeys 方法的参数说明如表 4-12 所示。

表 4-12 Application.SendKeys 方法的参数说明

参数名称	必需/可选	参数类型	作用说明
Keys	必需	Variant	字符串表达式，指定要发送的按键消息，键位代码详见表 4-11
Wait	可选	Variant	如果为 True，则 Microsoft Excel 会等到处理完按键后将控件返回给宏；如果为 False（或者省略该参数），则继续运行宏而不等至处理完按键

Application.SendKeys 的主要作用是实现按键后执行程序的某项功能选择修改或输入需要。例如在单元格输入数据后要按 Enter 键，可以使用 SendKeys 方法来代替这个操作，现在来看下其参数。

Keys 参数和 Onkey 方法一样都是按键的代码，其键值如表 4-11 所示，使用方法也和 Onkey 一样。Keys 参数的键值次序必需按照实际操作输入，才可实现平时的手工操作。

如代码 4-16 所示，假设要调用 Excel 的数据透视表，平时按快捷键 Alt+D+P，就可以调出图 4-14 所示的数据透视表和数据透视图向导界面，现在用 SendKeys 方法的 Key 参数来书写键位代码，调用该操作界面。

Wait 参数则用于是否在执行按键操作后将空间返回给宏，该参数不常用。

代码 4-16　Application.SendKeys 调用数据透视表向导

```
001|Sub SendKeys透视向导()
002|    Dim Jw As String
003|    Jw = "%dp{n 2}"  '设置按键值为 Alt→d→p→n*2
004|    Application.SendKeys Jw
005|End Sub
```

代码 4-16 中通过按快捷键调出了数据透视表和数据图透视图向导，并在连续按了 2 次 n 键后，出现了步骤 2 的界面，如图 4-15 所示。

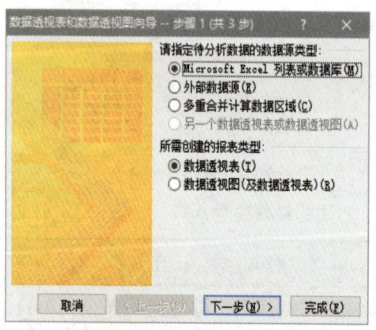

图 4-14　按快捷键 Alt+D+P 调用数据透视表和数据透视图向导

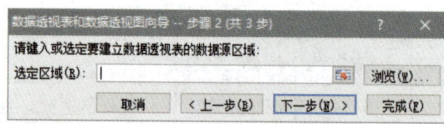

图 4-15　数据透视表和数据透视图向导——步骤 2

 皮蛋：花括号内的n和数字代表了指定按键和按的次数？

 无言：对的，花括号内的数字对应了指定按键的点击次数，前面的字母代表的具体键值。

花括号主要用于重复按键次数，它的代码写法为指定的 { 键位 + 空格 + 指定次数 }，这样代码按照需要按键执行按键：

```
{ 键位 + 空格 + 指定次数 }  {a 10}  '代表按 10 次 a 键
```

按键次数示例如代码 4-17 所示。

代码 4-17　SendKeys 的花括号按键次数的使用

```
001|Sub A15输入()
002|    Range("A15").Select
003|    Application.SendKeys "46152133 ~{Down 5}" & Date
004|End Sub
```

现在假设需要在 A15 单元格输入一串数字后向下偏移 5 行的单元格内输入日期，最后按下方向键，代码 4-17 执行后效果如图 4-16 所示。

 图 4-16　在 A15 输入指定字符和操作

> 无言：SendKeys方法就是模拟按键操作并返回指定功能，以此来代替手工操作。
> 皮蛋：这样啊，那是不是如果重复太多次的按键操作都可以用它来执行呢？
> 无言：对的，蛋蛋现在对这对孖宝应该有所了解了吧。接下是另外一个方法了。
> 皮蛋：都是玩追击式的啊，一浪接一浪的。

4.9 预约时间：Application.OnTime

> 无言：这是必需的，毕竟功能相近。现在来说一个和闹钟类似的方法。
> 皮蛋：闹钟可是我这类赖床的人的炸弹啊，怎么VBA中也有闹钟？
> 无言：有的，它就是Application.OnTime方法，先看语法。

安排一个过程在将来的特定时间运行
Application.OnTime(EarliestTime, Procedure, LatestTime, Schedule)

其参数说明如表4-13所示。

表4-13 Application.OnTime方法的参数说明

参数名称	必需/可选	参数类型	作用说明
EarliestTime	必需	Variant	希望此过程运行的时间
Procedure	必需	String	要运行的过程名
LatestTime	可选	Variant	过程开始运行的最晚时间
Schedule	可选	Variant	如果为True，则预定一个新的OnTime过程；如果为False，则清除先前设置的过程。默认值为True

> 无言：该时间既可以指定某个具体的时间，也可以指定一段时间之后。

Application.OnTime方法就预约时间执行过程。OnTime方法总共有4个参数，下面重点讲解2个必需参数。

- EarliestTime参数用于预定指定过程的执行时间，也就是设置生日提醒日期或者闹铃时间，使用时应配合VBA中的日期时间函数，例如Now、TimValue等。Now + TimeValue(time) 指定在当时运行的时间在经过指定的时间后运行某个过程；TimeValue(time) 安排某个过程在指定的时间运行。

- Procedure 参数和 OnKey 的第 2 个参数一样，都是指定关联的过程名称，用英文双引号将过程名称包围即可。

LatestTime 参数用于指定最晚的执行事件，其后将不再执行指定的过程。

Schedule 参数则是用来取消当前预定过程关联操作。

💬 **无言**：先来个例子吧，指定事件运行某个过程。

> Application.OnTime TimeValue("14:35:00"), "TiemToRng"   '指定下午 2 点 35 分运行 TiemToRng 过程

代码 4-18 示例过程在运行经过 5 秒后将再次调用同模块下的 TiemToRng 过程，该过程为提示当前时间。

代码 4-18　运行程序将在指定时间运行指定程序

```
001|Sub OnTime5s()
002|    Application.OnTime Now + TimeValue("00:00:05"), "TiemToRng"
003|End Sub
004|
005|Private Sub TiemToRng()
006|    MsgBox Now
007|End Sub
```

过程中利用 Now+TimeValue 的时间组合，让执行 OnTime5s 过程经过 5 秒后调用运行 TiemToRng 过程。Now 和 Excel 函数 Now 均为返回当前电脑的时间，形式为"年月日时秒分"；TimeValue 函数则是将文本串时间转换为数值型时间，也就是小数，通过 Now+TimeValue 组合将指定过程在激活后经过多久再执行指定的过程。

❓ **皮蛋**：有实用一点的代码吗？

💬 **无言**：可以，那就用会议提醒和关闭工作簿提醒吧，如代码 4-19 所示。

代码 4-19　执行预定任务提示

```
001|Sub 会议提醒()
002|    Application.OnTime TimeValue("14:50:00"), "质量会议"
003|End Sub
004|
```

```
005|Sub 关闭工作簿提醒()
006|    MsgBox "本过程将关闭本工作簿，请注意！过程将保存该工作簿！"
007|    Application.OnTime Now + TimeValue("00:00:30"), "关闭工作簿"
008|End Sub
009|
010|Private Sub 质量会议()
011|    Dim Str As String
012|    Str = "今天是周五，质量会议将于下午15:00开始，请注意！"
013|    Application.Speech.Speak Str         'Excel语音朗读功能
014|    MsgBox Str                            '提示内容
015|End Sub
016|
017|Private Sub 关闭工作簿()
018|    Application.Speech.Speak "本过程将关闭本工作簿，请注意！过程将保存该工作簿！"'Excel语音
        朗读功能
019|    ThisWorkbook.Close SaveChanges:=True
020|End Sub
```

代码 4-19 示例过程中有 2 个公有过程，会议提醒过程是用于每周的质量会议提醒，时间设置为提前 10 分钟提示；关闭工作簿提醒过程用于提示执行该过程后在 30 秒后将保存并关闭当前工作簿。

后面 2 个私有过程中都用到了 Excel 的语音朗读方法——Application.Speech.Speak。该方法一般只设置第 1 个参数，即朗读的文本内容，可以是中文也可以是英文，若不可朗读则需要读者下载相应语音包安装即可。

如若在执行过程中需要取消某个预定时间的程序，只需要将 Schedule 参数赋值为 False，Schedule 参数默认为 True，示例如下。

撤销前一个示例对 OnTime 的设置
Application.OnTime EarliestTime:=TimeValue("17:00:00"), Procedure:="my_Procedure", Schedule:=False

皮蛋：这才算干货嘛，用得其所。
无言：呃，这话不好接啊。

OnTime 方法主要用于定时执行需要过程操作，所以如果需要定时操作，可通过该方法设置绑定需要的过程来执行，例如每天定时汇总工作簿、定时提醒、临时行程提醒等。

4.10 使用工作表函数和ThisCell属性

4.10.1 工作表函数

💬 无言：接下来讲Application.WorksheetFunction属性，该属性相当于Excel上的函数。
❓ 皮蛋：晕，又是函数，想想都有点晕。
💬 无言：不要晕。

Application.WorksheetFunction 属性返回 WorksheetFunction 对象，用作叫从 Visual Basic 中调用的 Microsoft Excel 工作表函数的容器，其语法如下。

> 返回 WorksheetFunction 对象
> Application. WorksheetFunction. 函数名称 (该函数参数)

Application. WorksheetFunction 主要运用其内置函数——根据不同需求的用途，使用函数并正确运用不同参数；使用过程将函数参数以自定义的变量去代入，从而得到需要的结算结果。

❓ 皮蛋：也就是WorksheetFunction属性后面还需要跟随指定的函数名？
💬 无言：是的，就像输入Excel函数名称一样。

WorksheetFunction 对象内置的函数多达 335 个，但是其使用情况也和 Excel 函数一样，经常用的也就那几个。下面的示例是 3 种调用 WorksheetFunction 对象内置函数的写法。

> Application.WorksheetFunction. 函数名 (函数的参数)　　'完整写法
> WorksheetFunction. 函数名 (函数的参数)　　'省略 Application 对象
> Application. 函数名 (函数的参数)　　'省略 WorksheetFunction 对象

例子中的函数参数，可以使用声明的变量代替函数参数，就如在 Excel 工作表上用单元格或者常量数组、自定义名称等方式代入函数参数一样，只要变量类型的满足参数类型要求即可。

❓ 皮蛋：好家伙，居然有3种写法，作用都一样吗？
💬 无言：当然一样啦，举例给你看看，如代码4-20所示。

代码 4-20　运用 Function.Sum 求和

```
001|Sub Fun_Sum()
```

```
002| Dim Sum1 As Double, Sum2 As Double, Sum3 As Double, Rng As Range
003| Set Rng = Worksheets("Sheet2").Range("C1:C30")
004| Sum1 = Application.WorksheetFunction.Sum(Rng)
005| Sum2 = WorksheetFunction.Sum(Rng)
006| Sum3 = Application.Sum(Rng)
007| MsgBox "Sum1=" & Sum1 & vbCr & "Sum2=" & Sum2 & vbCr & "Sum3=" & Sum3
008|End Sub
```

代码4-20示例过程中，先声明了4个变量，其中3个Sum变量对应了WorksheetFunction的3种写法的变量——Rng变量为指定激活工作簿中名为Sheet2表的C1:C30单元格区域，并采用WorksheetFunction对象的Sum函数对Rng变量进行求和，通过运行代码后，可以看到3种写法的结果是一样的，如图4-17所示。

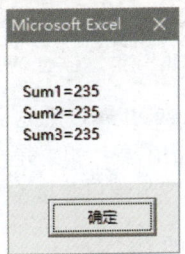

图4-17 WorksheetFunction3种写法的结果

💬 **无言**：通过上面的例子明白WorksheetFunction属性的用法了吗？

❓ **皮蛋**：写法是明白了，但是各函数的具体用法要如何做呢？

💬 **无言**：这个只能通过按F1功能键或者在搜索栏输入关键字进行搜索。

WorksheetFunction的难点也只在于不同函数的参数，这个只能和学习Excel函数一样，多看其帮助，如图4-18所示就是经常用的一个函数帮助，示例如下。

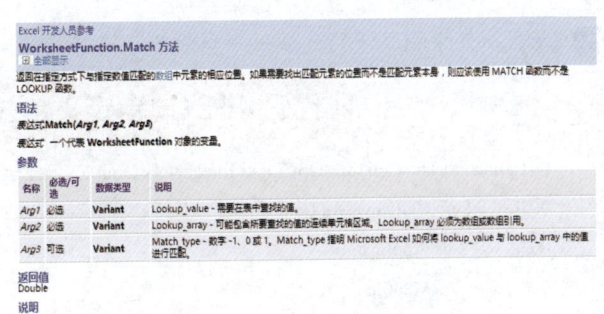

图4-18 工作表函数帮助

```
Application.WorksheetFunction.Match(5, Array(1, 2, 3, 6, 9, 10, 15, 18))  '省略了第3个参数
```

❓ **皮蛋**：呃呵，真的和Excel函数差不多呢，好吧，我去看帮助。

4.10.2 当前单元格：Application.ThisCell

💬 **无言**：讲完了WorksheetFunction属性，接着讲一个与其相关的属性——Application.ThisCell。这个在第1章就使用过了，这里详细讲解下。

❓ **皮蛋**：为什么相关呢，这家伙不就一个单元格嘛。

💬 **无言**：说相关是因为它只能用于自定义函数中，而且这个对于那些"合并党"特别有用哦！先看下它的语法吧。

> 返回一个单元格，用户定义的函数将作为 Range 对象从这里调用
> Application.ThisCell

　　Application.ThisCell 属性会返回一个 Range 对象，只能是一个单元格。如果当前单元格只有一个，返回单元格本身；如果是一个合并单元格区域，也只能返回该单元格的第 1 个单元格，若要获取该合并区域范围只需要配合 MergeArea 属性。

💬 **无言**：看到重点了没？

❓ **皮蛋**：重点？没有啊。

💬 **无言**：合并单元格，ThisCell属性可以返回合并单元格区域，这样对于获取合并单元格的区域不就轻而易举了吗。

❓ **皮蛋**：这个确实是重点啊，来举例。

💬 **无言**：先来看下干货代码——当前单元格求和的自定义函数，如代码4-21所示。

代码 4-21　自定义合并单元格求和

```
001|Function ThisCellSum(OffCol As Integer) As Double  '为ThisCell所在位置偏移方向及列数
002|    Dim CellRows As Long
003|    With Application
004|        .Volatile
005|        CellRows = .ThisCell.MergeArea.Rows.Count
006|        ThisCellSum = .Sum(.ThisCell.Offset(0, OffCol).Resize(CellRows))
007|    End With
008|End Function
```

　　代码 4-21 的 ThisCellSum 自定义函数过程运用了 ThisCell 属性的特性——只能用于自定义函数，不能用于过程；当该单元格为合并单元格，使用 ThisCell 属性只能返回合并区域中的

第 1 个单元格的位置（数值）。使用 Range.Address 属性只能的合并区域中的第 1 个位置的地址。ThisCell 属性必需配合 Range.MergeArea 属性，才能获取该合并区域的具体单元格范围。MergeArea.Rows.Count 语句的作用是获取合并区域的使用行数并赋值给 CellRows 变量；过程中运用 Range 对象的 Offset、Resize 属性来配合偏移列的方向和需要统计的行数范围，最后利用 Sum 函数将区域内的数据求和，结果如图 4-19 所示。

无言：利用 ThisCell 属性结合其他的对象属性可以方便地进行合并单元格求和。该公式还适用；公式填充，无需考虑是否因位置的不同而修改公式，如图 4-20 所示。

	A	B	C	D	E	F	G	H
1	部门	职务	姓名	数量	单价	个人合计	部门合计	备注
2		部长	L5	122.00	11.21	1,367.62		
3		副部长	N5	72.00	8.39	604.08		
4		职员1	P7	74.00	13.72	1,015.28		
5	外务部	职员2	A9	148.00	8.91	1,318.68	6643.07	
6		职员3	O9	79.00	11.11	877.69		
7		职员4	G5	109.00	6.04	658.36		
8		职员5	H10	63.00	12.72	801.36		

图 4-19　ThisCellSum 的求和

```
?Application.ThisCell.address
$G$2
```

图 4-20　ThisCell 获得单元格位置提示

ThisCell 属性在书写时不可省略 Application 对象，否者将出现【要求对象】的运行错误提示。

皮蛋：救星啊！曾经有一份合并了 N 个位置的表格，让我一个个地输入了统计公式，那是多么彻骨难忘啊！你怎么早不给我这个干货。

无言：这个与我无关，当时你不认识我，我也不认识你。现在知道了，以后自己就可以搞定了。

　给函数一个"易失"：Application.Volatile 方法

皮蛋：有个问题——自定义函数中的 Volatile 是什么呢？
无言：Volatile 是 Application 的方法，是将自定义函数标识为一个易失函数。
皮蛋：易失函数？不太明白。

> **无言**：易失函数在平时用得也不少，你注意看下帮助就知道了。

易失函数就是那种只要在任意单元格中进行计算时，该类函数都会自动重新计算。Excel 的易失函数有哪些呢，具体如下。

Excel 易失函数：NOW、RAND、TODAY、OFFSET、INDIRECT、CELL、INFO

Application.Volatile 的语法及参数说明（见表 4-14）如下。

将用户自定义函数标记为易失函数
Application.Volatile [=True|False]

表 4-14 Application.Volatile 方法的参数说明

参数名称	必需/可选	参数类型	作用说明
Volatile	可选	Variant	如果为True，则将函数标记为易失函数；如果为False，则将函数标记为非易失函数。默认值为True

> **皮蛋**：简单啊！

> **无言**：对，Application.Volatile 就只有一个参数。看代码 4-22 中 2 个自定义函数的代码，然后在工作表中输入函数名和参数即可。

代码 4-22 自定义易失和非易失函数

```
001|Function 非易失函数(Rng As Range) As Double
002|    Application.Volatile (False)
003|    Dim Rngs As Range
004|    For Each Rngs In Rng
005|        非易失函数 = 非易失函数 + Rngs.Value
006|    Next Rngs
007|End Function
008|
009|Function 易失函数(Rng As Range) As Double
010|    Application.Volatile (True)
011|    Dim Rngs As Range
012|    For Each Rngs In Rng
013|        易失函数 = 易失函数 + Rngs.Value
014|    Next Rngs
015|End Function
```

其实如果需要将自定义函数设置为易失函数时，只需要直接写为 Application.Volatile 即可，后面的参数可以省略；如果设置非易失函数时，则需要赋值为 False 或者直接省略该语句。

无言：关于 Application 与函数有关的属性和方法就这样结束吧，Application.WorksheetFunction 工作表函数的用法多多查阅帮助文件就行了。

皮蛋：好的，言子可以退下了。

无言：记住，易失属性只能用于自定义函数。

4.11 返回Application的相关信息

皮蛋：平时可以修改Excel工作簿和工作表的名称，那能修改Excel的名称或者其相关信息吗？

无言：当然可以啦，这节咱们就来简单说如何返回/设置Application的相关属性。

4.11.1 获取程序路径：Application.Path

皮蛋：就像获取Workbook.Path和.Name属性，有相类似的吗？

无言：有的，而且好多是通用的，先来看看Application.Path属性的作用及其语法。

> 返回一个 String 值，它代表应用程序的完整路径，不包括末尾的分隔符和应用程序名称
> Application.Path

Path 属性返回当前 Application 对象的完整路径，如代码 4-23 所示，过程直接返回 Excel 的安装路径，和 WorkbookPath 属性的作用类似。

代码 4-23　Application.Path 属性获取程序完整路径

```
001|    Sub Excel_Path()
002|        MsgBox "Application安装路径是 " & Application.Path
003|    End Sub
```

皮蛋：这个也挺简单易懂的，可以过了，接着来。

4.11.2 获取程序名称：Application.Name

- 无言：接下来的这个也是挺简单的，Application.Name返回对象的名称，语法如下。
- 皮蛋：嗯，看来这几个都挺简单的。

> 返回一个 String 值，它代表对象的名称
> Application.Name

Name 属性和 Path 属性一样，都是返回文本数据，Name 返回当前对象的名称，而 Application 返回的就是 Excel 程序本身的名称，如代码 4-24 所示。

代码 4-24 Application.Name 属性获取程序的名称

```
001|    Sub Excel_Name()
002|        MsgBox "Application的名称是 " & Application.Name
003|    End Sub
```

- 无言：这个几个属性是不是挺简单？
- 皮蛋：嗯，都快睡着了，干货呢？
- 无言：干货也是需要时间晾晒的么，咱们继续吧！Application.Value和Application.Name作用差不多，都是显示程序的名称——Microsoft Excel，有时两者可以互用。

4.11.3 读写程序标签：Application.Caption

- 皮蛋：Application.Caption这家伙获取啥来着？
- 无言：请看其语法及作用。

> 返回或设置一个 String 值，它代表出现在 Microsoft Excel 主窗口标题栏中显示的名称
> Application. Caption

- 无言：Application. Caption显示Excel程序标题栏中显示的名称，如图 4-21红框所示就是Caption的位置及显示信息。

 图 4-21 Caption 位置和显示信息

❓ **皮蛋**：原来这个 Caption 属性指的就是这里啊，具体用法还有其他的吗？

💬 **无言**：分3种用法来说吧。

（1）已保存的文件：返回该工作簿在标题栏的显示信息，其代码很简单，如代码 4-25 所示，运行效果如图 4-21 所示。

代码 4-25　显示已保存工作簿的信息栏内容

```
001|    Sub Excel_Caption01()
002|        MsgBox "Excel标题栏的内容是 " & Application.Caption
003|    End Sub
```

（2）新建且未保存的工作簿：返回显示为【Microsoft Excel – 工作簿 N】，其中 N 代表当前工作簿为第几个未保存的名称。如代码 4-26 所示，就是新建一个工作簿并显示标题栏的信息后不保存关闭激活工作簿。

代码 4-26　新建工作簿后标题栏的信息内容

```
001|    Sub Excel_Caption02()
002|        Workbooks.Add
003|        MsgBox "Excel标题栏的内容是 " & Application.Caption
004|        ActiveWorkbook.Close False
005|    End Sub
```

（3）修改标题栏的显示内容：因为 Application.Caption 属性是可读/写的，所以要修改标题栏显示内容可以通过变量或直接赋值 Caption 属性即可，如代码 4-27 所示。运行过程的标题栏显示内容如图 4-22 所示。其中第 2 句将 Xxl 变量赋值为今天的日期及周几，第 3 句将 Xxl 变量赋值给 Caption 属性，并用 Msgbox 函数显示修改后的内容。

代码 4-27 修改标题栏的信息内容

```
001|    Sub Excel_Caption03()
002|        Dim Xxl As String
003|        Xxl = Date & " 今天是 " & WeekdayName(Int(Day(Date) / 7), , 7)
004|        Application.Caption = Xxl
005|        MsgBox "Excel标题栏的内容是 " & Application.Caption
006|    End Sub
```

（图示：标题栏显示 "05040 Application的相关信息属性 - 2018/01/08 今天是 星期六"）

 图 4-?? 修改后的标题栏内容

将标题栏恢复为默认设置，则通过将 Caption 属性赋值为 Empty 或空即可。Empty 的作用是将传递的变量初始化，而文本数据类型的初始化即为空。代码 4-28 中通过将 Xxl 变量分别赋值为 Empty 和空，以恢复 Excel 标题栏的默认值。

代码 4-28 初始化标题栏

```
001|    Sub Excel_Caption04()
002|        Dim Xxl As String
003|        Xxl = Empty
004|        Application.Caption = Xxl
005|        MsgBox "Excel标题栏的内容是 " & Application.Caption
006|        Xxl = ""
007|        Application.Caption = Xxl
008|        MsgBox "Excel标题栏的内容是 " & Application.Caption
009|    End Sub
```

Empty 关键字用于未初始化的变量值

皮蛋： 我可以用Caption来显示一些重要的事情或者提醒啦。

Application.Caption 属性就是修改原 'Microsoft Excel' 字符为其他字符

无言： 这个可以啊，只要读取的数据来源就可以显示在标题栏上。接下来说下另外一个位置——状态栏：Application.StatusBar。

 读写状态栏信息：Application.StatusBar

图 4-23 显示的就是状态栏，平时我们看到的求和、平均、计数等都显示在状态栏内，它们都是通过赋值状态栏属性的显示值，要修改调整状态栏就需要运用 Application.StatusBar 属性了，先来看下 Application.StatusBar 的语法。

图 4-23 Excel 状态栏 StatusBar 属性

返回或设置状态栏中的文字。String 类型，可读写
Application.StatusBar

如果 Microsoft Excel 状态栏显示为 "就绪" 二字，代表了状态栏处于默认状态，其属性值将返回 False；若非 "就绪" 二字，则可以通过赋值为 False 返回默认属性。

状态栏处于隐藏状态时也起作用——状态栏的隐藏与否由 Application.DisplayStatusBar 属性控制，如代码 4-31 所示。

无言： 状态栏一般用来显示统计信息，现在要状态栏显示现在的时间，如代码4-29所示。

代码 4-29　状态栏显示当前日期

```
001|    Sub StatusBar01()
002|        Application.StatusBar = Date
003|    End Sub
```

运行代码 4-29 后,状态栏左边原来的"就绪"变为了当前的日期 。还可以做进度百分比的进度显示——代码 4-30 中使用了循环语句进行百分比计算,通过循环递增 Bf 变量的值直到 1000,每次循环都用 Bf/1000 获取该值占比状态,并赋值给 Application.StatusBar 显示在状态栏。

代码 4-30　状态栏显示进度百分比

```
001|    Sub StatusBar02()
002|        Dim Bf As Integer
003|        For Bf = 0 To 1000
004|            Application.StatusBar = Format(Bf / 1000, "0.0%")
005|        Next Bf
006|        MsgBox "已完成 " & Application.StatusBar
007|    End Sub
```

❓ **皮蛋**：如果要恢复默认状态,要如何处理呢？

💬 **无言**：只需将Application.StatusBar赋值为空或者False即可,请看代码 4-31。

代码 4-31　初始化状态栏

```
001|    Sub StatusBar03()
002|        Application.StatusBar = "你好,最近忙吗？"
003|        Application.StatusBar = ""
004|        Application.StatusBar = "改变自己,改变世界"
005|        Application.StatusBar = False
006|    End Sub
```

💬 **无言**：如果想要隐藏状态栏则使用Application.DisplayStatusBar属性并赋值为False,若要显示则重新赋值为True。状态栏的隐藏与否不影响Application.StatusBar属性的使用。

❓ **皮蛋**：这样啊,明白了。

💬 **无言**：接下来讲下获取Excel的版本号。

4.11.5 获取Excel版本号：Application.Version

? 皮蛋： 获取版本号有什么用呢？

… 无言： 因为某些方法或属性在新版本中已经被放弃了，或者有些操作只适合某些版本，所以获取版本号，便于决定如何使用哪些方法/属性。

? 皮蛋： 还有这一层啊，那你继续。

… 无言： 获取版本需要通过Application.Version属性，语法如下。

> 返回一个String值，它代表Microsoft Excel版本号
> Application.Version

Microsoft Office至今已经发布了数个版本，现在常用的版本有2003、2007、2010、2013、2016版，现通过代码4-32即可获取打开使用中的Excel版本号，并获取当前使用的系统位数。

代码4-32　获取Excel程序版本号

```
001|    Sub Version01()
002|        MsgBox "欢迎使用Excel,您当前的版本号" & Application.Version & vbCr & _
               "且运行在 " & Application.OperatingSystem & "位系统上!"
003|    End Sub
```

如表4-15所示为已发布的Microsoft Office的版本。

表4-15　Microsoft Office版本号

发布年份	名　　称	版本号	发布年份	名　　称	版本号
1995年	Excel 95	7	2006年	Excel 2007	12
1997年	Excel 97	8	2010年	Excel 2010	14
1999年	Excel 2000	9	2013年	Excel 2013	15
2001年	Excel XP	10	2016年	Excel 2016	16
2003年	Excel 2003	11			

? 皮蛋： 无言，你用的是哪个版本呢？

… 无言： 我啊，主要用2010版本，但是2013和2016都安装了。因为我喜欢带有离线帮助的

Excel，但是如果选择功能的话，推荐新版本。

皮蛋：这样啊，那我还是安装新版本，尝鲜也不错。

无言：版本号的判断是针对用户使用不同Excel版本的方法/属性差异用的，一般也没太多用处，接下来介绍另外一个。

4.11.6 显示隐藏程序：Application.Visible

无言：皮蛋，前面讲Worksheet事件的时候，也讲解了工作表的隐藏和显示属性，现在来讲讲如何隐藏Excel程序。

皮蛋：嗯，记忆犹新，现在我把重要的表都进行了深度隐藏。但是Excel居然还能隐藏？这个还真不知道。

无言：程序的隐藏用到Application.Visible属性，看下它的语法吧。

> 返回或设置一个 Boolean 值，它确定对象是否可见。可读写
> Application.Visible = [True|False]

Application.Visible 属性通过设置其 Boolean 值来显示或隐藏 Excel 程序，一般用于显示自定义窗体，让其他用户通过窗体选择需要的功能输入或读取，而不是直接通过 Excel 界面获取，更具有程序感，也起到一定的保护工作簿数据的作用。具体过程如代码 4-33 所示。

代码 4-33　隐藏并定时显示 Excel

```
001|    Rem 隐藏Excel
002|    Sub Visible01()
003|        Application.Visible = False
004|        OnTime_Visible
005|    End Sub
006|
007|    Private Sub OnTime_Visible()
008|        Application.OnTime Now + TimeValue("0:0:10"), "Visible02"
009|    End Sub
010|
011|    Private Sub Visible02()
```

```
012|        Application.Visible = True赋值为True,显示Excel
013|    End Sub
```

代码4-33中,Visible01过程先隐藏Excel程序并调用OnTime_Visible私有过程;OnTime_Visible过程运用Application.OnTime Now预约10秒后运行Visible02过程;Visible02过程用于显示Excel程序。

💬 无言:代码4-33过程使用上面讲过的Application.OnTime属性,定时指定某个指定过程。

❓ 皮蛋:那能不能来个显示窗体的例子呢?

💬 无言:好的,在工作簿中存在一个【全盘搜索文件】的窗体,现通过隐藏Excel并单独显示该窗体,过10秒后关闭该窗体且显示Excel,效果如图4-24所示,具体过程如代码4-34所示。

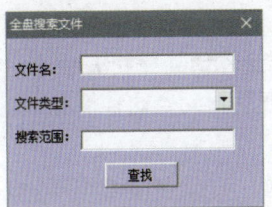

 图4-24 【全盘搜索文件】窗体

代码4-34 显示窗体并定时关闭

```
001|    Sub Visible03()
002|        Application.Visible = False    '隐藏
003|        文夹搜索器.Show                  '显示窗体
004|        OnTime_Visible                 '后10秒显示Excel
005|        Unload 文夹搜索器                '卸载窗体
006|    End Sub
```

代码4-34过程中,先隐藏Excel程序,再通过Show方法显示自定义窗体,接着调用OnTime_Visible过程,并在显示Excel后,将自定义窗体从内存中卸载。

❓ 皮蛋:这个看起来挺高级的,真的看不出是Excel程序了,下次我也去摆弄下。

💬 无言:隐藏后要记得显示出来,不然就要去VBE立即窗口操作,还有其他对象的Visible属性也是如此设置。如果没有调出VBE窗体的,则需要使用Ctrl+Alt+Del快捷键调出任务管理器

直接结束Excel程序。

❓ 皮蛋：嗯嗯，知道了。对了，既然有隐藏Excel程序的，那也应该有关闭Excel程序的方法或属性吧！

 退出/结束 Microsoft Excel

💬 无言：这Application.Quit方法就是关闭Excel的方法，这里就简单说下其语句和作用，简例如下。

> 退出 Microsoft Excel
> Application.Quit

使用此方法时，如果未保存的工作簿处于打开状态，则 Microsoft Excel 将显示一个对话框——询问是否要保存所作更改。要防止发生这种情况，请在使用 Quit 方法前保存所有工作簿或将 DisplayAlerts 属性设置为 False。

如果 DisplayAlerts 属性为 False，则在 Microsoft Excel 退出时，即使有未保存的工作簿，也不会显示对话框，而且不保存就退出。

如果将工作簿的 Saved 属性设置为 True，也将不会保存工作簿，Microsoft Excel 在退出时也不会提示保存工作簿。

> 保存所有打开的工作簿，然后退出 Microsoft Excel
> For Each w In Application.Workbooks
>   w.Save
> Next w
> Application.Quit

4.12 控制程序提示·操作的属性

当删除工作表或者图形对象都会出现一个提示窗口，或者输入大区域的公式计算时，屏幕都会一闪一闪的，这些都是 Excel 的相关提示信息或功能。现在就常用的几个提示或性能控制属性讲解下。

4.12.1 屏幕刷新：Application.ScreenUpdating

● **无言**：皮蛋，遇到过定位删除对象时，Excel总是如同死机了一样的情况吗？

● **皮蛋**：有啊，前几天就有一个网友给我发来了一个清单文件，一个工作表居然就有7MB，计算保存都特慢。然后嘛，我就定位对象了——找多了好多对象（隐藏的图形），还不止一个，而是4万多个呢。

● **无言**：然后你怎么操作的。

● **皮蛋**：不就【F5→定位条件→对象→选中→Del】，Del操作之后Excel慢得很，我就只能去倒茶慢慢喝了。经过了漫长的等待（居然用了将近10分钟），哎，这还只是一个表而已。

● **无言**：你的等待，是因为你没有关闭Excel的屏幕刷新功能——Application.ScreenUpdating属性，如果关了，那速度就蹭蹭地上来了。

● **皮蛋**：是它啊，这个你都用了N次了，但都没好好地解说下。

> 如果启用屏幕更新，则该属性值为 True。Boolean 型，可读写
> Application.ScreenUpdating = True|False

Application.ScreenUpdating 属性的开启和关闭都比较简单，默认值为 True。若设置为 True 即为开启刷新功能；赋值为 False 则为关闭刷新功能。

关闭屏幕更新可加快执行速度，但看不到宏的执行过程中的某些操作过程，当过程结束前，必需将 ScreenUpdating 属性设置回 True。

● **皮蛋**：原来这家伙还可以提高运行速度，来点示例。

代码 4-35 演示了将屏幕更新关闭后，系统如何加快代码的执行速度。

代码 4-35　隐藏偶数列的对比

```
001|    Sub ScreenUpdating_ColumnHidden()
002|        Dim ElapsedTime(2)
003|        Dim StartTime As Single, StopTime As Single
004|        Dim i As Byte, C As Range
005|        ActiveSheet.Columns.Hidden = False
006|        Application.ScreenUpdating = True '开启屏幕刷新
007|        For i = 1 To 2
008|            If i = 2 Then Application.ScreenUpdating = False
```

```
009|            StartTime = Time
010|            ActiveSheet.Activate
011|            For Each C In ActiveSheet.Columns
012|                If C.Column Mod 2 = 0 Then
013|                    C.Hidden = True
014|                End If
015|            Next C
016|            StopTime = Time
017|            ElapsedTime(i) = Format((StopTime - StartTime) * 24 * 60 * 60, "0.00秒")
018|        Next i
019|        Application.ScreenUpdating = True
020|        MsgBox "开启屏幕刷新的操作过程运行时间: " & ElapsedTime(1) & Chr(13) _
               & "关闭屏幕刷新的操作过程运行时间:"& ElapsedTime(2)
021|    End Sub
```

代码4-35示例过程用两次循环分别对工作表的偶数列进行了隐藏操作,并保存其执行时间。第1次示例隐藏列时,屏幕更新是打开的;第2次执行时,屏幕更新是关闭的。运行本过程时,将弹出如图4-25所示比较信息框,其显示了两次执行时间。

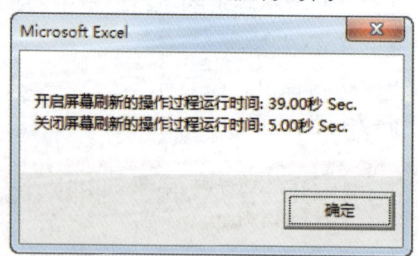

图4-25 执行时间信息

无言:时间上差了8倍,关闭屏幕刷新只有利于提速。在过程结束前必需重新将其开启,否则将看不到Excel内容的更新,有时还会导致不能显示某些对话框。

皮蛋:确实挺快的,不对比不知道。

无言:这个属性功能很实用也很常用。

💬 **无言**：在执行代码的时候，可能遇到因为删除某个工作表或其他操作，Excel总是会弹出一个警告提示窗口，有时我们不希望看到这个窗口，那要如何在适当的时候禁用它呢？

❓ **皮蛋**：说啥呢，什么警告窗口？来一个。

💬 **无言**：就图4-26所示窗口呗，你也经常遇到的。如果需要在适当时候不需其提示，可以运用Application.DisplayAlerts属性关闭它。

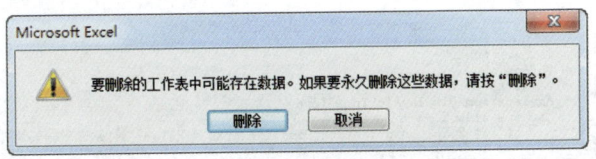

图4-26　删除工作表时的警告窗口

> 如果宏运行时 Microsoft Excel 显示特定的警告和消息，则该属性值为 True。Boolean 类型，可读写
> Application.DisplayAlerts = True|False

Application.DisplayAlerts 属性默认为开启，所以某些操作具有一定的重要性时，Excel 都会弹出如图 4-26 所示窗口，如代码 4-36 示例过程，通过在指定的工作表后面新建一个再删除。

代码 4-36　新建工作表并删除

```
001|    Sub ShtAddToDel()
002|    Dim i As Byte
003|    Application.DisplayAlerts = True
004|    For i = 1 To 2
005|        If i = 2 Then Application.DisplayAlerts = False
006|        Worksheets.Add After:=Worksheets("18 DisplayAlers"), Count:=1
007|        ActiveSheet.Delete
008|    Next i
009|    Application.DisplayAlerts = True          '开启提示
010|    End Sub
```

代码 4-36 示例过程中共有 2 次循环：第 1 次未关闭警告提示窗口，删除表时出现图 4-26 的窗口；第 2 次关闭了警告提示窗口，就没有提示了。

253

💬 **无言**：运行代码 4-36 过程时，请按 F8 功能键逐步执行或者在需要停止的语句上按 F9 功能键或者选中语句后单击左侧的边框即可，效果如图 4-27 所示。

❓ **皮蛋**：言子，这个操作的作用是啥？

💬 **无言**：调试或者到指定语句处暂停，当过程执行到指定语句位置时就会暂停执行。这么做完全是因为这个操作没有提示就稍纵即逝。平时编写过程调试时也可以这样用。

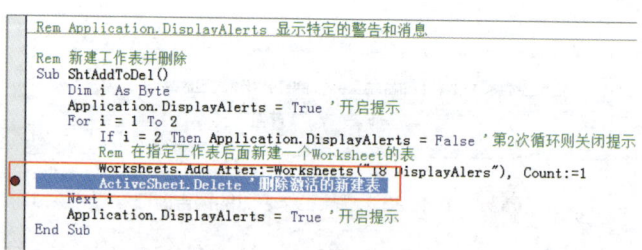

图 4-27　指定位置暂停工程

Application.DisplayAlerts 属性不仅用于删除工作表时提示，还可以用下面的示例关闭新建的工作簿，Excel 将不弹出警告提示窗口，而是直接关闭；也可以使用代码 4-37 示例过程逐步执行，看看运行结果。

```
Application.DisplayAlerts = False
Workbooks(2).Close
Application.DisplayAlerts = True
```

代码 4-37　新建工作表并删除

```
001|    Sub BookAddToDel()
002|        Workbooks.Add
003|        Cells(1) = Date
004|        Application.DisplayAlerts = False
005|        Workbooks(2).Close
006|        Application.DisplayAlerts = True
007|    End Sub
```

❓ **皮蛋**：原来不想提示某些警告窗体时可以其关闭啊。

💬 **无言**：是的，接下来讲解与操作有关的另一个属性。

 **4.12.2 事件启用（触发）控制：Application.EnableEvents**

💬 无言：接上面的禁止提示属性，这次讲解是否开启对某个动作（事件）的响应。

❓ 皮蛋：嗯嗯，前面学事件的时候说过死循环，可以用它控制。

💬 无言：是的，该属性是针对那些能触发事件机制的操作，而Application.EnableEvents属性就是用来控制是否启动对该事件的反应控制开关。

> 如果对指定对象启用事件，则该属性值为 True。Boolean 类型，可读写
> Application.EnableEvents = True|False

该属性用于对象设置的操作行为，默认为 True 即响应事件的操作，当赋值为 False 时即为不响应事件的操作。

💬 无言：以下示例为在保存文件之前禁用事件，依据上述的Application.EnableEvents属性作用以使 BeforeSave 事件不能触发，且代码写在Workbook.BeforeClose事件。

```
Application.EnableEvents = False      '关闭事件响应
ActiveWorkbook.Save                   '不响应保存关闭操作，直接保存
Application.EnableEvents = True       '开启事件响应
```

现在把 Application.EnableEvents 属性运用到工作表单元格选中动作（事件），每次选中单元格后都会显示当前时间，如图 4-28 所示。

按图 4-28 所示，在工程窗口中找到任意工作表后，写入代码 4-38 的事件代码，即可在选中单元格中写入 3。

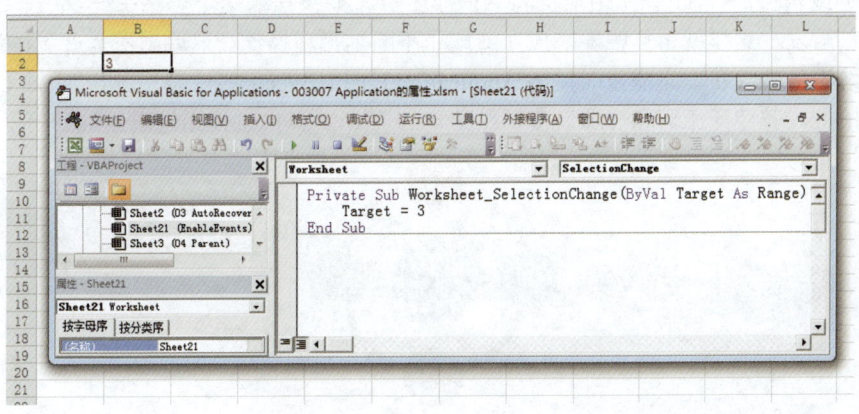

图 4-28　在工作表写入事件

代码 4-38　工作表单元格选中事件 01

```
001|    Private Sub Worksheet_SelectionChange(ByVal Target As Range)
002|        Target=3
003|    End Sub
```

现在将代码 4-38 修改为代码 4-39，此时选中的单元格区域先输入当时的时间，接着关闭 Application.EnableEvents 属性的响应。因为已关闭了事件触发机制，所以选中单元格不再输入数字 3；最后重新恢复响应事件的功能，防止其他事件不能响应。

代码 4-39　工作表单元格选中事件 02

```
001|    Private Sub Worksheet_SelectionChange(ByVal Target As Range)
002|        Target = Now
003|        Application.EnableEvents = False
004|    End Sub
```

💬 **无言**：Application.EnableEvents属性的设置还有一个作用——防止事件的重复响应，造成死循环。

❓ **皮蛋**：嗯，上面你说过了，这个明白了。

💬 **无言**：现在通过Worksheet.Change事件举例。

Worksheet.Change 事件就是当单元格数据改变了，事件就响应一次。假设在 A1 单元格输入任意数据或清空时，A1 单元格响应将 A1 的值 +1。如果按照这个思路每一次在输入时，事件又再次被触发，这样就重复触发响应，造成了不断地循环操作。这明显不是想要的结果，也造成了系统资源的浪费。必需暂时关闭 Application.EnableEvents 属性阻止 Worksheet.Change 事件的不断响应，避免死循环和资源浪费，如图 4-29 所示。具体过程如代码 4-40 所示。

图 4-29　A1 输入陷入死循环

💬 无言：中断代码过程可用Ctrl+PauseBreak快捷键暂停或者任务管理器结束Excel进程。

代码 4-40　工作表单元格内改变事件的死循环

```
001|    Private Sub Worksheet_Change(ByVal Target As Range)
002|        Target = Target + 1
003|    End Sub
```

❓ 皮蛋：嗯嗯，比事件那节说的更明白了。

💬 无言：Application的属性都是对于Excel程序有效的，所以属性语句的设置在结束前，都需要重新赋值为默认属性值。

Application.EnableEvents 属性对属于工作簿是有效的，所以关闭后要记得在过程结束前开启

💬 无言：关于Application对象的常用属性/方法就讲这么多吧，因为毕竟方法和属性太多了。后面不讲方法和属性，讲Application对象的事件，下班。

❓ 皮蛋：好吧，我知道了，也快下班了，准备去，See You！

4.12.3　常用控制提示信息属性一览表

Application 对象的常用控制提示信息属性如表 4-16 所示。

表 4-16　Application 对象的常用控制提示信息属性一览表

序号	属性名称	作用说明
1	AlertBeforeOverwriting	是否提示覆盖信息
2	AskToUpdateLinks	是否提示更新外链
3	AutoFormatAsYouTypeReplaceHyperlinks	是否启用将文本链接转换为超级链接
4	CalculateBeforeSave	是否开启工作簿保存前的重算功能
5	CommandBars	返回Excel内置的命令按钮对象
6	Calculation	是否开启程序的重算功能
7	CellDragAndDrop	是否启用拖放功能

续表

序号	属性名称	作用说明
8	CutCopyMode	清除剪切或复制模式的虚线
9	DisplayAlerts	是否提示特定的警告和消息
10	DisplayFormulaBar	是否显示编辑栏
11	DisplayFullScreen	是否开启Excel全屏
12	DisplayScrollBars	是否显示滚动条
13	DisplayStatusBar	是否显示状态栏
14	EditDirectlyInCell	双击能否进入编辑模式
15	EnableCancelKey	控制能否使用按键中断运行代码，配合代码保护更佳
16	EnableEvents	是否触发事件过程
17	FormulaBarHeight	设置编辑栏的高度，最小1，最大33
18	Height	返回Excel高度，以磅为单位
19	IsSandboxed	判断是否启用了【受保护的视图】
20	Iteration	判断是启用了迭代循环
21	Left	返回/设置Excel距离屏幕左侧的位置，以磅为单位
22	OperatingSystem	获取系统名称和版本号
23	PathSeparator	返回程序路径的分隔符（/）
24	PrintCommunication	是否开启与打印机的通信
25	RecentFiles	返回Excel的最近使用列表，返回RecentFile对象的集合
26	ReferenceStyle	返回/设置Excel的单元格引用方式，A1或R1C1
27	ScreenUpdating	是否启用屏幕刷新
28	SheetsInNewWorkbook	设置新建工作簿时新建的工作表个数
29	ShowDevTools	设置是否在功能区显示【开发工具】选项卡
30	ShowWindowsInTaskbar	设置是否在任务栏显示多个工作簿界面
31	Speech	启用朗读功能，与系统语言版本有关
32	StandardFont	获取系统当前使用的字体名称

续表

序号	属性名称	作用说明
33	StandardFontSize	获取系统当前使用的字号大小（单位：磅）
34	Top	返回/设置程序距离屏幕上端的距离（单位：磅）
35	UsableHeight	返回Excel窗口的最大高度（单位：磅）
36	UsableWidth	返回Excel窗口的最大宽度（单位：磅）
37	VBE	返回VBE编辑器对象
38	Width	返回/设置程序内部宽度（单位：磅）
39	WindowState	返回/设置窗口的状态：最大化、最小化、常规

4.13 Excel对象事件——类的简单运用

皮蛋：讲完了Worksheet、Workbook对象的常用的事件、方法和属性，又讲了一堆关于顶端Application对象的常用方法和属性，那怎么没有事件呢？

无言：会有的，不过这个涉及到了"类"这个概念。

4.13.1 什么是类

在说 Excel 程序事件前，需要先简单的说下"类"这个名词。

新华字典中对"类"字的释义：很多相似事物的综合，如种类、类群、类别、类书、分类、人类；也指具有相似、好像、类似、类同的意思。

在编程中"类"的意思与上面的释义有点相同：类是面向对象程序设计实现信息封装的基础，具体指的是一组具有相同属性和、方法、事件的数据类型（对象）。

皮蛋：呃，@_@，苍白的解释——不懂。

编程中的类，就如同常说的"人以群分、物以类聚"的概念。例如，把地球上的物种分为了几大类，哺乳类、鸟类、两栖类、鱼类、昆虫、蠕虫；再如将苹果、西瓜、芒果、草莓、梨等归类为水果；再或者 Excel 中的图片、线条、控件等都被归类为形状类。所以编程中的类一般都是指某一个组具有相同或相似的"物件"对象的统称。

> 无言：大概就这么个意思，靠理解吧。

4.13.2 插类模块

> 无言：在第2章就简单地提及了类模块，这里来重新认识下类模块以及它的作用。

类模块——含有类定义的模块，包括其属性和方法的定义

从类模块的字面定义来看，类模块是用来定义一个类对象数据的属性或者方法的地方，那么我们要如何打开这个地方呢，步骤如图 4-30 所示。

按图 4-30 所示步骤插入类模块后，即可在工程资源管理器中看到插入的类模块（见图 4-31），此时的类模块是空白的——此时的类模块就是以后要定义的类。

图 4-30 插入类模块

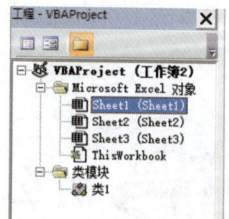

图 4-31 工程窗口中的类模块

4.13.3 类模块的名称和属性

插入类模块后按需将类模块的名称修改为对应的某类对象名称或者具有意义的名称（通过工程资源管理器中的属性窗口名称项的【类1】修改为需要的名称），如图 4-32 所示。该名称的作用用于被其他过程引用以及标明该类模块的作用或对象，如图 4-33 所示。

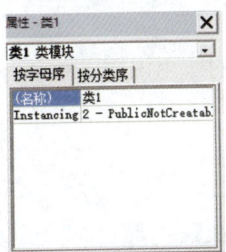

图 4-32 修改类的名称

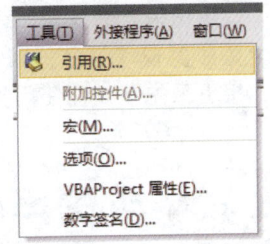

图 4-33 跨工程引用类

> 皮蛋：那属性窗口中的Instancing属性项是干什么用的呢？

类的 Instancing 属性决定了类模块的可见性或作用域——其默认属性值为 1-Private，意味着类仅能在包含该类的工程中创建和访问，其他工程不能基于该类创建对象；另一属性值是 2-PublicNotCreatable，表明其他工程能够将变量声明为该类，但是不能使用 Set 语句创建该类的实例。对于绝大多数应用程序来说，1-Private 是足够了。

如果需要在多个工程间引用某一个已定义的类时，该类的 Instancing 属性必需是 2-PublicNotCreatable。

假设工作簿 1 中包含一个名为类 1 的类模块，工作簿 2 需要使用类 1 时的操作为：首先，将工作簿 1 的工程名称从默认的 VBAProject 修改为唯一的、有意义的名称，例如 MyProject_ExcelApp；然后，在 VBE 编辑器中激活工作簿 2 的界面，设置对工作簿 1 的引用，即在 VBA 中选择工具——引用，然后在列表中选择 MyProject_ExcelApp；接着在工作簿 2 中，创建如下声明。

Public Ex_App As MyProject_Excel.类1

因为 Instancing 的属性值为 PublicNotCreatable，所以可以声明一个类 1 的变量，但不能创建该类的实例，因此，需要在工作簿 1 中编写函数来创建类 1 的新实例，并返回该实例给工作簿 2，在工作簿中创建下面的过程，如代码 4-41 所示。

代码 4-41 跨工程引用类的自定义函数

```
001|    Public Function 跨工程引用类() As 类1
002|        Set 跨工程引用类= New 类1
003|    End Function
```

然后，在工作簿 2 中设置公共变量类 1 为上述函数的结果，代码如下。

Set Ex_App =MyProject_Excel.跨工程引用类 ()

这样，跨工程引用类就被设置为类 1 的新实例。

💬 无言：以上关于类模块的名称属性和 Instancing 属性项的作用说明了解就好，实际运用时再找资料学习，接下来说下如何使用类模块。

 **类的声明**

首先要使用类时，需要先对类进行声明，类的声明需要通过 WithEvents 关键字声明，它表示被声明的变量作用于类模块的对象变量。

```
Public WithEvents ComBar As CommandBarButton
Public WithEvents ComBox As ComboBox
```

以上两个语句分别声明了一个按钮类（CommandBarButton）和一个组合列框类（ComboBox）。只要修改它们的属性，那么与其相同的类都会同步改变该属性的值；或者指定事件，当触发了指定类的事件时都会调用它们对应的事件过程。

```
Public WithEvents Ex_App As Application
```

上面的语句声明了一个 Application 程序类，Application 代表了 Excel 本身。当修改 Application 类的属性时，与 Excel Application 有关的属性都会相应被改变；当对 Application 类指定事件时，所有与此相关的程序都将调用该事件。

```
Public WithEvents Wd_App As Word.Application
```

上述语句则是声明了一个 Word 程序 Application 类，通过它的相关设置后，我们可以调用 Word 程序。下面的示例则是声明了几个不同类变量：工作簿、工作表、窗体中的复选框类对象。

```
Public WithEvents Ex_Wb As Workbook
Public WithEvents Ex_Sht As Worksheet
Public WithEvents Ms_App As MsForms.CheckBox
```

 **加载（调用）/卸载类事件**

💬 无言：只声明类并没有什么作用，还需要调用它们才有能派上用场。

❓ 皮蛋：那要怎么做才能使用类呢？

首先将插入的类模块的名称修改为有意义的名称，也可以保持默认的名称，其 Instancing 属性保持默认即可，接着就在类模块代码窗口内声明需要的类变量名称，可以使用 Public、Private、Dim 在类模块顶端声明，如图 4-34 所示。

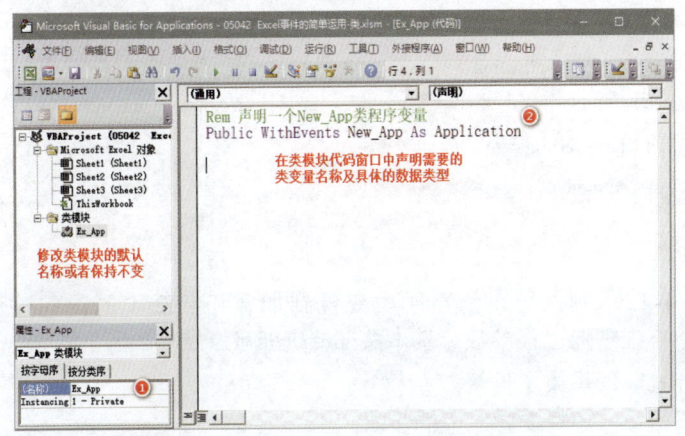

图 4-34　修改类模块名称及声明类变量

接着从代码窗口的通用栏中选择 Class 的对象（即类的英文名称），选择 Class 对象后将会默认在窗口中写入一个 Class.Initialize 事件，该事件为在引用类时触发该事件。

就像激活工作表即可触发工作表类似的结构，Class 对象就只有 2 个事件：Initialize 事件是初始化或加载时引用 Class 类；Terminate 事件用于终止或结束时释放类。将其初始化为 Nothing 状态，就像卸载程序一样，即可将这个类释放清空，如图 4-35 所示。示例如代码 4-42 所示。

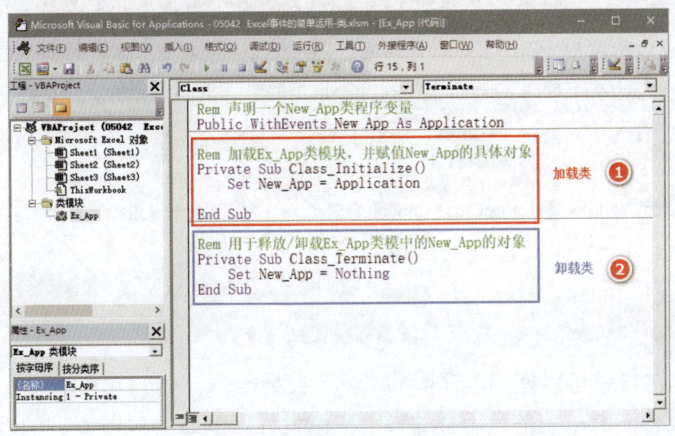

图 4-35　加载和卸载类

代码 4-42　声明类变量并使用 Class 对象加载和卸载类

```
001|    Public WithEvents New_App As Application    '
002|    Private Sub Class_Initialize()    '
003|        Set New_App = Application
004|    End Sub
005|    Private Sub Class_Terminate()    '
006|        Set New_App = Nothing
007|    End Sub
```

💬 无言：代码 4-42 示例过程，为声明类变量到加载和卸载类的语句过程；Initialize 和 Terminate 事件都不存在任何过程参数，基本按部就班即可。

❓ 皮蛋：那这样就能使用类了吗？

💬 无言：当然不行了，还需要做以下的步骤。

在类模块代码窗口中写完了加载和卸载事件过程，还需要运用 Workbook.Open 和 Workbook.BeforeClose 这两个 Workbook 对象来调用和卸载类的加载和卸载。

在写引用事件前需要在工作簿代码窗口顶端声明一个引用类的变量名称，并且该名称的数据类型必需与指定类模块的名称相同，如图 4-34 所示。然后就可以使用上述的两个事件触发类的加载和卸载，如代码 4-43 所示。

代码 4-43　利用工作簿事件加/卸载类

```
001|    Dim App_Calss As Ex_App                '声明一个变量，其数据类型为指定的类模块的名称
002|    Private Sub Workbook_Open()            '利用Open事件将声明的变量赋值给一个实例对象
003|        Set App_Calss = New Ex_App
004|    End Sub
005|    Private Sub Workbook_BeforeClose(Cancel As Boolean)    '利用BeforeClose事件释放实例
006|    Set App_Calss = Nothing
007|End Sub
```

❓ 皮蛋：是不是这样就可以使用类了吗？

💬 无言：还有最有一步，就是运用类的事件来触发程序的相关对象属性的修改或操作。

除了上述的使用 Workbook.Open 和 Workbook.BeforeClose 事件来加/卸载类外，还可以通过比较久远的 Auto_Open 和 Auto_Close 过程来加/卸载类。

皮蛋：这两个过程是怎么回事？

无言：Auto_Open和Auto_Close过程是原来VisaelBasic编程遗留下来的，它们对应了自动运行及自动关闭的功能。

Auto_Open 过程在打开工作簿时会自动运行该过程；Auto_Close 过程则是关闭工作簿前自动运行该过程；但是由于 Excel 中存着 Workbook.Open 和 Workbook.BeforeClose 事件，这两个事件比 Auto_Open 和 Auto_Close 过程它们具有优先执行权限。

Auto_Open 和 Auto_Close 过程的外壳和平时的子过程没有差别，将它们运用到类的加载时的过程如代码 4-44 所示。

代码 4-44　Auto_Open 和 Auto_Close 过程加/卸载类

```
001|   Dim App_Calss As Ex_App              '声明一个变量，其数据类型为指定的类模块的名称
002|   Sub Auto_Open ()                     '利用Auto_Open自动过程将声明的变量赋值给一个实例对象
003|       Set App_Calss = New Ex_App
004|   End Sub
005|   Sub Auto_Close ()                    '利用Auto_Close自动过程释放实例
006|       Set App_Calss = Nothing
007|   End Sub
```

皮蛋：确实没有太多不同，那这样说还可以使用它们两个自动过程来启动需要的代码了，挺好。

4.13.6　利用类的事件来操作 Excel

无言：是的，它们作用是打开时就启动过程或关闭前执行。图 4-36 说明了从类的插入到使用的大致步骤。现在就差最后一步了——运用类的事件来操作Excel程序。

与 Worksheet 和 Workbook 对象的事件一样，Excel 程序的 Application 事件也不少，但是

它的程序过程外壳和上述两个对象的过程外壳有点不同——不再是以 Application_ 事件名称 ([参数 N As 类型]) 或者 Excel_ 事件名称 ([参数 N As 类型]) 这样的样式出现了。

皮蛋：那是什么样的方式呢？

无言：类的事件是以已声明的类名称的方式出现在事件前缀的。

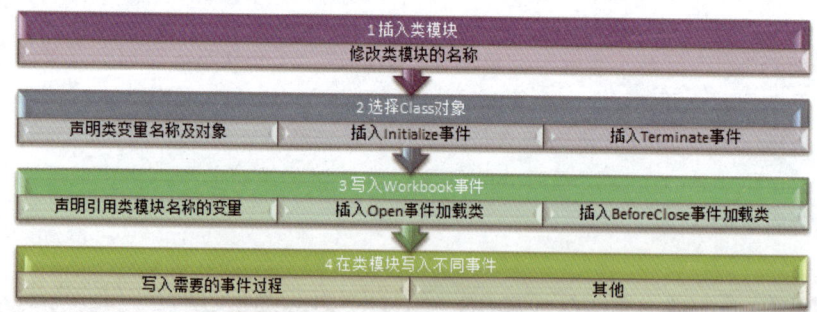

图 4-36　类的使用步骤说明

代码 4-42 类模块过程声明了一个 New_App 类变量名称。这个类变量名称将出现在通用栏列表，选择该类时将在代码窗口中出现默认的事件过程——类名称 _NewWorkbook 事件，其效果如图 4-37 所示。

根据图 4-37 所示步骤，选择需要的事件过程后写入语句即可。类事件的过程外壳和 Worksheet 和 Workbook 对象事件一样，根据需要赋值参数即可。

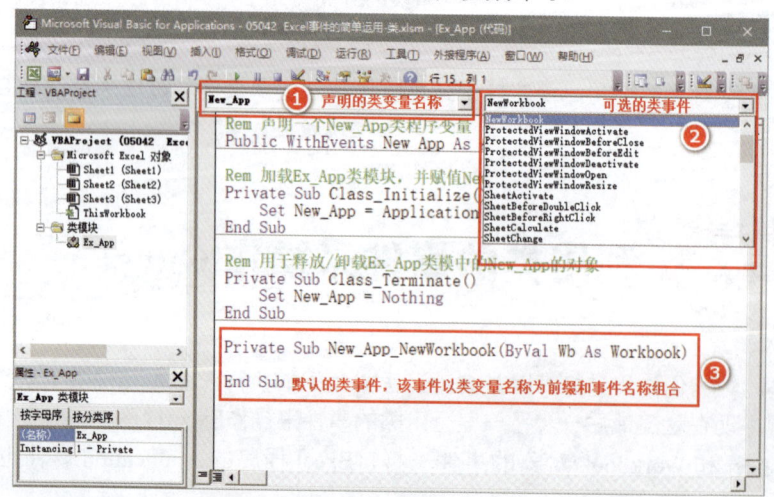

图 4-37　插入类事件的步骤

因为类事件基本上是针对 Excel 程序，所以其拥有的事件过程更多，这里挑 3 个事件过程来举例：默认的 NewWorkbook、WorkbookOpen 和 SheetSelectionChange 三个类事件来举例。

新建工作簿自动保存

利用学到的关于类的简单知识，通过 Excel 程序事件完成某些操作——例如自动保存、自动创建目录、十字光标等功能。

> 无言：干货来了，准备好了！

保存到指定位置示例如代码 4-45 所示。

代码 4-45　新建工作簿触发事件——保存到指定位置

```
001|    Private Sub New_App_NewWorkbook(ByVal Wb As Workbook)
002|        If Dir("D:\新建工作簿", vbDirectory) = "" Then MkDir "D:\新建工作簿"
003|        Wb.SaveAs "D:\新建工作簿" & "\" & Format(Now, "yyyymmddhhmmss"), XlWorkbookNormal
004|    End Sub
```

代码 4-45 示例过程运用了 NewWorkbook 事件，用简单的几句代码完成新建工作簿后自动保存到指定文件夹、文件名和格式的操作。首先用 Dir 函数判断指定路径下的文件夹是否存在，若返回空值，代表指定的文件夹文件名、目录名或文件夹名称不存在，用 MkDir 函数在指定路径下创建同名文件夹；然后再将新建的工作簿保存到该文件夹内，并以当前时间格式作为文件名，以及指定工作簿的格式。

> 皮蛋：呃呵，也就是说，每次只要新建就都会保存在【D:\新建工作簿】文件夹内，并还指定命名了，不错。那继续其他干货吧。

> 无言：先简单说下 Dir 函数的语法和作用，后面还有机会用到。

返回一个 String，用以表示一个文件名、目录名或文件夹名称，它必需与指定的模式或文件属性、或磁盘卷标相匹配
Dir[(pathname[, attributes])]

Dir 函数的参数说明如表 4-17 所示。

表 4-17 Dir 函数的参数说明

参数名称	作用说明
pathname	可选参数。用来指定文件名的字符串表达式，可能包含目录、文件夹或者驱动器。如果没有找到 pathname，则会返回零长度字符串（""）
attributes	可选参数。常数或数值表达式，其总和用来指定文件属性。如果省略，则会返回匹配 pathname 参数但不包含属性的文件

Dir 函数的 Pathname 参数用来指定需要返回的地址是否存在，存在则返回原字符串内容，不存在则返回一个空值字符串。attributes 参数则是指定需要返回的文件属性，如表 4-18 所示。

表 4-18 attributes 参数的常数

常数名称	值	作用说明
vbNormal	0	（默认）指定没有属性的文件
vbReadOnly	1	指定无属性的只读文件
vbHidden	2	指定无属性的隐藏文件
vbSystem	4	指定无属性的系统文件。在Macintosh中不可用
vbVolume	8	指定卷标文件；如果指定了其他属性，则忽略vbVolume。在Macintosh中不可用
vbDirectory	16	指定无属性文件及其路径和文件夹
vbAlias	64	指定的文件名是别名，只在Macintosh上可用

在第一次调用 Dir 函数时，必需指定 pathname 参数，否则会产生错误；如果也指定了文件属性，那么就必需包括 pathname。

Dir 会返回匹配 pathname 的第一个文件名。若想得到其他匹配 pathname 的文件名，再一次调用 Dir，且不要使用参数。

如果已没有满足条件的文件，则 Dir 会返回一个零长度字符串（""）。一旦返回值为零长度字符串，并要再次调用 Dir 时，就必需指定 pathname，否则会产生错误。

💬 无言：这里简单介绍下Dir函数，其作用比较丰富。例如下面的返回C盘目录下的名称循环简例。

```
' 显示 C:\ 目录下的名称
MyPath = "c:\"                                      '指定路径
MyName = Dir(MyPath, vbDirectory)                   '找寻第一项
Do While MyName <> ""                               '开始循环，跳过当前的目录及上层目录
    If MyName <> "." And MyName <> ".." Then        '使用位比较来确定 MyName 代表一个目录
```

```
            If (GetAttr(MyPath & MyName) And vbDirectory) = vbDirectory Then _
                Debug.Print MyName                       '如果它是一个目录,将其名称显示出来
            End If
            MyName = Dir                                 '查找下一个目录
        Loop
```

皮蛋:看来挺好用的,以后我自己尝试,接下来还有啥?

4.13.8 打开工作簿时自动创建目录表

无言:利用完了类的新建工作簿事件达成自动保存工作簿的操作后,接下来是比较实用的示例。

利用程序级的新建工作簿完成保存操作,现在要求打开已有工作簿时自动建立工作表目录并创建超级链接和格式设置,具体如代码 4-46 所示。

代码 4-46 打开工作簿时创建工作表目录

```
001|    Private Sub New_App_WorkbookOpen(ByVal Wb As Workbook)
002|        If Wb.Path <> "" Then
003|            Dim Sht As Worksheet, Mul_Sh As Worksheet, Cous As Long
004|            On Error Resume Next
005|            Application.ScreenUpdating = False
006|            With Wb
007|                Set Mul_Sh = .Worksheet("目录表")
008|                If Err.Number <> 0 Then
009|                    Set Mul_Sh = .Worksheets.Add(Before:=.Worksheets(1))
010|                    Mul_Sh.Name = "目录表"
011|                End If
012|                With Mul_Sh
013|                    .Cells.Clear
```

```
014|            .Cells(1).Resize(1, 3) = Array("序号", "表名称", "备注")
015|            For Each Sht In Worksheets
016|                If Sht.Name <> Mul_Sh.Name Then
017|                    Cous = Cous + 1
018|                    .Cells(Cous + 1, 1) = Cous
019|                    .Cells(Cous + 1, 2) = Sht.Name
020|                    .Hyperlinks.Add Anchor:=.Cells(Cous + 1, 2), Address:="", _
021|                        SubAddress:=Sht.Name & "!A1", TextToDisplay:=Sht.Name & "A1"
022|                End If
023|            Next Sht
024|            With .ListObjects.Add(XlSrcRange, .UsedRange, , XlYes)
025|                .TableStyle = ActiveWorkbook.TableStyles(Int(Rnd * 5 + 1))
026|                .Unlist
027|            End With
028|            .UsedRange.Borders.ColorIndex = Int(Rng * 56 + 1)
029|            .UsedRange.Borders.LineStyle = 1
030|            .Columns.AutoFit
031|        End With
032|        End With
033|        Application.ScreenUpdating = True
034|    End If
035| End Sub
```

代码 4-46 示例过程使用了 WorkbookOpen 事件来触发。当用户打开任意工作簿时，Excel 自动为该工作簿创建一个名为"目录表"的工作表，并在单元格上列出该表的所有表名称并做一个超级链接，最后对表进行格式设置。

（1）过程首先判断工作簿上是否存在名为"目录表"的工作表，没有则创建并命名；接着以 Mul_Sh 表为操作对象，清空表的所有内容并写入标题；然后通过循环获取其他工作表的名称并在对应的单元格写入序号、表的标签名称并创建一个工作簿内的超级链接。

（2）循环结束后将表区域创建一个表格，并随机选择一个表格样式后再将表格转换为普通单元格区域；最后对转换后的区域进行框线的线性及颜色进行设置，并自动调整列宽。

💬 无言：这个功能是针对每一个被打开的工作簿执行的，其效果如图 4-38 所示。

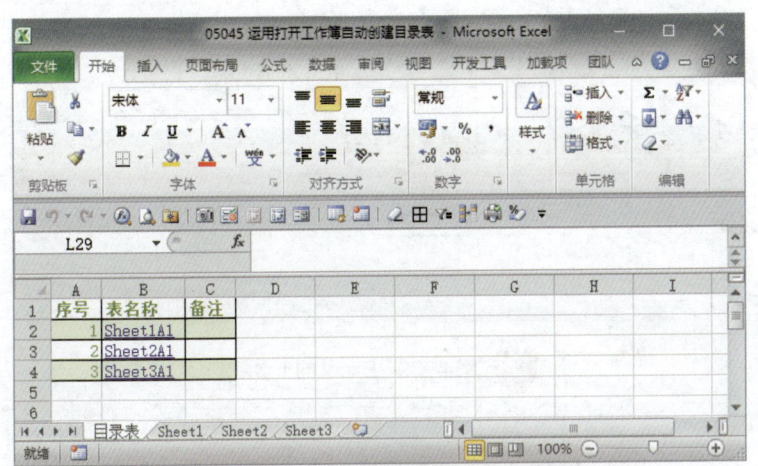

图 4-38　自动创建工作簿目录

💬 皮蛋：这里厉害了去，我喜欢，我还想着按照前面学习的工作簿事件在每个工作簿写一段代码呢，这个我特喜欢。

💬 无言：喜欢就好了，接下来是另外一个炸弹级别的。

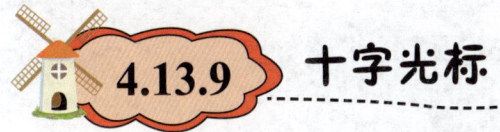

4.13.9　十字光标

我们经常看到有些同事或朋友 Excel 表格中都会有如图 4-39 所示标识所在单元格位置的十字星，这个大家一定比较好奇是如何做到的呢？

其实这个也运用了类的事件——SheetSelectionChange 事件，即工作表单元格选择事件。该事件与第 2 章讲到的工作表事件的【十字光标】示例代码一样，结合了 Excel 的条件格式。现在来看下代码 4-47 示例过程。

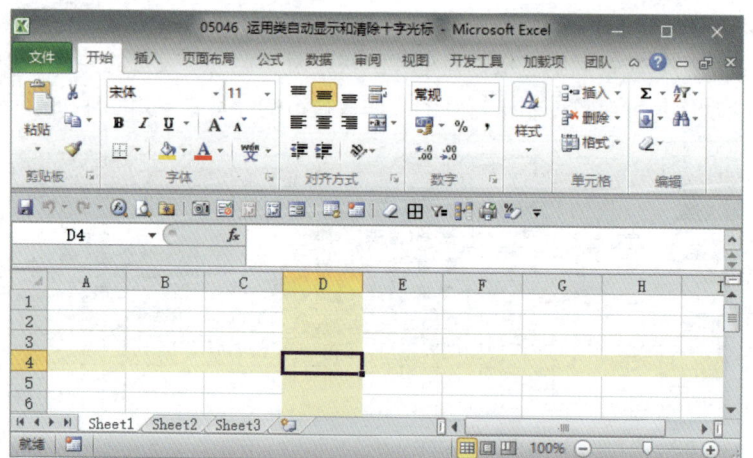

图 4-39 Excel 的十字星

代码 4-47 程序级的十字光标

```
001|    Rem 选中单元格显示十字标识
002|    Private Sub New_App_SheetSelectionChange(ByVal Sh As Object, ByVal Target As Range)
003|        On Error Resume Next
004|        Dim Fcs_Del As FormatCondition
005|        For Each Fcs_Del In Cells.FormatConditions
006|            If Fcs_Del.Formula1 = "=TRUE" Then Fcs_Del.Delete
007|        Next Fcs_Del
008|        With Target
009|            If .Count > 1 Then Exit Sub
010|            With .EntireRow
011|                With .FormatConditions.Add(Type:=XlExpression, Formula1:="=True")
012|                    .Interior.ColorIndex = 19
013|                End With
014|            End With
015|            With .EntireColumn
```

```
016|            With .FormatConditions.Add(Type:=XlExpression, Formula1:="=True")
017|                .Interior.ColorIndex = 19
018|            End With
019|         End With
020|      End With
021|   End Sub
022|
023|   Rem 工作表转为非活动时，清除十字架格式
024|   Private Sub New_App_SheetDeactivate(ByVal Sh As Object)
025|      On Error Resume Next
026|      Dim Fcs_Del As FormatCondition
027|      For Each Fcs_Del In Cells.FormatConditions
028|         If Fcs_Del.Formula1 = "=TRUE" Then Fcs_Del.Delete
029|      Next Fcs_Del
030|   End Sub
```

代码 4-47 示例过程中运用 2 个事件来配合创建十字星的条件格式和删除其条件格式，先来说下删除的类事件过程 New_App.SheetDeactivate。

（1）第 2 段的 New_App.SheetDeactivate 事件过程用于当被激活的当前工作表转入后台，自动清除该表已建立的十字星条件格式，通过对象循环语句删除指定的条件格式表达式。

（2）If Fcs_Del.Formula1 ="=TRUE"Then Fcs_Del.Delete 语句判断如果条件格式的对象的公式内容为"=True"时，就将该条件格式删除。

（3）代码 4-47 类示例过程的重点在于第 1 段 New_App.SheetSelectionChange 事件过程，该过程是集创建和清除表选中单元格位置的行列十字星条件格式。

（4）通过对象循环激活表中的条件格式对象，如果存在"=True"的文本内容时，就将该条件格式删除。该循环的作用是删除已有的十字星格式，防止重复创建。

（5）使用容错语句，防止可能错误。If .Count > 1 Then Exit Sub 语句为当用户选中的单元格多于一个时不创建十字星条件格式；当选中单元格为一个时，则分别创建选中单元格的行、列条件格式，并将其颜色设置为淡黄色的十字星。

无言：利用代码 4-47 的两个事件，一个在表转入后台后删除十字星条件，另一个在用户选一个单元格清除原来十字星条件，再重新创建一个选定位置的十字星条件。

❓ 皮蛋：嗯，明白了。不过还有个疑问，为什么不用直接设置单元格底色的方法呢，这样不是就简单多了？

💬 无言：你傻啊，这样就会改变单元格原来的底色等设置了。还不如用条件格式，它只会在满足条件时，将限定的设置附加到单元格对象上，当我们删除或者移动到其他位置，该条件就会被删除了，但是原单元格的设置没有被改动过，还是原来的，就不用在重新回去设置一通了。

❓ 皮蛋：原来是这样，思路挺重要的。

💬 无言：关于Application对象及其相关方法/属性和类的运用就到此结束了。

4.14 小结

本章主要介绍事件及其使用，同时介绍了 Worksheet、Workbook、Application 对象的常用方法和属性的。在对象的事件中，认识到选择正确的事件和善用事件过程中的参数，将是运用好事件这把利器的所在，也是使得数据统计、汇并等操作更加智能化的前提。最后简单地介绍了类、类的属性设置、类的加载和卸载；以及将类的事件应用到每一个工作簿。

类是比较抽象和应用范围最广的知识，但是一般使用 Excel 都是局限于某个工作簿的操作，如果对于类的内容有点接受困难的话，可以先缓缓。

第 5 章
图片的操作、认识表单控件和 ActiveX 控件对象

前面学习了关于Worksheet、Workbook及Application三种对象的常用方法和属性，结合其对应的事件过程，使得Excel的使用更加智能。本章将继续学习操作图形，以及认识VBA中常用的几类窗体控件，了解简单的窗体说明。

5.1 控制、调整图片图形

在 Excel 中图形的对象类型是 Shape 对象（形状），该对象代表绘图层中的对象——例如自选图形、任意多边形、OLE 对象或图片。

Shape 对象的父对象是 Sheet 对象。操作 Shape 对象时，都是在工作表上操作的，而不是像我们看到的浮上其上的 Range 对象。

用于形状对象时都需要指定父对象——Sheet 名称

 无言：本节将学习对 Shape 的操作，包括删除图片、调整图片位置、批量导入图片等。

皮蛋：这个不错，图片是经常使用到的。

5.1.1 通过 Shape 对象批次删除工作表上的图形

我们经常在一些网络商务平台上复制数据并粘贴到单元格，将该文档保存之后会莫名其妙地突然膨胀好多，由几千字节猛增到几兆或几十兆的量级变化。

皮蛋：这个我知道，这个是因为复制了网页表格上某些看不见的控件或图形，可以通过定位对象来删除。

无言：这个没错。但是你见过几万个小图形，就算采用定位删除也是一愣一愣地卡顿，有时间喝茶没脾气发吗？

皮蛋：前面不是说过有一次了吗？

无言：好吧，先不说这个几万的目标，先来说说你刚才说的定位删除对象，其实在 Excel 的 VBA 中不需这么复杂，只需要简单一句话就可以搞定了，先来看下示例吧。

一张工作表中存在着 N 个图形，包括图片、图表、艺术字等，现在通过 Shape 对象将其删除，如代码 5-1 所示。

代码 5-1　通过 Shape 对象逐一删除图形——For 指数

```
001|    Sub SH_ShapeDel()
002|        Dim i As Long
003|        With ActiveSheet
```

```
004|        If .Shapes.Count = 0 Then Exit Sub
005|        Application.ScreenUpdating = False
006|        For i = .Shapes.Count To 1 Step -1
007|            .Shapes(i).Delete
008|        Next i
009|        Application.ScreenUpdating = False
010|    End With
011| End Sub
```

代码 5-1 示例过程中，通过 .Shapes.Count 语句判断激活表上存在几个形状（Shapes），如果不存在形状则直接退出过程；若存在则通过 For 指数循环并通过 .Shapes(i).Delete 语句将指定序号形状从 Shapes 集合中逐一删除。

无言：代码 5-1 采用了逆序的方式逐一删除形状。在过程中出现 Shapes 集合，现在来看看 Shapes 集合的主要对象成员，如表 5-1 所示。

表 5-1 Shapes 集合的主要对象成员

方法/属性名称	分 类	作 用 说 明
AddCallout	方法	创建一个无边框的线形标注
AddChart	方法	在活动工作表上的指定位置创建图表
AddConnector	方法	创建一个连接符
AddCurve	方法	返回一个 Shape 对象，该对象代表工作表中的贝塞尔曲线
AddFormControl	方法	创建一个 Excel 表单控件
AddLabel	方法	创建一个连接符
AddLine	方法	创建一个线性图形
AddOLEObject	方法	创建 OLE 对象
AddPicture	方法	现有文件创建图片
AddPolyline	方法	创建一个不封闭的连续线段或一个封闭的多边形
AddShape	方法	返回一个 Shape 对象，该对象代表工作表中的新自选图形
AddSmartArt	方法	使用指定布局创建新 SmartArt 图形
AddTextbox	方法	创建一个文本框
AddTextEffect	方法	创建艺术字对象
BuildFreeform	方法	建立一个任意多边形对象
Item	方法	从集合中返回一个对象
SelectAll	方法	选择指定的 Shapes 集合中的所有形状

续表

方法/属性名称	分类	作用说明
Count	属性	返回一个 Long 值，代表集合中对象的数量
Parent	属性	返回指定对象的父对象。只读
Range	属性	返回一个 ShapeRange 对象，代表 Shapes 集合中形状的子集

表 5-1 中列出了 Shapes 集合有关的方法和属性。其中，14 个带 Add 的方法和 BuildFreeform 方法用于创建不同的 Shapes 类型；和 Range.Item 属性一样，Item 用于返回 Shapes 集合中的 Shape 对象，指定一个存在的序号即可返回对应的 Shape 对象；SelectAll 方法则是用于选中表中所有 Shape 对象，该方法只能选中，但不能对选中 Shape 对象执行 Delete 操作，也是代码 5-1 为什么不能直接使用 ActiveSheet.Shapes.SelectAll.Delete 语句进行删除的原因。

最后的 3 个属性大家都比较熟悉：Count 统计 Shapes 集合中的个数；Parent 返回 Shape 对象的父对象；Range 属性其实和 Item 方法是一个作用，返回指定序列的 Shape 对象。

> Shape 对象不能一次性删除，只能逐一删除

💬 无言：由于 Shape 是对象，所以上面的 For 循环语句，可以由指数循环改为对象循环进行删除，且不会因为指数右 1 开始删除形状后，后续形状序列的改变而导致删除出错。

❓ 皮蛋：嗯，这个我会的，你看下。既然 Shape 不能批量删除，要怎么才能和定位对象一样直接删除呢？示例如代码 5-2 所示。

代码 5-2　通过 Shape 对象逐一删除图形——For 对象

```vba
001|   Sub SH_ShapeDelObj()
002|       Dim Shp As Shape
003|       With ActiveSheet
004|           If .Shapes.Count = 0 Then Exit Sub
005|           Application.ScreenUpdating = False    '关闭刷新
006|           For Each Shp In .Shapes
007|               Shp.Delete                        '删除图形
008|           Next Shp
009|           Application.ScreenUpdating = False    '开启刷新
010|       End With
011|   End Sub
```

> 无言：嗯嗯，不错。说到一次性删除的话，需要用到DrawingObjects对象，后面再说。先来看下Shape对象有哪些成员，具体如表5-2所示。

表5-2　Shape对象的常用成员

方法/属性名称	分类	作用说明
Apply	方法	应用通过PickUp方法复制的指定形状格式
PickUp	方法	复制指定形状的格式，与Apply配合使用
Copy	方法	将对象复制到剪贴板
CopyPicture	方法	将所选对象作为图片复制到剪贴板
Cut	方法	将对象剪切到剪贴板
Delete	方法	删除对象
ScaleHeight	方法	调整图形的高度
ScaleWidth	方法	调整图形的宽度
Select	方法	选择对象
AutoShapeType	属性	返回或设置指定的 Shape 或 ShapeRange 对象的形状类型。可读写
Fill	属性	为指定形状返回一个FillFormat对象，或为指定图表返回一个ChartFillFormat对象，该对象中包含形状或图表的填充格式属性。只读
OnAction	属性	返回或设置单击指定对象时运行的宏的名称，给形状加载指定宏名称
BottomRightCell	属性	返回图形对象右下角的Range对象。只读
TopLeftCell	属性	返回图形对象左上角的Range对象。只读
Left	属性	返回或设置图形左边缘距离表A列左边缘或到图表区左边缘的距离（单位：磅）
Height	属性	返回或设置图形对象的高度（单位：磅）
Top	属性	返回或设置图形上边缘到工作表或图表上边缘的距离（单位：磅）
Width	属性	返回或设置一个Single值，代表对象的宽度（单位：磅）
Locked	属性	返回或设置一个Boolean值，指明对象是否已被锁定
LockAspectRatio	属性	调整图形尺寸比例方式
Placement	属性	返回或设置一个XlPlacement值，图形的位置变化是否跟随单元格
Name	属性	返回或设置一个String值，代表对象的名称
Type	属性	返回或设置一个MsoShapeType值，该值代表形状类型
Hyperlink	属性	返回一个Hyperlink对象，代表形状的超级链接
Title	属性	返回或设置与指定形状关联的可选文本的标题。可读写
Visible	属性	返回或设置一个MsoTriState值，它确定对象是否可见。可读写

> 无言：以上就是Shape对象及Shapes集合的常用对象和属性方法，后面将会结合实例运用其中的多数成员来操作/设置图片。

上面提及了，有次因为删除一个表中几万个图形，一时间造成 Excel 完全反应不过来，这也是此时我们不能再进行任何操作的原因。

❓ **皮蛋**：那就没有办法了吗？

💬 **无言**：有的，可以使用 DoEvents 函数来转移控制权。

> 转让控制权，以便让操作系统处理其他事件
> DoEvents( )

DoEvents 会将控制权传给操作系统：当操作系统处理完队列中的事件，并且在 SendKeys 队列中的所有键也都已送出之后，返回控制权。

❓ **皮蛋**：转移控制权？不理解。

💬 **无言**：简单说，就当用如下循环代码（见代码5-3），在A1单元格连续输入一组数字，当没有使用DoEvents函数时，Excel界面有忙碌状态的图标（见图 5-1），而使用DoEvents函数则可以在输入的同时单击Excel界面中的其他功能（见图 5-2）。

代码 5-3　无转移控制权的循环

```
001|    Sub DoEvents_NO ()
002|        Dim i As Long
003|        For i = 1 To 10 ^ 9
004|            Cells(1) = i
005|        Next i
006|    End Sub
```

图 5-1　无转移控制权的效果

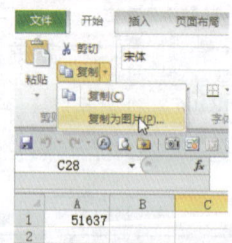

图 5-2　存在转移控制权的效果

不转移控制权时，执行太久的过程（见代码 5-3）将导致我们无法继续其他操作，如图 5-1 所示，光标变成了一个圆圈一直转。所以一般长时间的代码过程，都可以使用 DoEvents 函数在适当的时候转移控制权，以此来结束整个过程都需要等待的结果，示例如代码 5-4 所示。

代码 5-4 有转移控制权的循环

```
001|    Sub DoEvents_Yes()
002|        Dim i As Long
003|        For i = 1 To 10 ^ 9
004|            Cells(1) = i
005|            If i Mod 1000 = 0 Then DoEvents
006|        Next i
007|    End Subb
```

代码 5-4 示例过程中，多了一条判断语句 If i Mod 1000 = 0 Then DoEvents。该语句为当 i 余数为 0 时，Excel 将转移操作权限（每 1000 次释放一次控制权），不用等 A1 单元格的输入完成才能做其他操作（见图 5-2）。此时在输入数字的同时，还可以操作 Excel 的其他功能。

> 无言：DoEvents 也不是任何时间都需要使用，在适当的位置启用该函数即可。

5.1.2 通过 DrawingObjects 对象一次性操作/设置图形

> 皮蛋：嗯，明白。那刚才说的定位后一次性删除图片的方法呢？这里说下呗。
> 无言：批量删除用到了隐藏对象集合——DrawingObjects。

DrawingObjects 对象是一个隐藏的对象，在 VBA 的帮助文件中是没法找到它的帮助，只能通过 MSDN 网站的关键字查阅帮助。

DrawingObjects 对象可以同时对工作表上的所有图形对象操作，其作用于类似 Shapes.SelectAll 方法，但是 Shapes.SelectAll 方法只能选择表上的所有图形，而不能使用 Shape.Delete 方法对这些选中的图形直接删除，而必需通过循环删除。示例如代码 5-5 所示。

代码 5-5 批量删除表上的图形

```
001|    Sub Del_DrawingObjects()
002|        If ActiveSheet.DrawingObjects.Count > 0 Then ActiveSheet.DrawingObjects.Delete
003|    End Sub
```

代码5-5示例过程先判断激活表上是否存在形状,若存在则将所有形状一次性删除。该过程中的DrawingObjects.Delete相当于先将所有图形选中后再删除。

皮蛋: 那除了删除,它还能做什么呢?

无言: 多了去了,例如统一设置图形的大小、比例尺、锁定与否、能否打印等设置,下面就用几个常用例子来加深认识吧。首先看下调整图片的位置变化属性,能否打印及锁定示例(见代码5-6)。

代码 5-6 调整图片的位置变化属性、能否打印及锁定

```
001|    Sub DrawingObjects_ Placement ()
002|        With ActiveSheet. DrawingObjects
003|            .Placement = XlMove
004|            .PrintObject = msoFalse
005|            .Locked = msoFalse
006|        End With
007|    End Sub
```

代码5-6示例过程将通过所有表上的图形进行统一设置:调整图形的Placement属性为图形随单元格位置变化而变化;PrintObject属性指定为不可打印;Locked属性指明不锁定对象。

无言: Shape.Placement属性的XlPlacement枚举常数有3个选项,如表5-3所示。

表5-3 Shape.Placement 属性的 XlPlacement 枚举常数

常数名称	值	说明
XlMoveAndSize	1	对象随单元格的移动和调整大小,对应图形属性中的"大小和位置随单元格而变"
XlMove	2	对象随单元格移动,对应图形属性中的"大小固定,位置随单元格而变"
XlFreeFloating	3	对象自由浮动,对应图形属性中的"大小和位置均固定"

皮蛋: 要如何统一调整图片的行高列宽尺寸呢?

无言: 要调整图片的行高列宽尺寸则需要配合ShapeRange对象的属性来进行调整,如代码5-7所示。

代码 5-7 统一调整所有图片的位置及尺寸

```
001|    Sub DrawingObjects_Left_Size()
002|        With ActiveSheet.DrawingObjects
003|            .ShapeRange.Align AlignCmd:=msoAlignLefts, RelativeTo:=False
```

```
004|            .ShapeRange.Height = 85
005|            .ShapeRange.Width = 89
006|            .Placement = XlMove
007|            .PrintObject = Truee
008|            .Locked = True
009|            .ShapeRange.ScaleHeight 1, msoTrue, msoScaleFromTopLeft
010|            .ShapeRange.ScaleWidth 1, msoTrue, msoScaleFromTopLeft
011|        End With
012|    End Sub
```

代码 5-7 示例过程对选中图形进行左对齐操作，并对所有图形统一设置了图高和图宽的具体尺寸磅值（85*89），还将图形设置为大小、位置随单元格的变化而改变；接着设置图形为可打印并锁定状态；最后将调整尺寸后的图片还原为原来尺寸比例。

ShapeRange.Align 方法语句用于调整图形的对齐位置，该方法以最靠近工作表左侧图形的位置为对齐位置，使得所有其他图形以此位置左对齐，其语法及作用如下。

对齐指定形状区域中的形状
图形对象.ShapeRange.Align(AlignCmd, RelativeTo)

ShapeRange.Align 方法中的 RelativeTo 参数的值在 Excel 中只能赋值 False，而 AlignCmd 参数则是用于决定图形的对齐位置；AlignCmd 参数的对齐方式由 MsoAlignCmd 枚举常数决定，其详细对齐方式如表 5-4 所示。

表 5-4 AlignCmd 参数的 MsoAlignCmd 的枚举常数

常数名称	值	说明	常数名称	值	说明
msoAlignLefts	0	对齐指定对象的左侧	msoAlignTops	3	对齐指定对象的顶部
msoAlignCenters	1	对齐指定对象的中心	msoAlignMiddles	4	将指定对象居中对齐
msoAlignRights	2	对齐指定对象的右侧	msoAlignBottoms	5	对齐指定对象的底端

> 无言：图形的尺寸调整由 ShapeRange.Height 和 ShapeRange.Width 属性的设置决定，尺寸的单位为"磅"。
> 皮蛋：磅和设置里的厘米是什么样的换算关系呢？
> 无言：磅与毫米、厘米的换算关系如下，通过下面的换算关系直接换算即可。
>
> 1 磅 =0.3527 毫米；1 磅 =0.03527 厘米；1 厘米 =28.3527 磅；1 毫米 =2.83527 磅

在代码 5-7 示例最后对图形的比例进行了调整，是通过 ShapeRange.ScaleHeight 和 ShapeRange.ScaleWidth 方法处理的，它们的语法基本相似，具体如下。

> 按指定的比例调整形状的高度
> 表达式 .ScaleHeight(Factor, RelativeToOriginalSize, Scale)

> 按指定的比例调整形状的宽度
> 表达式 .ScaleWidth(Factor, RelativeToOriginalSize, Scale)

Factor 参数为指定缩放比例，若要将一个矩形放大 50%，请将此参数赋值为 1.5。

RelativeToOriginalSize 参数用于根据调整的形状调整图形高度或宽度：赋值为 False 时是相对于形状的原有尺寸来调整宽度。仅当指定的形状是图片或 OLE 对象时，才能将此参数指定为 True。

Scale 参数用于指定调整形状大小时，该形状哪一部分的位置将保持不变，保留位置由 MsoScaleFrom 枚举常数决定，其常数值如表 5-5 所示。

表 5-5　Scale 参数的 MsoScaleFrom 的枚举常数

常数名称	值	说明
msoScaleFromTopLeft	0	形状的左上角保留其位置
msoScaleFromMiddle	1	形状的中点保留其位置
msoScaleFromBottomRight	2	形状的右下角保留其位置

💬 无言：与调整比例有关的还有 ShapeRange.LockAspectRatio 属性，其作用和语法如下。

> 是否锁定按比例缩放图形
> ShapeRange.LockAspectRatio = MsoTriState

ShapeRange.LockAspectRatio 属性的 MsoTriState 常数，在 Excel 中只能赋值为 MoTrue 或 MoFalse，分别代表按比例缩放或不按比例缩放。

❓ 皮蛋：那微调能做到吧？我在 Excel 上是可以用鼠标或键盘方向键搞定的。

💬 无言：必需可以啊，这个移动对应了 2 个方法，先看个示例吧，如代码 5-8 所示。

代码 5-8　统一移动图片的位置

```
001|    Sub DrawingObjects_Increment ()
002|        With ActiveSheet.DrawingObjects
003|            .ShapeRange.IncrementLeft -10
004|            .ShapeRange.IncrementTop 20
```

```
005|         End With
006|     End Sub
```

代码 5-8 示例过程是对所有图形统一以各图形的左侧位置为起始坐标位置，向左侧移动 10 磅；然后以各图形的上边缘位置为起始坐标向下移动 20 磅。ShapeRange.IncrementLeft 方法对应了调整图形左移的磅数，ShapeRange.IncrementTop 方法对应调整图形上移的磅数；当数字为负数时，分别为左移或上移；数字为正数时，分别为右移或下移。

💬 **无言**：ShapeRange.IncrementLeft 和 ShapeRange.IncrementTop 方法只需要在方法后面直接输入正负数字即可，无需等号赋值。

 获取形状的类型/名称

❓ **皮蛋**：好的，明白了，那这么多形状，要如何识别它们是图片还是其他，或者说它们的类型名字是啥？

💬 **无言**：可以运用 Shape.Name 或 Shape.Type 属性来识别，它们的作用如表 5-2 所示。

Shape.Name 属性指 Excel 界面上编辑栏旁边的名称栏内的名字，可通过该属性获取其红色框中的文字，也可通过该属性修改为需要的名称。如图 5-3 所示为 Shape.Name 返回的名称地址框中图形的文本名称及形状对应哪种类型。

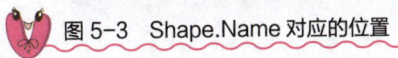
图 5-3 Shape.Name 对应的位置

可通过 Shape.Type 属性可以获取指定 Shape 对象的类型，如图片、形状、图表、控件或者是其他类型。该属性返回一个代表形状类型的 MsoShapeType 值，即值指的是具体的形状类型分类，如表 5-6 所示。

表 5-6 MsoShapeType 枚举常数

常数名称	值	说明	常数名称	值	说明
msoShapeTypeMixed	-2	混和形状类型	msoPicture	13	图片
msoAutoShape	1	自选图形	msoPlaceholder	14	占位符
msoCallout	2	标注	msoTextEffect	15	文本效果
msoChart	3	图表	msoMedia	16	媒体
msoComment	4	批注	msoTextBox	17	文本框
msoFreeform	5	任意多边形	msoScriptAnchor	18	脚本定位标记
msoGroup	6	组合	msoTable	19	表
msoEmbeddedOLEObject	7	嵌入的 OLE 对象	msoCanvas	20	画布
msoFormControl	8	Excel表单控件	msoDiagram	21	图表
msoLine	9	线条	msoInk	22	墨迹
msoLinkedOLEObject	10	链接OLE 对象	msoInkComment	23	墨迹批注
msoLinkedPicture	11	链接图片	msoIgxGraphic	24	SmartArt 图形
msoOLEControlObject	12	AX-OLE 控件对象			

> 无言：现在根据表 5-6 并配合 Shapes 集合和对象循环语句，获取 Sheet1 上所有形状的类型名称，具体如代码 5-9 所示。

代码 5-9　获取当前工作表上所有形状的名称和类型

```
001|    Sub Shp_NameOrType()
002|        Dim Shp As Shape, Shp_N As String, Shp_T As String, Spa_Cou As Integer
003|        With ActiveSheet
004|            If .Shapes.Count = 0 Then Exit Sub
005|            For Each Shp In .Shapes
006|                Spa_Cou = 40 - VBA.Len(Shp.Name) * 2 - VBA.Len(Shp.Type)
007|                Shp_N = Shp_N & Shp.Name & Space(Spa_Cou) & Shp.Type & vbCr
008|                If InStr(Shp_T, Format(Shp.Type, "00")) = 0 Then Shp_T = Shp_T & Format(Shp. Type, "00") & " "
009|            Next Shp
```

```
010|            MsgBox .Name & "表中存在 " & .Shapes.Count & " 个形状；有 " &
                UBound(Split(Trim(Shp_T))) + 1 & _
011|            " 个类型形状：它们分别是：" & vbCr & Shp_N & Replace(Shp_T, " ", ",")
012|        End With
013|    End Sub
```

代码 5-9 示例过程中首先判断激活工作表上是否存在形状，如果不存在则退出过程；若存在，则循环获取形状的 Shape.Name 和 Shape.Type 属性信息。

（1）Spa_Cou 变量为获取要插入在形状名称后面的空格个数；Shp_N 变量则是将形状的名称和类型文本组合并联成一个字符串；Shp_T 变量则是用来装入对应图形类型的数字；最后通过 Msgbox 函数提示。

（2）InStr(Shp_T, Format(Shp.Type, "00")) 语句为获取形状类型是否存在 Shp_T 变量中，若返回结果为 0，表明判断该类型不存在 Shp_T 变量中，并将其加入 Shp_T 变量中。过程运行后的效果如图 5-4 所示。

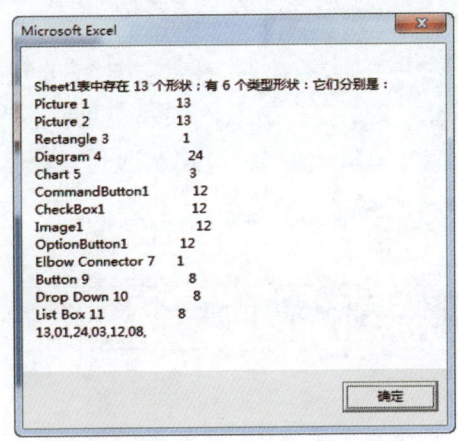

图 5-4　激活表形状信息

- 无言：InStr(Shp_T, Format(Shp.Type, "00")) 语句类似去重复的意思。
- 皮蛋：为什么 Shape.Name 返回的是英文呢？
- 无言：当没有对形状的名称进行修改时，其默认返回的就是内置的英文类型名称。
- 皮蛋：原来是这样啊！不赋值形状的名称时，返回默认类型的名称。

5.1.4 创建带指定宏的内置 Excel 表单控件

💬 **无言**：就是这个意思。接下来说下在 Excel 工作表上创建 Excel 控件，并指定该控件的执行宏过程名称。

❓ **皮蛋**：这个有意思。

在使用 Excel 制作动态图表的时候，经常会看到如图 5-5 所示的图表中出现了几个不属于图表的控件——分组框和选项按钮。当单击不同的按钮时，图表会出现不同的变化，这就是动态图表，通过关联的控件获取不同的数据。现在就先来看看如何运用 VBA 在表上创建 Excel 控件，如代码 5-10 所示。

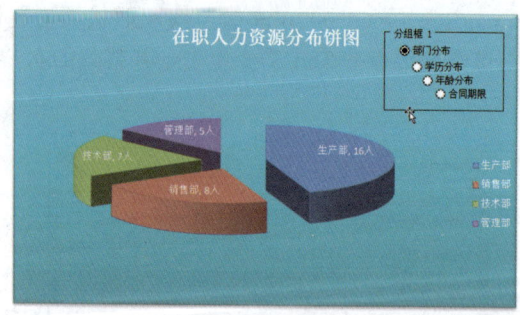

图 5-5　图表上的 Excel 控件

代码 5-10　在 B2 单元格位置创建一个 Excel 命令按钮并指定宏

```
001|  Sub AddShapeAndOnAction()
002|      With ActiveSheet
003|          .DrawingObjects.Delete
004|          With .Buttons.Add(.Cells(2, 2).Left, .Cells(2, 2).Top, 100, 30)
005|              With .Characters
006|                  .Text = "Excel表控件"
007|                  .Font.Name = "黑体"
008|                  .Font.Color = vbRed
009|                  .Font.Size = "11"
```

```
010|                End With
011|                   .OnAction = "模块2.显示当前时间"
012|             End With
013|          End With
014|       End Sub
```

代码 5-10 示例过程，先将当前工作表上的所有形状删除，再通过 Add 创建一个新的 FormControl 控件，该控件属于 Microsoft Excel 控件（Excel 本身具有的控件，而不是 ActiveX 控件）；接着通过 Characters 对象的相关属性设置表单控件字符的文字内容、字体名称、颜色及字号大小；最后通过 Shaps.OnAction 属性指定表单控件的要执行的宏过程名称——宏名称存放在模块 2 中，效果如图 5-6 所示。

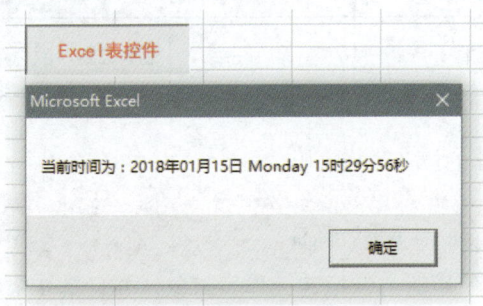

图 5-6　显示当前时间信息

? 皮蛋：创建用 Add 方法，但是我不知道 Excel 表单控件所对应的名称要怎么创建？

💬 无言：不怕，这里准备了 Excel 表单控件对应的中英文名称及图标（见表 5-7）。

表 5-7　内置 Excel 控件对应名称

英文名称	中文名称	图　　标	作　　用
Buttons	按钮	按钮 1	启动、结束或中断一项操作或一系列操作
DropDowns	组合框（窗体控件）		组合框将列表框和文本框的特性结合在一起。用户可以像在文本框中那样输入新值，也可以像在列表框中那样选择已有的值
CheckBoxes	复选框	☐ 复选框 1	显示某个项目的选中状态

续表

英文名称	中文名称	图标	作用
Spinners	数值调节按钮（窗体控件）	▲▼ or ▲▼	用于增加及减少数值
ListBoxes	列表框（窗体控件）	□	用于显示一些值的列表，用户可以从中选择一个或多个值
OptionButtons	选项按钮	○选项按钮 1	用于显示组选项中每一项的选中状态
GroupBoxes	分组框	┌分组框 1┐	用于创建功能上及视觉上的控件组
Labels	标签	标签 1	用于显示说明性文本
ScrollBars	滚动条（窗体控件）	◄ ► or ▲▼	根据滚动块的位置，返回或设置另一控件的值

皮蛋：挺周到，那新建的语法也说下吧。

> 新建工作表表单控件
> Worksheet.FormControl.Add Left,Top,Width,Height

FormControl.Add 语句使用时必需指定工作表对象，并且其 4 个参数都是必选，它们的数据类型都是 Long。

Left 参数的作用指定对象距离工作表 A1 单元格或图表左上角（左侧边缘）的坐标位置；Top 参数则是指定对象距离工作表（图表）上边缘的距离；Width 和 Height 参数则是指定新建控件宽和高的大小。

无言：FormControl.Add方法的4个参数的默认单位为磅。该方法与Shapes.AddForm Control方法类似，先来看下它的语法和作用。

> 创建一个 Microsoft Excel 控件，将返回一个 Shape 对象，该对象代表新建的控件
> Shapes. AddFormControl(Type, Left, Top, Width, Height)

Shapes.AddFormControl 和上面讲到的 FormControl.Add 方法类似，但 Shapes.AddFormControl 方法多了 Type 参数，该参数的作用是指定要创建的表单控件的具体类型，其由 XlFormControl 枚举常数决定，而 FormControl.Add 方法则必需直接以表单控件的名称来创建。XlFormControl 枚举常数与表单控件类型的对应关系如表 5-8 所示。

表 5-8 XlFormControl 枚举常数与表单控件类型的对应关系

常数名称	值	说明	常数名称	值	说明
XlButtonControl	0	按钮	XlLabel	5	标签
XlCheckBox	1	复选框	XlListBox	6	列表框
XlDropDown	2	组合框	XlOptionButton	7	选项按钮
XlEditBox	3	文本框	XlScrollBar	8	滚动条
XlGroupBox	4	分组框	XlSpinner	9	微调按钮

💬 无言：表 5-8所示枚举常数用于Shapes.AddFormControl方法的Type参数对应要创建的控件类型；具体示例如代码5-11所示。

代码 5-11　通过 Shapes.AddFormControl 方法创建一个微调按钮

```
001|    Sub Shp_Add_FormControl()
002|        With ActiveSheet
003|            .DrawingObjects.Delete
004|            .Cells.Clear
005|            .Shapes.AddFormControl(XlSpinner, .Cells(5, 2).Left, .Cells(5,2).Top,18,40).Select
006|            With Selection
007|                .Value = 0
008|                .Min = 0
009|                .MAX = 200
010|                .SmallChange = 1
011|                .LinkedCell = "C4"
012|                .OnAction = "模块2.返回被控单元格的值"
013|            End With
014|        End With
015|    End Sub
```

代码 5-11 示例过程通过 Shapes.AddFormControl 方法创建一个数值微调按钮，在创建微调按钮后并将其选中，设置了该按钮的现值、最小值、最大值、步长和关联的数值显示单元格文本位置，最后指定一个每次单击按钮时显示单元格（按钮）的现值，如图 5-7 所示。

💬 无言：其实Shapes.Add***中对应好几种创建新形状对象的方法，它们针对不同类型的形状，所以如果要创建对应的形状可以翻阅表 5-1中关于Add类型的方法。关于创建控件并加载宏的Add 方法就告一段落了。

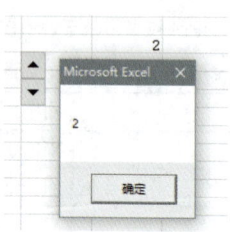

图 5-7 单击微调按钮是显示现值

5.1.5 插入图片到 Excel 表中

皮蛋：又准备搞什么呢？

无言：必需搞啊,我最近在网上弄了几张图要插入到Excel中,你有兴趣参与？

皮蛋：你先说多不多？多了我是不干的,手废了怎么办呢？

在平时操作 Excel 时,会时不时需要将某些图片导入（插入）到表中,例如制作相关职员的胸卡或者产品的对应图片等,少批量时,手工操作绝对咻咻几下搞定。

无言：今天咱不管导入图片多少的问题,咱就为了学如何运用Shape对象的相关方法属性将图片一张张咻咻地导入到表格。示例如代码5-12所示。

代码 5-12 导入文件夹中的指定类型图片

```
001|    Sub Insert_Pictures()
002|        Dim Lj As String, Tup As String, Tup_Name As String
003|        Dim Tu_Leix, i As Byte, Cous As Long, Bol As Boolean
004|        MsgBox "请选择需要导入的文件夹路径", vbOKOnly
005|        Tu_Leix = Array(".jpg", ".bmp", ".gif", ".png")
006|        With Application.FileDialog(msoFileDialogFolderPicker)
007|            .AllowMultiSelect = False
008|            If .Show = 0 Then Exit Sub
009|            Lj = .SelectedItems(1)
010|        End With
```

```
011|        If Right(Lj, 1) <> "\" Then Lj = Lj & "\"
012|        ActiveSheet.DrawingObjects.Delete
013|        Tup = Dir(Lj)
014|        Application.ScreenUpdating = False
015|        Do While Tup <> ""
016|            For i = 0 To UBound(Tu_Leix)
017|                If InStr(Tup, Tu_Leix(i)) > 0 Then Bol = True: Exit For
018|            Next i
019|            If Bol Then
020|                Cous = Cous + 1
021|                Tup_Name = StrReverse(Tup)
022|                Tup_Name = StrReverse(Mid(Tup_Name, InStr(Tup_Name, ".") + 1))
023|                Cells(Cous + 1, 1) = Tup_Name
024|                Cells(Cous + 1, 2).Select
025|                ActiveSheet.Pictures.Insert(Lj & Tup).Name = Tup_Name
026|            End If
027|            Tup = Dir
028|        Loop
029|        Cells(1) = "图片名称": Cells(2) = "图片"
030|        ActiveSheet.UsedRange.Borders.LineStyle = 1
031|        Application.ScreenUpdating = True
032|    End Sub
```

代码 5-12 示例过程是将指定文件夹下指定的图片类型导入到工作表中。

（1）通过 Msgbox 提示让用户选择要导入的文件夹，接着 Tu_Leix 变量通过 Array 函数赋值可导入的图片类型，最后通过 Application.FileDialog 方法让用户选择导入文件夹，并将选中的文件夹路径赋值给 Lj 变量。

（2）通过 If 语句判断 Lj 变量的文本串最末是否存在反斜杠（\），若没有则用 & 连接 \；然后将表上的所有形状删除，并用 Dir(Lj) 返回文件夹内的第 1 个文件并将其文件名赋值给 Tup 变量。

（3）通过 Do While 循环获取的文件名并在 Do 循环中嵌套 For 循环，For 循环语句的作用是判断 Tu_Leix 变量中的图片是否为存在指定的类型，如果存在则将 Bol 变量赋值为 True 并退出 For 循环；若 Bol 变量为 True 则将 Tup 变量中的图片信息除去后缀名的文本内容赋值给 Tup_Name 变量，作为写入 A 列单元格内的图片名称；接着选中 B 列对应的单元格并插入改图片，并将图片的名称赋值为 Tup_Name 变量的值；Cous 作为图片导入计数器，最后在第 1 行写入相关标题内容并设置区域的 Range 区域的边框线。

💬 **无言**：执行代码 5-12过程后，其效果如图 5-8所示，是不是很快捷呢，比手工操作来的爽快吧！

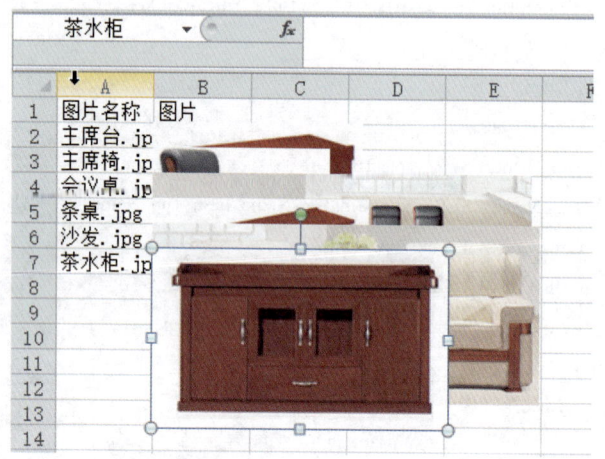

图 5-8 导入图片后的效果

❓ **皮蛋**：爽快是有啦，但是单元格位置那就特别不爽快了，我还要去按单元格调整了。还有，先解释下插入图片的语句。

💬 **无言**：由于示例图片插入位置的Left位置刚好是代码中每一次选中单元格的Left位置，因此过程中也没有对单元格和图片的关系进行调整。下面先说插入图片的语法。

> 在激活工作表的选择单元格位置插入图片
> Worksheet.Pictures.Insert Path

Worksheet.Pictures.Insert 语句为插入图片，不需要区分图片类型，插入的图片由 Path 参数传递。Path 参数为插入图片的具体存储路径和文件完整名称。

❓ **皮蛋**：还有个问题，Do循环中为什么会再次执行Tup = Dir语句，有什么作用呢？

💬 **无言**：这个是必需有的，若不在循环结束语句前使用它，将重复获取第1个文件的名称，这样会造成死循环。

皮蛋：好的，明白了。
无言：接着一次性导入图片并调整图片使其与单元格大小匹配。

 ## 5.1.6 将图片调整与单元格相同大小

无言：其实导入图片的方法还可以使用Shapes.AddPicture方法来操作，其语法如下。

> 现有文件创建图片，返回一个代表新图片的 Shape 对象
> Worksheet.Shapes.AddPicture(Filename, LinkToFile, SaveWithDocument, Left, Top, Width, Height)

无言：Shapes.AddPicture方法的所有参数都是必需的。
　　Filename 参数用于指定导入图片的具体路径及完整文件名称信息；LinkToFile 参数设置插入的图片是否与源文件关联，关联效果由 MsoTriState 枚举常数决定；SaveWithDocument 参数用于设置是否将图片与文档一起保存，该参数也由 MsoTriState 枚举常数控制；LinkToFile 和 SaveWithDocument 参数中 MsoTriState 枚举常数的赋值只能选择 msoTrue 或 msoFalse，它们的作用如表 5-9 所示；剩下的 Left、Top、Width、Height 参数用于设置图片的具体坐标位置和尺寸大小。

表 5-9 MsoTriState 枚举常数对新建图片的作用

参数名称	常数名称	作用说明
LinkToFile	msoFalse	使图片成为其源文件的独立副本
	msoTrue	建立图片与其源文件之间的链接
SaveWithDocument	msoFalse	在文档中只存储链接信息
	msoTrue	将链接图片与该图片插入的文档一起保存。如果 LinkToFile 为 msoFalse，则该参数必需为 msoTrue

皮蛋：是不是通过Shapes.AddPicture方法新建的图片就能一次性到位了呢？
无言：这是必需的，但是必需好好运用上面的Left、Top、Width、Height参数。先来运行下面这段示例代码，看看效果再解释，具体过程如代码5-13所示。

代码 5-13　导入文件夹中的指定类型图片，并跟随单元格调整图片

```
001|    Sub IShapes_AddPicture()
002|        Dim Lj As String, Tup As String, Tup_Name As String
```

```
003|    Dim Tu_Leix, i As Byte, Cous As Long, Bol As Boolean, Shp As Shape
004|    MsgBox "请选择需要导入的文件夹路径", vbOKOnly
005|    Tu_Leix = Array(".jpg", ".bmp", ".gif", ".png")
006|    With Application.FileDialog(msoFileDialogFolderPicker)
007|        .AllowMultiSelect = False
008|        If .Show = 0 Then Exit Sub
009|        Lj = .SelectedItems(1)
010|    End With
011|    If Right(Lj, 1) <> "\" Then Lj = Lj & "\"
012|    ActiveSheet.DrawingObjects.Delete
013|    Cells.Clear
014|    Tup = Dir(Lj)
015|    If Tup = "" Then Exit Sub
016|    Application.ScreenUpdating = False
017|    Do While Tup <> ""
018|        For i = 0 To UBound(Tu_Leix)
019|            If InStr(Tup, Tu_Leix(i)) > 0 Then Bol = True: Exit For
020|        Next i
021|        If Bol Then
022|            Cous = Cous + 1
023|            Tup_Name = StrReverse(Tup)
024|            Tup_Name = StrReverse(Mid(Tup_Name, InStr(Tup_Name, ".") + 1))
025|            Cells(Cous + 1, 1) = Tup_Name
026|            With Cells(Cous + 1, 2)
027|                .Select
028|                Set Shp = ActiveSheet.Shapes.AddPicture( _
029|                    Filename:=Lj & Tup, _
030|                    LinkToFile:=msoTrue, SaveWithDocument:=msoTrue, _
031|                    Left:=.Left + 0.5, Top:=.Top + 0.5, Width:=.Width -1, Height:=.Height - 1)
032|            End With
033|            With Shp
034|                .Name = Tup_Name
```

```
035|        .Placement = XlMoveAndSize
036|        .LockAspectRatio = msoTrue
037|     End With
038|    End If
039|         Tup = Dir
040|    Loop
041|    Cells(1) = "图片名称": Cells(2) = "图片"
042|    ActiveSheet.UsedRange.Borders.LineStyle = 1
043|    Application.ScreenUpdating = True
044| End Sub
```

代码 5-13 示例过程与代码 5-12 差不多，增加了 Cells.Clear 语句清空所有，以及 If Tup = "" Then Exit Sub 判断语句，当找不到文件时，直接退出过程；然后 Do...Loop 循环里的语句基本没有变化，只是将原来 ActiveSheet.Pictures.Insert 方法替换成 Shapes.AddPicture 方法以创建图片设置图片的具体坐标位置及尺寸设置。

💬 **无言：**这里着重讲示例中 Shapes.AddPicture 方法的第 4~7 个参数在过程的作用说明。

（1）Left:=.Left + 0.5 语句主要返回被选中单元格的左侧边缘距离 A 列左侧的磅值，以确定图片坐落的单元格的 Left 位置；+0.5 是确保图片的左上角位置放置在单元格内而不会与边框线重叠；Top:=.Top + 0.5 语句与 Left 语句类似，为获取图片距离表的上边距的具体磅值，再 +0.5 也是为了使得图的上坐标位置同样放置在单元格内，而不会覆盖到单元格的边框线位置，Top 的边距距离指单元格距离功能区或编辑栏下边框的举例。

（2）Width:=.Width-1 语句获得对应单元格宽度的磅值并 -1，再将其赋值给图片的宽度；Height:=.Height-1 语句则是通过获取单元格的高度，这样图片的宽度和高度都会相对小于对应单元格的尺寸。

（3）通过 Shapes.AddPicture 设置 Left、Top、Width、Height 参数设置后，将该新建的图片赋值给 Shp 变量，再通过 Shp 变量对图片的名字进行赋值，并设置图片大小跟随单元格改变，最后将 Shp 的相关信息写入到单元格内——代码运行完成后效果如图 5-9 所示。

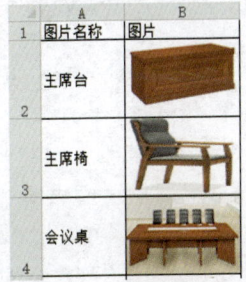

 图 5-9　导入图片并调整匹配单元格

> **皮蛋**：效果杠杠的，比上次好很多了。
>
> **无言**：必需的，只要找对了对象和方法就能达到我们想要的效果；如果用Pictures.Insert方法则需要在插入后再去调整，效果也差不多。

5.1.7 按名字导入图片到指定位置

> **皮蛋**：那如果我需要根据具体某列的信息导入指定文件夹内的图片到对应的单元格内，这个要怎么处理呢？
>
> **无言**：方法是差不多的，这次用人事信息来导入对应的职员头像，如图 5-10所示，具体过程如代码5-14所示。

图 5-10 职员卡

代码 5-14 通过单元格修改事件导入职员头像

```
001|    Private Sub Worksheet_Change(ByVal Target As Range)
002|        Dim Cous As Long, Lj As String, Toux As String, Shp As Shape
003|        Dim Shp_L As Long, Shp_T As Long, Shp_W As Long, Shp_H As Long
004|        On Error Resume Next
005|        With Target
006|            Me.DrawingObjects.Delete
007|            If .Count > 1 Or .Address(0, 0) <> "C2" Or .Value = "" Then Exit Sub
008|            Application.EnableEvents = False
```

```
009|            Application.ScreenUpdating = False
010|            Cous = Cells.SpecialCells(XlCellTypeConstants, XlErrors).Count
011|            If Cous > 0 Then MsgBox "职员卡信息存在错误值，请修正！": Exit Sub
012|            Lj = ThisWorkbook.Path & "\职员头像\"
013|            Toux = Dir(Lj)
014|            If Toux = "" Then Exit Sub
015|            With .Offset(0, 3)
016|                Shp_L = .Left + 0.5
017|                Shp_T = .Top + 0.5
018|                Shp_W = .MergeArea.Width - 2
019|                Shp_H = .MergeArea.Height - 2
020|            End With
021|            Do
022|                If InStr(Lj & Toux, .Value) > 0 Then
023|                    Set Shp = Me.Shapes.AddPicture(Lj & Toux, True, True, Shp_L, Shp_T, Shp_W, Shp_H)
024|                    Shp.Placement = XlMoveAndSize
025|                    Shp.LockAspectRatio = msoTrue
026|                    Exit Do
027|                End If
028|                Toux = Dir
029|                If Toux = "" Then Exit Do
030|            Loop Until Toux = ""
031|            Application.EnableEvents = True
032|            Application.ScreenUpdating = True
033|        End With
034|    End Sub
```

💬 **无言**：通过Worksheet.Change 执行代码 5-14后将获得如图5-11所示效果，每次选择C2的职员名称后都将根据该名称再导入对应的图片。

图 5-11 职员卡效果图

代码 5-14 示例过程运用了前面学到的事件过程，使得每次选中 C2 单元格的姓名后自动获得对应路径下对应职员的头像。

（1）触发事件过程后首先删除职员卡上的形状，接着判断单元格内容变化的不为一个单元格、或单元位置不为 C2、或单元格的内容为空，这 3 个条件只要满足 1 个都退出事件过程。

（2）不满足以上判断时，关闭事件的重复响应和关闭屏幕刷新功能，并通过 SpecialCells 方法定位赋值 Cous 变量，若定位区域存在错误值，则退出事件过程。

（3）将 Lj 变量赋值为当前工作簿的路径，并指定存储头像的文件夹名称并以 \ 结束；再用 Dir(Lj) 语句获取文件夹内第 1 个文件的名称并赋值给 Toux，若为空则退出事件过程，不为空则获取放置职员头像的 F 列合并单元格的相关尺寸信息，并赋值给 Shp_L、Shp_T、Shp_W、Shp_H 变量。

（4）通过 Do 循环获取对应职员头像，循环中运用到了 Shapes.AddPicture 方法，并将导入的图片属性设置为可以随单元格变化大小位置并锁定，导入图片后退出 Do 循环；在 Do 循环中增加 If Toux = "" Then Exit Do 语句用于判断如果找到最后都不存在该员工的头像时就退出循环，避免造成死循环。

💬 无言：如果没有找到对应头像而需要提示，可以通过 Msgbox 提示或者在信息表中该信息写入对应的单元格即可。

❓ 皮蛋：嗯嗯，这个不错，可以用来导入产品图片等。

5.1.8 将图片导出到指定路径

💬 无言：不过作为职员卡的话还需要打印出来的，这里还能以数据有效性并配合 Worksheets.PrintOut 方法逐个输出打印。

❓ 皮蛋：明白，但是我还有一个问题，如何将图片导出呢？我知道一个方法可以将全部图片导出，但是没法直接按需命名。

直接将工作簿另存为网页，再从保存文件夹内找到所有图片，即可将 Excel 图片导出。但是这些图片的命名方式是由 Excel 决定的，若要求将导出的图片按需导出或者按需命名等，就需运用其他方式了。如图 5-12 中有 N 张产品图片，现在要按照产品编号导出并命名，示例过程如代码 5-15 所示。

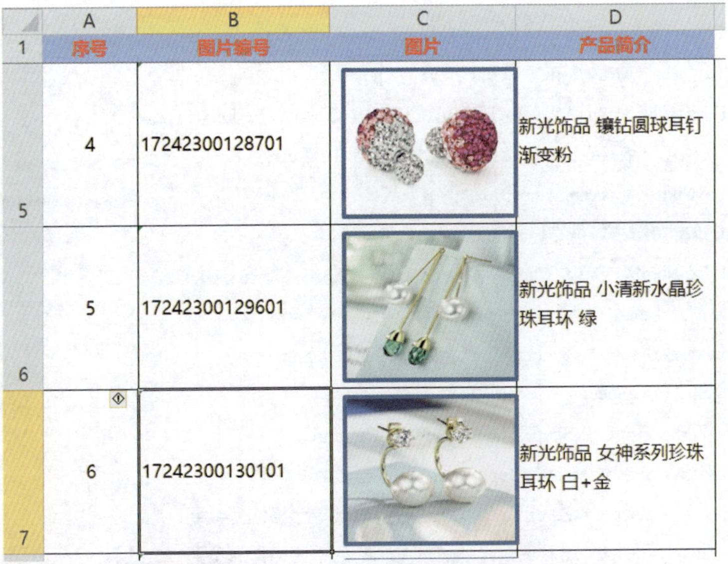

图 5-12　按图片编号导出图片并命名

代码 5-15　按指定列信息导出图片并命名

```
001|    Sub Export_Pictures()
002|        Dim Shp As Shape, Shp_W As Long, Shp_H As Long, Shp_RngC As Integer
003|        Dim WjLj As String, Xinx_Col As Integer, Bol As Byte
004|        Dim Lx_Num As Integer, Tu_Leix, Lexs As String, Tu_Name As String, ChrAsChart
005|        On Error Resume Next
006|        If ActiveSheet.Shapes.Count = 0 Then Exit Sub
007|        MsgBox "请选择需要保存导出图片的存储路径！", vbOKOnly
```

```
008|    With Application.FileDialog(msoFileDialogFolderPicker)
009|        .AllowMultiSelect = False
010|        If .Show = 0 Then Exit Sub
011|        WjLj = .SelectedItems(1)
012|    End With
013|    WjLj = WjLj & IIf(VBA.Right(WjLj, 1) <> "\", "\", "")
014|    Tu_Leix = Array(".jpg", ".bmp", ".gif", ".png")
015|    Lexs = vbCr & "1 为" & Tu_Leix(0) & vbCr & "2 为" & Tu_Leix(1) & vbCr & _
016|        "3 为" & Tu_Leix(2) & vbCr & "4 为" & Tu_Leix(3)
017|    Lx_Num = Application.InputBox("请输入具体数字，确认要导出的图片类型，默认【jpg】类型：" _
            & Lexs, "图片类型", 1, Type:=1)
018|    If Lx_Num < 1 Or Lx_Num > 4 Then MsgBox "输入数字不在1～4的区间内，导出图片类型将自动
        设置为【jpg】类型": Lx_Num = 1
019|    Lexs = Choose(Lx_Num, ".jpg", ".bmp", ".gif", ".png")
020|    With ActiveSheet
021|        Shp_RngC = .Shapes(1).TopLeftCell.Column
022|        Xinx_Col = Application.InputBox("请根据图片位置输入需要参照的图片名称偏移列数，" & _
023|            vbCr & "输入正数为以图片右侧的列单元格作为参照。" & _
024|            vbCr & "输入负数为以图片左侧的列单元格作为参照。" & _
025|            vbCr & "不可为0，为0时以及默认均以图片左侧偏移1列为单元为参照。", "名称参照
            列", -1, , Type:=1)
026|        If Shp_RngC + Xinx_Col < 0 And Shp_RngC + Xinx_Col > Columns.Count Then _
027|            MsgBox "输入参照偏移的列，已超表的有效范围，过程将退出":Exit Sub
028|        Bol = MsgBox("是否要以图片默认表上的尺寸导出，或者按照后面设置的图片尺寸导出："
            & vbCr _
029|            & "选择Yes则按原尺寸导出，选择No则按照后续选择导出。" &vbCr & "尺寸单位以
            磅单位。", vbYesNo)
030|        If Bol = vbNo Then
031|            Shp_W = Application.InputBox("请输入要导出的图片尺寸图宽的磅数，默认480磅！",
                "图宽尺寸", 480, Type:=1)
032|            Shp_H = Application.InputBox("请输入要导出的图片尺寸图高的磅数，默认320磅！
                ", "图宽尺寸", 320, Type:=1)
```

```
033|         End If
034|         DoEvents
035|         For Each Shp In .Shapes
036|             Tu_Name = IIf(.Cells(Shp.TopLeftCell.Row, Shp_RngC).Offset(0,Xinx_Col) = "", _
                     Format(Now, "yyyymmddhhmmss"), _
037|                 .Cells(Shp.TopLeftCell.Row, Shp_RngC).Offset(0, Xinx_Col)) & Lexs
038|             Shp_W = IIf(Bol = vbNo, Shp_W, Shp.Width)
039|             Shp_H = IIf(Bol = vbNo, Shp_H, Shp.Height)
040|             Set Chr = .ChartObjects.Add(0, 0, Shp_W + 1, Shp_H + 1).Chart
041|             With Chr
042|                 Shp.Copy
043|                 .Paste
044|                 .Shapes(1).Width = Shp_W
045|                 .Shapes(1).Height = Shp_H
046|                 .Export WjLj & Tu_Name
047|                 .Parent.Delete
048|             End With
049|         Next Shp
050|     End With
051|     MsgBox "图片已导出完毕，请查阅！"
052| End Sub
```

代码 5-15 示例过程将单元格图片导出到指定文件夹，现在来对过程中重要的语句进行讲解。

（1）通过 Application.FileDialog 方法让用户选择保存导出图片存储的文件夹，将该路径赋值给 WjLj 变量，并判断文本末端是否存在斜杠。

（2）接着通过 Arrya 函数赋值 Tu_Leix 变量为一个一维数组，该数组用于存储导出的图片后缀类型文本，并通过 Application.InputBox 方法选择要导出的图片类型数字赋值给 Lx_Num 变量，根据输入的数字判断是否在允许范围内，若不在则将 Lx_Num 变量赋值为默认的 1；Lexs 变量通过 Choose 函数获取导出图片类型文本。

（3）设置有关图片的相关信息变量——Shp_RngC 变量为获取激活表上第 1 个图片的所在列号；Xinx_Col 变量提示用户要导出名称的参照单元格位置的列偏移范围，通过输入正负数——

若输入的偏移量超出表达的有效范围则退出过程；接下来让用户选择是否按图片在表上的原尺寸导出，或者重新输入导出图片的宽和高的磅值后赋值给 Shp_W 和 Shp_H 变量。

（4）设置完相关信息导出后，通过 For 对象循环将表中的图片导出。首先将 Tu_Name 变量赋值为参照偏移单元格的值，并赋值给导出图片名称，如果为空值则用当前的时间作为图片名，并和 Lexs 变量组合为一个完整的导出名称；接着判断 Bol 变量是按原尺寸导出还是重新指定的尺寸，如果为原尺寸则通过 Shp.Width 和 Shp.Height 属性获取图形的宽、高磅值；接下来以导出图片尺寸大小为依据的空白嵌入式图表并将其赋值给 Chr 图表对象变量（通过 ChartObjects.Add 方法创建）；再通过 Shp.Copy 语句将图形复制并粘贴（ChartObjects.Paste）到 Chr 图表中，粘贴后调整图表中图片的尺寸；最后通过 ChartObjects.Export 方法将图表导出为图片到指定文件夹并删除该图表。

💬 **无言**：执行代码 5-15 示例过程后的效果如图 5-13 所示。

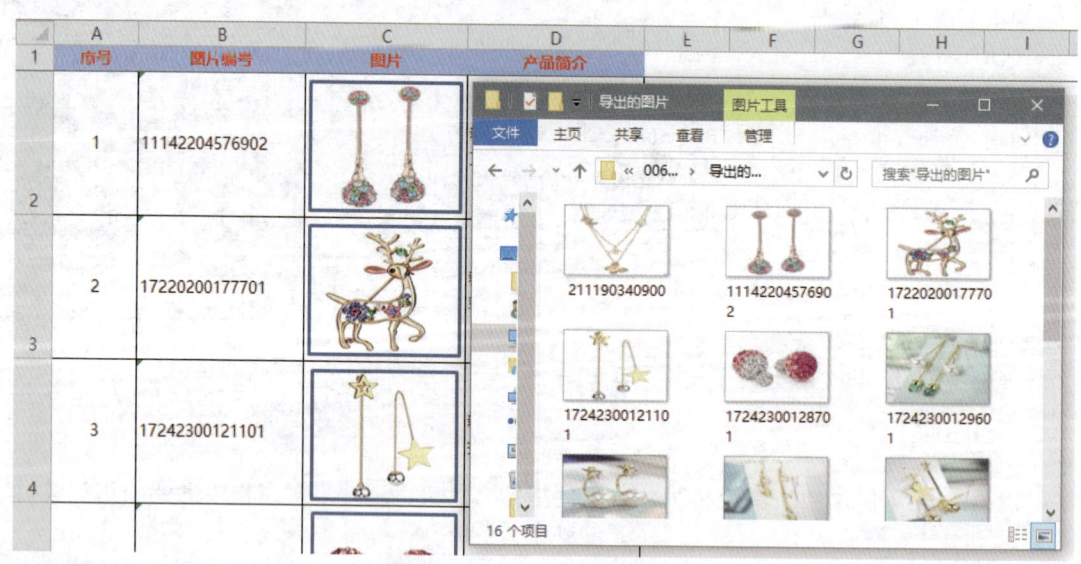

图 5-13 导出后的图片

❓ **皮蛋**：漂亮啊，这样省事了，可以导入导出，还是批量的，工作方便多了。

在代码 5-15 示例过程中涉及了一个新的对象集合——ChartObjects。该对象为内嵌的图表对象，也就是平时在 Worksheet 对象上插入的图表，先来看下的它的对象成员，如表 5-10 所示。

表 5-10　ChartObjects 集合的主要对象成员

方法/属性名称	分类	作用说明
Add	方法	创建新的嵌入式图表
Copy	方法	将对象复制到剪贴板
CopyPicture	方法	将所选对象作为图片复制到剪贴板
Cut	方法	将对象剪切到剪贴板
Delete	方法	删除对象
Duplicate	方法	复制对象，并返回对新复制对象的引用
Item	方法	从集合中返回一个对象
Select	方法	选择对象
Count	属性	它代表集合中对象的数量
Height	属性	返回或设置，它代表对象的高度（单位：磅）
Left	属性	返回或设置，它代表从对象左边缘到工作表的 A 列左边缘或到图表上的图表区左边缘的距离（单位：磅）
Parent	属性	返回指定对象的父对象。只读
ProtectChartObject	属性	如果不能通过用户界面对嵌入图表框架执行移动、调整大小或删除操作，则该属性值为 True。Boolean 类型。可读写
ShapeRange	属性	返回一个 ShapeRange 对象，它代表指定的一个或多个对象。只读
Top	属性	返回或设置，它代表从对象的上边缘到工作表第一行顶部或图表上的图表区顶部的距离（单位：磅）
Visible	属性	返回或设置一个 Boolean 值，它确定对象是否可见。可读写
Width	属性	返回或设置一个 Double 值，它代表对象的宽度（单位：磅）

在上面的示例过程就使用了 ChartObjects.Add 方法创建嵌入式图表，其语法如下。

创建新的嵌入式图表
Worksheet.ChartObjects.Add(Left, Top, Width, Height)

该方法总共有 4 个参数：Left 参数为设置对象距离工作表 A1 单元格的左上角或图表的左上角的坐标磅数；Top 参数为设置对象工作表上边缘到工作表第 1 行顶部或图表上的图表区顶部的距离在磅数；Width 和 Height 参数则是分别用来设置图表的宽度和高度的磅数。

ChartObjects.Add 方法参数 Left 和 Width 是必需参数；当不需要设置具体的坐标位置时，可以将 Left 和 Top 参数都设置为 0，这样代表了新建表在 A1 单元格的位置，语法如下。

Activesheet.ChartObjects.Add(0,0, 200, 140)

> 💬 **无言**：过程中通过ChartObjects集合创建一个嵌入式图表并将其赋值为一个Chart图表对象（Chr变量），并通过Chart对象的Chart.Export方法将图形导出为图片。

> 以图形格式导出图表
> Chart.Export(Filename, FilterName, Interactive)

Chart.Export 方法的参数说明如表 5-11 所示。

表 5-11　Chart.Export 方法的参数说明

参 数 名 称	必需/可选	数 据 类 型	作 用 说 明
Filename	必需	String	被导出的文件的名称
FilterName	可选	Variant	导出图片的后缀名，如BMP、PNG等
Interactive	可选	Variant	如果为True，则显示包含筛选器特定选项的对话框。如果为False，则Microsoft Excel使用筛选器的默认值。默认值是False

Chart.Export 方法的 Filename 参数是必需的，用于指定图片的存放具体路径及完整文件名称信息，当不使用 FilterName 参数时，Filename 参数完整的文件名称中必需包含有文件的导出后缀名；FilterName 参数则是用于设置导出的具体文件后缀名，以下两个示例都是等效。

> ActiveSheet.Charts(1).Export "C:\123\123.jpg"
> ActiveSheet.Charts(1).Export Filename:="C:\123\123 ",FilterName:= "jpg"

> 💬 **无言**：关于图片导出导入的操作就这些，根据实际需要来巩固，接着讲本章最后一个导入图片的操作。

将图片导入批注以及设置多样化的批注外观

> ❓ **皮蛋**：还有哪一个导入操作呢，感觉平时常用的都基本上都有了！

> 💬 **无言**：批注，平时用的最多的就是创建一个文本注释内容，其作用类似于备注，但是今天要通过VBA创建批注并将图片导入到批注内，这样使得批注更具可观赏性。

> ❓ **皮蛋**：还可以这样啊，来来。

修改批注的图片和形状需要配合两个对象——Shape 和 FillFormat：在这里 Shape 对象指批注对象的外形框，而 FillFormat 则是指对象包含形状或图表的填充格式属性。利用这两个对象的属性和方法，现在对批注对象进行"精装"处理，如代码 5-16 所示。

代码 5-16　根据 B 列编号导入图片到批注并修改形状

```vba
001| Sub Export_Pictures()
002|     Dim ComRng As Range, Rng As Range, Comm As Comment, ComShp As FillFormat
003|     Dim Shp As Shape, ComShp_W As Long, ComShp_H As Long
004|     Dim WjLj As String, Xinx_Col As Integer, Bol As Byte
005|     On Error Resume Next
006|     MsgBox "请选择需要保存导入图片的存放路径！", vbOKOnly
007|     With Application.FileDialog(msoFileDialogFolderPicker)
008|         .AllowMultiSelect = False
009|         If .Show = 0 Then Exit Sub
010|         WjLj = .SelectedItems(1)
011|     End With
012|     WjLj = WjLj & IIf(VBA.Right(WjLj, 1) <> "\", "\", "")
013|     With ActiveSheet
014|         MsgBox "请输入导入图片的尺寸", vbOKOnly
015|         ComShp_W = Application.InputBox("请输入要导入的图片尺寸图宽，默认60磅！", "图宽尺寸", 60, Type:=1)
016|         ComShp_H = Application.InputBox("请输入要导入的图片尺寸图高，默认60磅！", "图宽尺寸则", 60, Type:=1)
017|         If ComShp_H < 40 Or ComShp_W < 40 Then Exit Sub    '若导入图的宽和过度小于40，退出
018|         Set ComRng = Application.InputBox("请选择要导入的批注图片的名称单元格区域!", "图片名称", Type:=8)
019|         If ComRng Is Nothing Then Exit Sub        '若无选择区域则退出过程
020|         MsgBox "您选择了" & ComRng.Parent.Name & "!" & ComRng.Address(0, 0) & "区域插入批注和图片信息"
021|         Application.ScreenUpdating = False
022|         For Each Rng In ComRng
023|             With Rng
024|                 .ClearComments
025|                 If Dir(WjLj & .Value) <> "" Then
026|                     With .AddComment(Text:=Rng.Value)
```

```
027|                    .Shape.Width = ComShp_W
028|                    .Shape.Height = ComShp_H
029|                    .Shape.Fill.UserPicture WjLj & .Parent.Value
030|                    .Shape.AutoShapeType = Rnd * 138 - 2 '修改批注外观
031|                    .Shape.Placement = XlMove
032|                    .Shape.LockAspectRatio = msoTrue
033|                    .Shape.Locked = True
034|                End With
035|            Else
036|                .AddComment Text:="该图片不存在指定路径下！"
037|            End If
038|        End With
039|    Next Rng
040|    Application.ScreenUpdating = False
041| End With
042| MsgBox "图片已导入批注完毕，请查阅！"
043| End Sub
```

（1）代码5-16示例过程中，首先让用户选择要导入批注的图片存放路径，并赋值给WjLj变量，再检验WjLj变量的末端是否存在"\"，若没有则添加进变量末端；接着通过Application.InputBox方法选择要导入图片的尺寸，图宽和图高尺寸并分别赋值给ComShp_W和ComShp_H；最后让用户在选择需要导入对应的图片名称数据单元格列范围并赋值给ComRng变量。

（2）当用户选择完导入路径、图片尺寸及图片名称列范围后，关闭屏幕刷新功能，并依据ComRng变量的范围循环操作：首先删除原单元格内的批注，再判断对应的单元格内的图片名称是否存在WjLj变量的路径下，若不存在，则在新建的批注上注明"该图片不存在指定路径下！"的说明。

（3）若存在则新建批注并将ComRng变量的值写入批注的Text参数，接着设置批注的外框的图宽和图高为ComShp_W和ComShp_H的值。

（4）通过批注的Shape.Fill属性获取该批注的FillFormat对象并运用其UserPicture方法将图片导入作为批注的底色图片填充图，通过Shape.AutoShapeType属性修改批注的外观形状为随机形状。

（5）将批注的 Shape.Placement 属性修改为随单元格大小改变，LockAspectRatio 保持图片比例及 Locked 锁定图片。循环结束后重新开启屏幕刷新功能并提示用户导入完成，其效果如图 5-14 所示。

图 5-14　将图片导入批注及设置外观形状

皮蛋：挺个性的嘛，比平时的方框好多了，不过先解释下 UserPicture 和 AutoShapeType。FillFormat.UserPicture 属于 FillFormat 对象的方法，其作用和语法如下：

用图像填充指定的形状
表达式 .UserPicture(PictureFile)

语句中的表达式是由其他 Shape 对象 Fill 属性指向的一个 FillFormat 对象，即要使用 FillFormat 对象必需通过指定某个图形的 Fill 属性来获取。

FillFormat.UserPicture 方法只有一个参数 PictureFile，该参数用来指明需要导入的图片的具体路径和完整的文件名称。

无言：该方法用于将导入的图片作为形状的填充图案，如图 5-15 所示的功能位置；下面的示例为将 D 盘路径下的 11120203289401.jpg 图片导入到第 1 个批注的颜色填充图案。

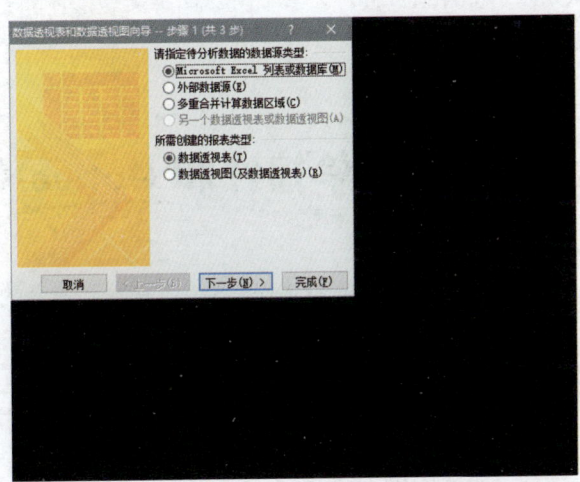

 图 5-15　FillFormat.UserPicture 方法的对应位置

ActiveSheet.Shapes(" 备注 1").Fill.UserPicture "D:\123\ 批注图片 \11120203289401.jpg"

Shape.AutoShapeType 属性用于返回或设置指定的 Shape 或 ShapeRange 对象的形状类型，该对象必需代表自选图形，自选图形的类型由 MsoAutoShapeType 枚举常数决定。

MsoAutoShapeType 枚举常数总共有 139 个形状，可以通过其常数或值来指定图形的外观形状。

Rng.AddComment(Text:=Rng.Value).Shape.AutoShapeType = Rnd*138-2 语句在过程中的作用将对应单元格的批注的外观形状的值，范围为 -2~138 之间的任意 MsoAutoShapeType 枚举常数值。

💬 无言：换句话说，就是随机获取不同的自选形状图形。

5.2 工作表常用的按钮控件

在上面的形状（Shape 对象）的运用讲解上，不仅出现了图片、图表、线条等 Shape 类型对象，还有其他常用的形状，例如按钮、组合框、复选按钮、选项按钮及文本框等。

❓ 皮蛋：这些不都是用于链接工作表的某个单元格数据的吗？你前面不是说一般在动态图表用的较多吗？

💬 无言：是有这么一说，但是这一说指的是 Excel 表单控件。其实 Excel 表上的控件分为两类——表单控件和 AX-OLE（ActiveX）控件，本节就这两种类型控件的差异进行说明，以及着重讲解 AX-OLE 控件。

 **什么是表单控件和 ActiveX 控件**

Excel 表单控件是与早期版本的 Excel（从 Excel 5.0 版开始）兼容的原始控件，表单控件还适于在 XLM 宏工作表（基本弃用）中使用。

如果希望在不使用 VBA 代码的情况下轻松引用单元格数据并与其进行交互，或者希望向图表中添加控件，则使用表单控件。若工作簿中只包含图表的工作表，当希望单独查看图表或数据透视图（独立于工作表数据或数据透视表）时，图表工作表非常有用。

例如，在工作表中添加列表框控件并将其链接到某个单元格后，可以为控件中所选项目的当前位置返回一个数值。接下来，可以将该数值与 INDEX 等函数结合使用以从列表中选择不同的项目。还可以将宏附加到控件并通过单击控件运行附加的宏过程。

然而，不能将这些控件添加到用户表单中，不能使用它们控制事件，也不能修改它们以在网页中运行 Web 脚本。

ActiveX 控件，如复选框或按钮，向用户提供选项或运行使任务自动化的宏或脚本。可在 Microsoft Visual Basic for Applications 中编写控件的宏或在 Microsoft 脚本编辑器中编写脚本。

ActiveX 控件可用于工作表表单（使用或不使用 VBA 代码）和 VBA 用户表单。通常，如果相对于表单控件所提供的灵活性，若需要更大的灵活性，则使用 ActiveX 控件。ActiveX 控件具有大量可用于自定义其外观、行为、字体及其他特性的属性。

不仅有上述的功能，还可以通过 ActiveX 控件的交互功能（事件）执行更多操作。例如，可以执行不同的操作，具体取决于用户从列表框控件中所选择的选项；还可以查询数据库以在用户单击某个按钮时用项目重新填充组合框。还可以编写宏来响应与 ActiveX 控件关联的事件。表单用户与控件进行交互时，VBA 代码会随之运行以处理针对该控件发生的任何事件。

ActiveX 控件还可以调用计算机已安装或注册的 DLL 动态链接库对象：ActiveX 控件，如 Calendar Control 12.0、Windows Media Player、Photoshop、画图等。

要点：并非所有的 ActiveX 控件都可以直接用于工作表，有些 ActiveX 控件只能用于 VBA 用户表单。如果尝试向工作表中添加这些特殊 ActiveX 控件中的任何一个控件，Excel 都会显示消息"不能插入对象"。

然而，正如无法从用户界面将 ActiveX 控件添加到图表工作表，也无法将其添加到 XLM 宏工作表。此外，不能像在表单控件中一样直接指定从 ActiveX 控件运行的宏。

💬 无言：以上说明，表明表单控件一般都只能运用于工作表层面上，而ActiveX不仅多数可以运用到工作表对象上，而且每个控件拥有自己的属性及事件，其通用性和灵活性比表单控件高。

❓ 皮蛋：那么表单控件大概有哪些呢？

💬 无言：其实前面讲Shape形状类型的时候就已经讲到了，可以参考表 5-7 的内容，该表中含有各控件的图形名称及简要作用说明。

 **5.2.2　插入 ActiveX 控件及修改控件的部分常用属性**

表单控件，只需要做好关联单元格的设置，就可以获取（改变）相关单元格的数据或效果。本节介绍如何插入和修改几类常用 ActiveX 控件的通用属性。

常用的 ActiveX 控件包括：标签控件、图片控件、滚动条控件、列表框控件等，如表 5-12 所示。

表 5-12　工作表中常用的 ActiveX 控件

序号	英文名称	中文名称	图标	作　用
1	Label	标签	A	可以有用户不能改变的文本，例如图形下的标题文本
2	TextBox	文本	abl	拥有用户可以输入或改变的文本
3	ComboBox	组合框		可以画出列表框与文本框的组合。用户可以从列表中选出一个项目或是在一个文本框中输入值
4	ListBox	列表框		用来显示用户可以选择的项目列表。如果不能一次显示全部项目的话，列表可以滚动
5	CheckBox	复选按钮		创建一组让用户容易地选择以指示出某些事件是真 True 或 Flase，或是如果用户可以选择一次以上，则显示出多重选择
6	OptionButton	选项按钮		可以显示出多重选择，用户只能选择一个
7	ToggleButton	切换按钮		创建一个切换开关的按钮
8	CommandButton	按钮		创建一个可以让用户选择，以完成一个命令的按钮
9	ScrollBar	滚动条		提供在长列表项目或大量信息中快速浏览的图形工具，以比例方式指示出当前位置，或是作为一个输入设备，或速度及数量的指示器
10	SpinButton	数值调节按钮		一种与其他控件并用微调控制的控件，也可以用来对一个范围的值或项目列表做后卷或前卷
11	Image	图像		显示窗体上位图、图标或元文件的图形图像。Image 控件中所显示的图像只能用作修饰，并且比 PictureBox 使用的资源少
12	Frame	分组框		可以创建一个图形或控件的功能组。要为控件创建组，先画 Frame，接着在 Frame 中画控件
13	MultiPage	多页控件		将几个屏幕的信息表示成单一的集合
14	TabStrip	多页控件		可以在同一窗口的同一区域内定义数个选项卡，或是应用程序中的对话框

💬 无言：表 5-12 中的 1~11 项为在 Excel 界面中的开发工具功能区的控件组中的"插入"按钮下 ActiveX 控件图标，直接选取并插入到表上即可，12 项控件则处于表单控件上，后面的 13 项和 14 项控件则不可在 Excel 表上使用，它们需要在用户窗体上才可使用。

图 5-16 所示是插入 Excel 表上控件的通用方法，首先激活【开发工具】功能区，接着在【控件组】的【插入】命令组中选中需要的控件类型。

当选中控件后选中具体的单元格位置，再进行拖拉缩放控件。

若是表单控件，直接通过右击再调整图形的四个坐标位置调整控件的大小；若需修改控件的名称则可以通过编辑栏左侧的名称栏直接进行输入修改。

若插入 ActiveX 控件后，开发功能区的控件组的【设计模式】命令按钮将会呈现高亮状态，如图 5-17 所示。该模式代表了用户可以随意调整控件的大部分属性、尺寸外观及位置，也可以通过右击进入控件的属性设置或查看代码模式，如图 5-18 所示。

在工作表上编辑 ActiveX 控件时，必需开启设计模式

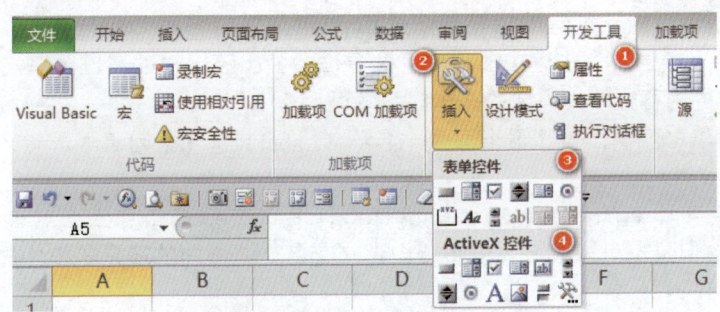

图 5-16 插入控件的步骤

图 5-17 设计模式

图 5-18 设计模式下进入属性和代码模式

皮蛋：如果不在设计模式下就不行吗？

无言：如果ActiveX控件不在设计模式下，就无法对控件进行上述调整和直接编写过程（VBE模式除外），所以必需在设计模式调整。接下来说下各常用控件大致用法。

5.2.3 标签（Label）控件：文字说明性控件

标签（Label）控件主要用于显示说明性文本，如标题、题注或简单的指导信息。

标签不能显示来自数据源或表达式的值；它总是未绑定的，并且不会随着从一条记录移到另一条记录而改变。

标签的默认属性是 Caption 属性，该属性在对象中出现的、用于标识或说明该对象的说明性文本。标签的默认事件是 Click 事件。

如图 5-19 所示，由于创建的标签默认是 Caption 属性内容是 Label+ 序号，如需要修改则须在设计模式下直接通过右击选中【属性】命令后会弹出该控件的属性窗口，找到其 Caption 属性并将其右侧的内容更改为需要的文本内容即可。

皮蛋：属性挺多的啊，对了最上面那个名称（Label）是怎么回事呢，怎么和Caption属性是一样的呢？

无言：这个是控件的默认名称，也就是控件的可识别标示文本，就像你本来叫皮蛋（Name属性），但是也可以改名为皮蛋瘦肉粥（花名），指向的还是该控件，而Caption属性则更多的是说明作用。

假如表上有 3 个 Label 控件，它们的名称分别是 Label1、Label2、Label3，设置这些控件的相关属性时，使用如下的赋值即可：

```
ActiveSheet.Label1.Caption = Date                'Label1 控件的 Caption 属性赋值为当前日期
ActiveSheet.Label2.Font.Name                     ' 获取 Label2 控件的字体名称
ActiveSheet.Label3.Picture = LoadPicture("D:\Documents\Pictures\123.gif")  ' 设置标签背景
```

皮蛋：效果挺不错的嘛（见图 5-20）。

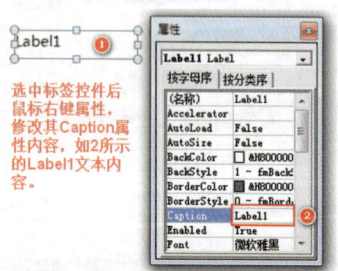

 图 5-19 修改标签控件的 Caption 属性　　 图 5-20 设置 Label 控件的相关属性效果

无言：是不是感觉666？只需多加利用控件的属性，就获得需要的样式和效果，接下介绍其他的控件。

5.2.4 文本框（TextBox）控件：在控件上写文章

如果经常在网络上溜达，就会经常遇到输入注册信息之类的提示，而且都是在一个文本框输入信息，最后确认提交。

无言：是不是很想知道这个框框对应了哪个控件呢？

皮蛋：呃，别卖关子了，快点讲吧。

刚才说的实际上对应的 ActiveX 控件文本框（TextBox）控件，该控件用于显示用户输入的或是组织好的一系列数据信息。

文本框是用于显示用户输入信息最常用的控件，同时也能显示一系列数据，例如，数据库表、查询、工作表或计算结果。如果将文本框绑定到了数据源，则对文本框内容所做的修改也会改变它所绑定的数据源中的值。

对文本框中任何一段文字进行的格式设置都将影响该控件中的所有文字。例如，改变控件中任何字符的字体或磅值大小，都将对控件中的所有字符产生影响。

文本框的默认属性是 Value 属性；文本框的默认事件是 Change 事件。

无言：文本框（TextBox）控件对应图标如表 5-12 所示，其默认属性 Value 为输入具体字符串。

图 5-21 所示文本框中的字符串就是通过在其 Value 属性中输入文本后按 Enter 键响应的结果，TextBox 的 Text 属性和 Value 属性是类似的，所以也可通过 Text 属性来输入或读取该控件上的文本内容，如图 5-22 所示。

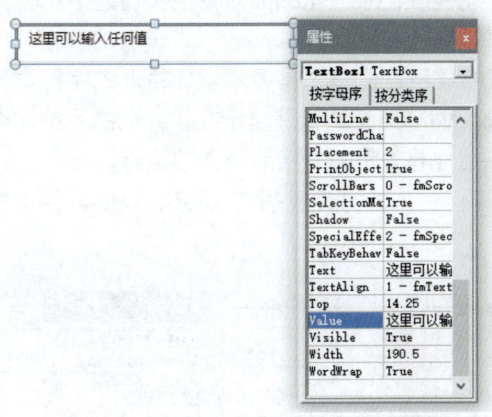

图 5-21 TextBox 控件的图标和属性

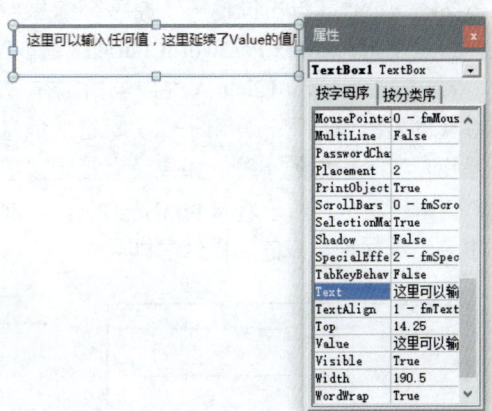

图 5-22 通过 Text 属性输入字符串

若要将 TextBox 的内容直接与某单元格相关联，可通过设置 LinkedCell 属性与某工作表的单元格关联。单元格引用方式为 A1，按图 5-23 所示进行设置即可。

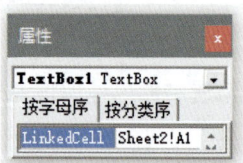

 图 5-23　LinkedCell 属性设置

皮蛋：哦！这样啊，不过我发现一个问题，好像文本超控件的宽度，而且控件的高度也满足需求，为什么文本没自动换行呢？

无言：这都给你发觉了啊，其实这个是因为没有设置 TextBox 的某个属性造成的显示问题。

若输入的文本内容超过控件的宽度需要自动换行，将 TextBox.MultiLine 属性设置为 True，该功能规定控件能否接受和显示多行文本，默认为 False，所以需要人工开启或者通过代码赋值。

若要限制用户输入最多的字符个数，则需要通过 TextBox.MAXLength 属性规定用户可以在文本框或组合框中输入的最多字符数，字符的最多个数不超过 Long 变量范围。如果设置为 0，则可以无限输入到最大 Long 值。

皮蛋：嗯，明白了。

无言：平时我们在网络上输入个人账号信息之类，特别是密码这部分，会经常出现如图 5-24 所示的*字符占位覆盖了原字符信息，这个功能在 Excel 的 Range 对象中实现起来比较繁杂，但是使用 TextBox.PasswordChar 属性就非常简单了。

TextBox.PasswordChar 属性用于指定在文本框中显示占位符还是显示实际输入的字符。该属性（例如密码或密码）用于保护机密的信息；PasswordChar 的值是显示在控件上的字符，而不是用户实际输入的字符。如果没有指定该字符，控件将显示用户实际输入的字符。

无言：图5-25所示就是 TextBox.PasswordChar 属性的占位符设置的具体示例，只要记住该属性主要用于保护用户的私密信息即可。

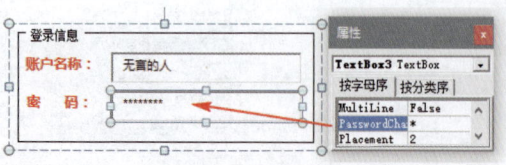

 图 5-24　让重要的信息显示占位符　　 图 5-25　TextBox.PasswordChar 属性的设置

TextBox 控件的使用范围很广，特别是配合其对应的事件效果更绝。例如通过输入字符控件用户输入的每个字符都必需是数字或者汉字等，或者运用按键返回值控件用户的操作等，这些后面将配合实例解说。

5.2.5 复选按钮（CheckBox）控件：有多的你就选吧

无言：还是继续用网络上的注册信息为导向，平时注册完了相关的账户名和密码后，接着可能会让用户选择自己的专业、爱好或者勾选同意相关条款等可以多选的项，然后咱们就看到喜欢或同意的项就进行过勾选（见图5-26）。

皮蛋：对啊，现在注册都这样，要勾这个勾那个的，都是类似图5-26的复选框，那么这次就要讲它了是吧？

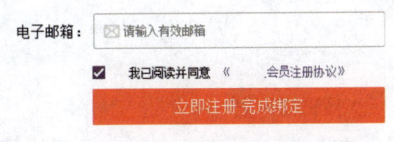

 图 5-26 同意会员注册条款复选框

无言：是的，它叫复选按钮（CheckBox）控件。

复选按钮（CheckBox）控件用于显示某个项目的选中状态。

利用复选框可以允许用户从两个值中选择一个，例如：从 Yes|No、True|False 或 On|Off 中进行选择。如果选中了复选框，它会显示特殊的标记（如√），其当前设置为 Yes、True 或 On；如果没有选中复选框，那么它是空白的，其当前设置为 No、False 或 Off。复选框还可以具有 null 值，这种情况与 TripleState 属性的值有关。

也可以在组框中使用复选框，以选择一组相关项目中的一个或多个项目。例如，可以创建一个包含可选项目清单的阅读兴趣爱好的窗体，每个项目都是一个复选框，用户可以通过选中相应的复选框来选择某个或某些项目，如图 5-27 所示。

复选框的默认属性是 Value 属性，该属性为 Boolean 值，若该值为 True，则说明复选框被选中，若为 False 则说明复选框未被选中；复选框的默认事件是 Click 事件，该事件响应了复选框被/未选中后的相关操作。

若要修改 CheckBox 控件的文本显示内容，通过其 Caption 属性修改即可。如图 5-27 所示文本说明都可以按图 5-28 所示进行修改。

317

图 5-27 音乐类型分类选择

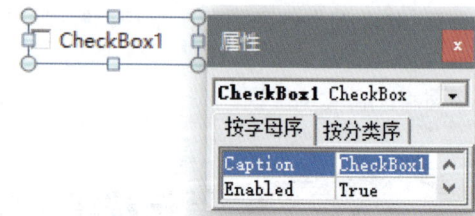

图 5-28 修改 CheckBox 控件的文本内容

皮蛋： 那我选中了那么多控件，要如何确认我选中的是哪些呢？

无言： 代码5-17可获取表上的所有CheckBox控件的Caption属性值或其相对应属性。

代码 5-17　获取工作表上的 CheckBox 控件的 Cption 的文本

```
001|    Sub CheckBox_Sel()
002|        Dim Shp As Shape, Tem_Shp As Object, Cous As Long, Shp_Str As String
003|        With ActiveSheet
004|            If .Shapes.Count < 1 Then Exit Sub
005|            For Each Shp In .Shapes
006|                If Shp.Name Like "CheckBox*" Then
007|                    Set Tem_Shp = .OLEObjects(Shp.Name).Object
008|                    If Tem_Shp.Value = True Then
009|                        Cous = Cous + 1
010|                        Shp_Str = Shp_Str & Tem_Shp.Caption & ","
011|                    End If
012|                End If
013|            Next Shp
014|        End With
015|        Shp_Str = Replace(Shp_Str, ",", vbCr)
016|        MsgBox "您选择了 " & Cous & "个音乐类型，它们分别是：" & vbCr &Shp_Str
017|    End Sub
```

代码5-17示例过程为获取激活表上所有 CheckBox 控件的 Value 和 Caption 属性。

(1）首选通过 If .Shapes.Count < 1 判断表上是否存在形状，若没则退出过程；若存在则在 Shp 对象变量中循环。

(2）在循环中通过 Shp.Name Like "CheckBox*" 判断形状的名称是否为含有 CheckBox 关键字，若含有则将该形状的名称通过 Shp.Name 属性代入 OLEObjects 对象集合，并通过 OLEObject.Object 属性转换为 ActiveX 控件对象，由此可以获取 CheckBox 控件的 Value 和 Caption 属性的具体值。

(3）通过上面的关联属性转换将获取 ActiveX 控件对象赋值给 Tem_Shp 对象变量，并通过其获得 CheckBox 控件的 Value 是否为 True，若是，则进行累加并赋值给 Cous 变量，再将该控件的 Caption 属性的值并入 Shp_Str 变量中，直到循环结束。

(4）通过 Replace 函数将 Shp_Str 变量中的逗号替换为换行符，并提示相关具体选项的内容，如图 5-29 所示。

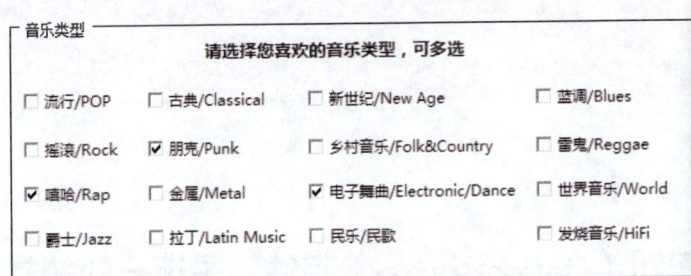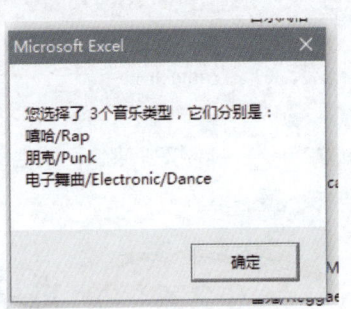

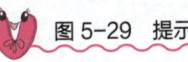 图 5-29　提示已选择项内容

💬 无言：该过程中的难点在于，形状的Shape对象中不存在ActiveX控件中的关联属性，只能通过OLEObject.Object属性将形状的形状控件转换成自动化OLE对象，才能获取相关的属性，其作用语法如下。

返回与此 OLE 对象相联系的 OLE 自动化对象。Object 型，只读
Worksheet.OLEObjects(Index).Object

语法中 Index 可以是具体的序号，也可以指定的控件名称，如下所示。

ActiveSheet.OLEObjects(1).Object.Caption　　　　　'获取激活表上第 1 个 ActiveX 控件的 Cpation 属性值
ActiveSheet.OLEObjects("CheckBox1").Object.Caption　'获取激活表上指定 CheckBox 控件名称的 Cpation 属性值
ActiveSheet.OLEObjects("Label1").Object.Caption　　'获取激活表上指定 Label 控件名称的 Cpation 属性值

同样也可以通过上面的关联属性,给已添加的 CheckBox 控件的 Caption 属性赋值,如代码 5-18 所示。

代码 5-18　通过单元格赋值 CheckBox 控件的 Caption 属性

```
001|    Sub MusicDivisionName()
002|        Dim i As Integer, Rng As Range
003|        With Worksheets("复选按钮(CheckBox)控件")
004|            Set Rng = .Range("L2:L17")
005|            For i = 1 To 16
006|                .OLEObjects("CheckBox" & i).Object.Caption = Rng(i)
007|            Next i
008|        End With
009|    End Sub
```

❓ 皮蛋:都挺方便的,明白了。

5.2.6　选项按钮(OptionButton)控件:多选一的抉择

💬 无言:明白了就好,代码 5-18示例过程则是给每个CheckBox控件的Caption属性赋予指定到具体Range对象的值。说完了CheckBox控件,再说一个与其相似的控件。

还是继续用网上注册的例子,平时我们在注册时,有些网站会需要选择性别,而且只能二选其一,不可多选,该功能对应了选项按钮(OptionButton)控件。

选项按钮(OptionButton)控件用于显示组选项中每一项的选中状态。用选项按钮显示组中的某一项是否被选中。请注意框架中的各个选项按钮是互斥的。

❓ 皮蛋:那就是说选项按钮一般要配合框架控件才能达到互斥功能了?

💬 无言:是的,必需的!

选项按钮(OptionButton)控件其属性和事件,与复选按钮(CheckBox)控件很相近,所以这里就不复述了。它最重要的一点必需在同一框架组中,且多个选项按钮只能一个有效,其他都不能再被同时赋值为 True。具体示例如代码 5-19 所示。

代码 5-19　获取人员的情况

```
001| Sub RenYuanXInXi()
002|     Dim Shp As Shape, Shp_Goup As Shape, Tem_Ole As Object
003|     Dim Name_Str As String, Xueli As String
004|     For Each Shp In ActiveSheet.Shapes
005|         If Shp.Type = msoGroup Then
006|             For Each Shp_Goup In Shp.GroupItems
007|                 If Shp_Goup.Name Like "TextBox*" Then
008|                     Set Tem_Ole = ActiveSheet.OLEObjects(Shp_Goup.Name).Object
009|                     Name_Str = Tem_Ole.Value
010|                 ElseIf Shp_Goup.Name Like "OptionButton*" Then
011|                     Set Tem_Ole = ActiveSheet.OLEObjects(Shp_Goup.Name).Object
012|                     If Tem_Ole.Value Then Xueli = Tem_Ole.Caption
013|                 End If
014|             Next Shp_Goup
015|         End If
016|     Next Shp
017|     MsgBox "填表人员" & vbCr & "姓名为：" & Name_Str & vbCr & "学历为:" & Xueli
018| End Sub
```

图 5-30 所示是运行代码 5-19 示例代码后的结果，现在来说下代码的作用。

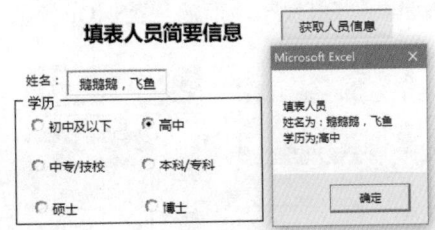

图 5-30　获取填表人员的选项按钮信息

（1）首先在激活表中以形状 Shp 变量循环，并通过 If Shp.Type = msoGroup 语句判断形状

是否为组合的形状类型（msoGroup），若是，则嵌套 Shp_Goup 对象循环，该循环是在框架组合图形中循环，所以当存在多个组合形状时，都需要采用该循环。

（2）在 Shp_Goup 对象循环中，用 If 判断 Shp_Goup.Name 名称中是否含有 TextBox，若有，则获取该对象的关联 ActiveX 控件并赋值给 Tem_Ole，再通过该 ActiveX 控件对象来获取该控件的相关属性。

（3）另一语句判断 Shp_Goup.Name 中是否含有 OptionButton 字样，存在时同样通过赋值为 Tem_Ole 的具体控件并获取其属性，并通过判断该属性的 Value 值是否为 True，若是则将其 Caption 属性的值赋值给 Xueli 变量；最后通过 Msgbox 函数进行提示。

❓ 皮蛋：这个过程中，Shp.GroupItems这个是啥意思？

💬 无言：Shp.GroupItems表示当一个形状是由多个其他形状（控件）组合而成的，必需通过Shape.GroupItems属性来获取该组合对象中的每个组合形状的信息，通过该属性会获得其GroupShapes对象集合（代表一组形状中的单个形状）。

For Each Shp_Goup In Shp.GroupItems 语句就是表示将在组合形状中一个个地拆解其里头所有组合的形状个体，再通过 OLEObject.Object 属性来获取该控件的属性。

💬 无言：这里刚好可以给你留一个问题，刚才是上一节讲到的CheckBox控件，制作时没有将所有控件集中组合成一个整体。那么如何将它们整合成一个整体？如何获取已选中的复选框的Caption属性值呢？这个作为一个作业吧。

❓ 皮蛋：蛋蛋忧伤了。以前还从没有过作业，怎么今天就有了呢，好吧，我去努力一把。

5.2.7 切换按钮（ToggleButton）控件：开启或关闭的开关

💬 无言：你待会再努力，我先继续讲下一个控件——切换按钮（ToggleButton）控件。如图 5-31 所示，图中的禁用/关闭类似Off状态，而启用类似On状态。

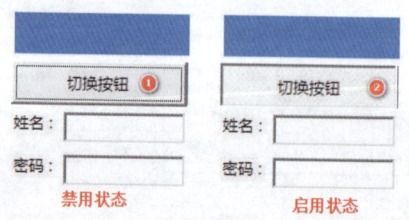

图 5-31　切换按钮的启用/禁用状态

切换按钮（ToggleButton）控件用于显示项目的选中状态，用切换按钮显示某个项目是否被选中或能根据该按钮的状态来控制其他控件的相关属性或者 Excel 的某些设置。

启用切换按钮会呈现高亮状态：处于禁用的切换按钮能够显示值，但会变暗，并且不能通过用户界面进行修改。

切换按钮的显示文本同样可以通过其 Caption 属性进行修改，其默认属性为 Value，该属性控制切换按钮的选中状态。

无言：现在通过切换按钮控制表上某些控件的属性，从而控制用户的操作，如代码5-20所示。

代码 5-20　根据切换按钮的属性操作其他控件

```vb
001|    Sub ToggleButton_Control()
002|        Dim Sh As Worksheet
003|        Set Sh = ActiveSheet
004|        With Sh
005|            With .OLEObjects("ToggleButton1").Object
006|                Select Case .Value
007|                    Case True
008|                        Sh.OLEObjects("Label3").Object.Caption = "微信号:Excelbujiaban"
009|                        Sh.OLEObjects("Label3").Object.Enabled = True
010|                        Sh.OLEObjects("TextBox1").Object.Text = "陈锡卢"
011|                        Sh.OLEObjects("TextBox1").Object.Enabled = True
012|                        Sh.OLEObjects("TextBox2").Object.Text = "Excel 不加班系列"
013|                        Sh.OLEObjects("TextBox2").Object.PasswordChar = ""
014|                        Sh.OLEObjects("TextBox2").Object.Enabled = True
015|                    Case Else
016|                        Sh.OLEObjects("Label3").Object.Caption = "控件将不可用"
017|                        Sh.OLEObjects("Label3").Object.Enabled = False
018|                        Sh.OLEObjects("TextBox1").Object.Text = "无言是一头^(*￣(oo)￣)^"
019|                        Sh.OLEObjects("TextBox1").Object.Enabled = False
020|                        Sh.OLEObjects("TextBox2").Object.Text = "46152133"
021|                        Sh.OLEObjects("TextBox2").Object.PasswordChar = "☆"
022|                        Sh.OLEObjects("TextBox2").Object.Enabled = False
```

```
023|                   End Select
024|              End With
025|         End With
026|    End Sub
```

代码 5-20 示例过程实际是通过监控切换按钮的 Value 属性值,来切换对各主要控件的属性的赋值和控制,特别是 Enabled 属性。

(1) 将 Sh 变量赋值为激活的表对象,通过 Sh 对象来获取表中的切换按钮(ActiveX 控件)对象,并通过 Select Case 语句判断该对象的 Value 属性值。

(2) 如果为 True,则获取表中的标签 3 的控件对象并设置其 Caption 和 Enabled 属性,接着获取和设置文本框 1 和 2 的 Text、PasswordChar 和 Enable 的属性。Enable 属性设置为 True,让控件能被操作。

(3) 如果为 False,则将标签 3 和文本框 1 和 2 的 Enable 属性都设置为 False,使得控件不能操作,而且分别设置了 Caption 和 Text 属性的文本内容。

💬 无言:这段示例过程中的重点要注意属性 Enable 属性,若要控件不能接受焦点,那么只需要将控件的 Enable 属性设置为 False。

控件的 Enabled 属性
指定一个控件能否接受焦点和响应用户产生的事件
object.Enabled [= Boolean]

控件的 Enabled 属性为 True 时,该控件可接受焦点并响应用户产生的事件,而且能通过代码进行访问(默认值);当为 False 时,用户不能使用鼠标、击键、加速键或热键处理该控件。通常仍可通过代码访问该控件。

焦点——任何时间接收鼠标单击或键盘输入的能力。在 Microsoft Windows 环境中,在同一时间只有一个窗口、窗体或控件具有这种能力。"具有焦点"的对象通常会以突出显示标题或标题栏来表示

用 Enabled 属性可使控件有效或无效化。无效的控件显示为浅灰色,有效控件的外观则与此不同。而且,如果控件中显示位图,则当控件变灰时位图也随之变灰。如果图像控件的 Enabled 属性为 False,那么即使该控件外观没有变灰,也不能初始化事件。

❓ 皮蛋:但是这样每次单击完切换按钮还要再去单击那个附加宏的按钮挺累的,有什么方法直接单击切换就能改变的吗?

💬 无言:这个确实麻烦,不过不是为了演示嘛。如果现实使用,直接使用切换按钮的 Click 事件来改变每次状态切换时的显示,如代码 5-21 所示。

代码 5-21 运用切换按钮的单击事件切换显示内容

```
001|    Private Sub ToggleButton1_Click()
002|        Dim Sh As Worksheet, Lb03 As Object, Tb01 As Object, Tb02 As Object
003|        Set Sh = ActiveSheet
004|        Set Lb03 = Sh.OLEObjects("Label3").Object
005|        Set Tb01 = Sh.OLEObjects("TextBox1").Object
006|        Set Tb02 = Sh.OLEObjects("TextBox2").Object
007|        Select Case ToggleButton1.Value
008|            Case True
009|                Lb03.Caption = "微信号:Excelbujiaban": Lb03.Enabled = True
010|                Tb01.Text = "陈锡卢": Tb01.Enabled = True
011|                Tb02.Text = "Excel 不加班系列": Tb02.PasswordChar = "": Tb02.Enabled = True
012|            Case Else
013|                Lb03.Caption = "控件将不可用": Lb03.Object.Enabled = False:
014|                Tb01.Text = "无言是一头^(*￣(oo)￣)^": Tb01.Enabled = False:
015|                Tb02.Text = "46152133": Tb02.PasswordChar = "☆": Tb02.Enabled = False
016|        End Select
017|    End Sub
```

代码 5-21 事件过程和代码 5-20 示例过程实际上没有太多的差别,只是一开始将原来需要的 3 个控件对象通过 OLEObject.Object 属性获取关联的控件对象;然而最重要的差别的就是切换按钮不需要通过 OLEObject.Object 属性来关联,直接书写需要控件的名称即可,效果如图 5-32 所示。

'以切换按钮的Value属性值,进行按钮控制

图 5-32 使用事件时直接输入控件名称

**皮蛋**:代码有了,那么在什么地方写入代码,不是在标准模块中吧?

无言:不是,写在每个ActiveX控件所在的工作表的代码窗口。

当需要给 ActiveX 控件创建相应的内置事件过程时,可以通过以下 2 个途径。

(1)通过双击对应的 ActiveX 控件所在的工作表工程,进入代码窗口后,在对象通用栏选择需要的控件对象,再选择事件栏中的需要事件即可创建指定控件的事件过程外壳,如图 5-33 所示。

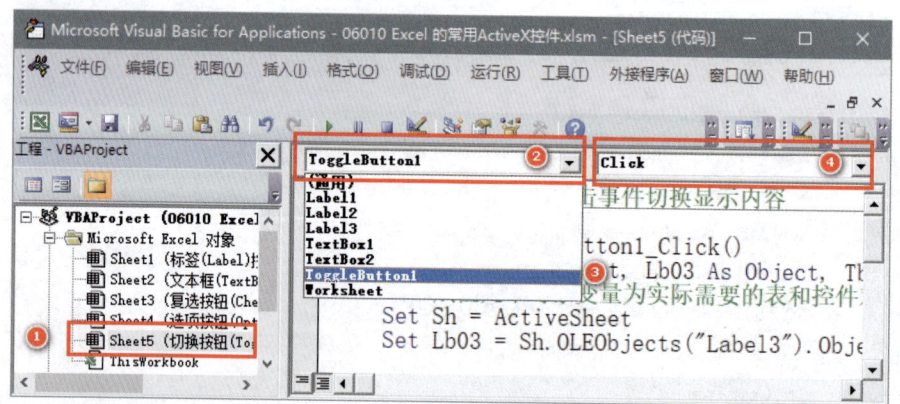

图 5-33　写入控件事件的操作途径方式 1

（2）在工作表处于设计模式时，通过右击控件选择【查看代码】（见图 5-34），之后会直接生成一个默认事件外壳，此时只需要重新选择需要的事件即可，最后的效果和图 5-33 一样。

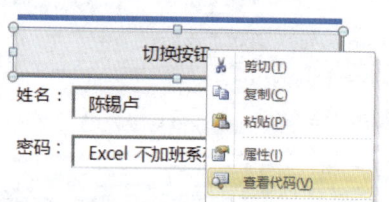

图 5-34　写入控件事件的操作途径方式 2

❓ **皮蛋**：收到，明白了。写入事件代码在设计模式下右击控件选择【查看代码】就行了，挺简单的。

💬 **无言**：是的，就这样。

切换按钮就如同电器开关，通过断通的原理来触发（见代码 5-22）。关于该按钮的讲解也到此了，换台。

代码 5-22　切换激活窗口是否显示 0 值

```
001|    Private Sub ToggleButton2_Click()
002|        With ToggleButton2
```

```
003|        If .Value Then
004|            .Caption = "不显示0值"
005|            ActiveWindow.DisplayZeros = False
006|        Else
007|            .Caption = "显示0值"
008|            ActiveWindow.DisplayZeros = True
009|        End If
010|    End With
011| End Sub
```

5.2.8 列表框（ListBox）控件：给你一列数据，你给我选

在平时注册某些企业的商务电子平台时，会出现一个让选择企业的注册所在省、市、区等信息，此时会弹出一个长长的列表表单（见图5-35），该功能对应了ActiveX控件的列表框（ListBox）控件，如图5-36所示。

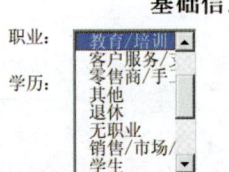
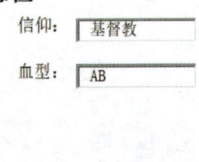

 图5-35 注册信息选择列表项　　 图5-36 列表框的运用

列表框（ListBox）控件用于显示一些值的列表，用户可以从中选择一个或多个值。如果将列表框绑定到了数据源，则列表框会将用户选择的值保存到数据源中。列表框可以以列表形式出现，也可以以一组选项按钮控件或复选框控件的形式出现。列表框的默认属性是 Value 属性，列表框的默认事件是 Click 事件。

图 5-36 中使用了 4 个 ListBox 控件来让用户选择必要的内容信息，这些内容信息通过该控件的 List 属性的赋值来获取的，先来看下其作用和语法。

返回或设置列表框或组合框的列表条目数。
object.List(row, column) [= Variant]

List 属性的参数说明如表 5-13 所示。

表 5-13　List 属性的参数说明

参 数 名 称	作 用 说 明
object	代表一个有效对象。必需
row	代表一个整数，取值范围为 0 到列表条目数减 1 之间的数值。必需
column	代表一个整数，取值范围为 0 到总列数减 1 之间的数值。必需
Variant	代表列表框或组合框中指定条目的内容。可选

List 属性的作用就是给列表框预设可选择的项目内容，即赋值。其中 object 参数为指定控件对象；Row 和 Column 参数用于多行多列的情况下指定 List 对应条目的数据内容；Variant 即具体的指定数据。

```
ListBox1.List(0) = "VBA"  '给列表框控件 1 的 List 属性第 1 个条目赋值为 VBA，单列横向赋值
'给列表框控件 1 的 List 属性赋值一个 2 列 2 行的条目内容
ListBox1.List(0,0) = " 皮蛋 ":ListBox1.List(0,1) = " 无言 ":ListBox1.List(1,1) = " 丫头 ":ListBox1.List(1,1) = " 契妹 "
ListBox1.List() = Evaluate("{1,2,3;4,5,6}")  '使用 Evaluate 属性将文本数组转为内存数组赋值给 List 属性 (3 列 2 行 )
```

❓ **皮蛋**：为什么是0开始，不应该是1吗？

💬 **无言**：这个要需要说明下，List赋值都是由0开始的，就和Array函数一样，其开始（下限）值为0，不是1。

在工作表上使用列表框控件时，可以直接通过代码对 List 属性赋值为工作表上的单元格数据，不需要一个个循环赋值，其语法例子如下。

```
ListBox1.List = Range("B2:B6").Value
ListBox1.List = Worksheets(2).Range("B2:B6").Value
```

❓ **皮蛋**：引用Range对象后总是带Value属性，为什么呢？

💬 **无言**：在表上使用该属性时必需通Value属性才能将单元格的值传递给List属性，否则将出错。

现在就上面的简例说说如何获得图 5-36 所示效果，这里不仅运用了 List 属性，还运用了 ListBox 控件的 2 个事件过程，来协助自动完成数据的导入和指定，如代码 5-23 所示。

代码 5-23　通过控件的获得和失去焦点事件载入和指定条目

```
001|    Rem 列表框控件1获得焦点时
002|    Private Sub ListBox1_GotFocus()
003|        ListBox2.Visible = False
004|        With ListBox1
005|            .List = Worksheets(2).Range("A2:A19").Value
006|            .Left = 96 :.Top = 39
007|            .Height = 100 : .Width = 80
008|        End With
009|    End Sub
010|
011|    Rem 列表框控件1失去焦点时
012|    Private Sub ListBox1_LostFocus()
013|        Dim Tem_Str As String
014|        With ListBox1
015|            Tem_Str = .List(.ListIndex)
016|            .List = Array(""):.List(0) = Tem_Str
017|            .Height = 16
018|            .Width = 80
019|        End With
020|        ListBox2.Visible = True
021|    End Sub
```

代码 5-23 中分别采用 2 个不同事件来加载和指定条目。

（1）第 1 个事件过程采用 ListBox1.GotFocus 事件：当控件被选中（获取焦点）时，就运行内部语句：首先将列表框控件 2 的 Visible 属性赋值为 False 进行隐藏（不碍眼），接着通过列表框控件 1 的 List 属性加载（赋值）为 Sheet 表 A2:A19 单元格区域的内容，并通过列表框控件 1 的 Left、Top 属性设置控件在表上的具体位置，最后通过其 Height、Width 属性设置（限制）控件的高宽尺寸。

（2）第 2 个事件过程采用 ListBox1.LostFocus 事件：当用户选择其他控件时，该控件未被选中（失去焦点）时，就运行内部语句：首先声明一个 Tem_Str 变量用来记录失去焦点前被选中条目内容，接着通过一个空白 Array 数组赋值给 List 属性，该属性的内容为空白，再通过 List(0) = Tem_Str 语句将 Tem_Str 赋值给 List 属性，并还原列表框控件 1 的高和宽尺寸，最后将刚才被隐藏的列表框控件 2 重新显示在表上。

💬 **无言**：列表上其他信息如学历、信仰、血型等控件代码过程也通过采用上述2个事件过程进行编写，其中对列表框控件2的隐藏是因为距离太近不隐藏会对选择造成碍眼，语句为.List = Array("")语句，也可以直接运用ListBox.Clear方法直接清空列表的所有内容，如下所示。

```
ListBox1.Clear              '清空列表框所有 List 项
ListBox1.List(0) = 1        '将列表框第一条目赋值为 1
```

❓ **皮蛋**：嗯，不过过程中的ListIndex干什么用的呢？

ListBox.ListIndex 属性用于获取被选中的列表框控件中条目的序号，获取的序号比已有条目数少一条。

❓ **皮蛋**：那我要如何知道列表框中的条目数呢？

ListBox.ListCount 属性即可获取列表框中的条目数量，该属性获的数量比 ListIndex 属性显示序号多 1，所以若统计出来的数量是 5，而要获取 List 中的最末一个数据则需要如下写法才有效。

```
Msgbox ListBox1.List(ListBox.ListCount-1)    '显示列表中的最后一条数据内容
Msgbox ListBox1.List(ListBox.ListIndex)      '显示列表中的被选中的条目内容
```

💬 **无言**：当列表中不存在条目时，ListBox.ListIndex属性的返回值为-1，在实际运用可通过ListIndex的返回值是否为-1或者ListCount的返回值是否为0来防止错误。

❓ **皮蛋**：嗯嗯，但是这个是单列例子，如果多列的要如何设置显示和选取呢？

💬 **无言**：这个就需要运用到其他几个参数，先讲一个比较直观点的视觉效果。

图 5-37 所示为多列显示引用数据源的效果，比刚才的的单列的效果更贴近制表习惯。接下来就要讲讲多列显示及多选等内容属性运用。

❓ **皮蛋**：这个效果挺好的，确实贴近了，这效果与哪个属性有关呢？

💬 **无言**：多列属性与ListBox.ColumnCount属性有关，先来看下图 5-38所示效果，该效果自带选项按钮。

图 5-37 无选项按钮的列表框

图 5-38 带选项按钮的列表框

图 5-38 所示效果比图 5-37 多了一列选项按钮，该效果是由 ListBox.ListStyle 属性决定的。该属性的作用为规定列表框或组合框中列表的外观，其有两个外观枚举常数：fmListStylePlain 的作用外观与常规列表框相似，条目的背景为高亮（见图 5-37）；而 fmListStyleOption 的作用

显示选项按钮，或显示用于多重选择列表的复选框（默认）。

当用户选定列表中的条目时，与该条目相关的选项按钮即被选中，而该组其他条目的选项按钮则被取消选择（见图 5-38）。

💬 **无言**：简单说，fmListStylePlain 枚举常数的设置在选中时呈现高亮，而 fmListStyleOption 枚举常数则多了一个选项勾选确认列以便于确认。

❓ **皮蛋**：那多列的显示如何处理？

显示多列时需要使用 ListBox.ColumnCount 属性——指定列表框或组合框的显示列数，即列表中要显示几列则设置一个指定数字：若为 0 则不显示所有列；若为大于 0 且不超数据源有效列的数字，则显示指定数量的列数；若为 -1 则显示所有数据源的列，如图 5-39 所示。

> 显示列表框或组合框的显示列数
> object.ColumnCount [= Long]

属性中的 Long 参数为可选参数，指定需显示的列数。

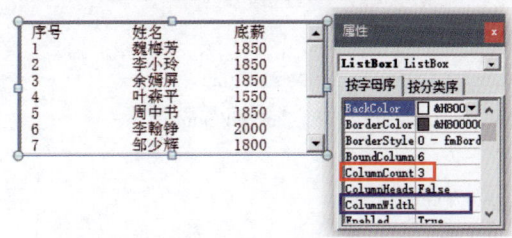

 图 5-39　设定列表框控件显示多列

当要显示所有列时通过赋值 ColumnCount 属性的值为 -1，但是如果列数太多，那么列表框控件的宽度就需要足够大才能显示所有列。

要设置列表的列宽可以通过 ColumnWidth 属性——指定多列的组合框或列表框中的各列的宽度，如图 5-39 中的蓝色框的位置。

> 指定多列的组合框或列表框中的各列的宽度
> object.ColumnWidths [= String]

String 参数为可选，设置列的宽度（单位：磅）。若要拥有多列条目时，用分号（;）作为列磅数分隔符。

ColumnWidths 为空或 -1 时，若要计算列的宽度，则将控件宽度等分，给予列表中的各列。如果所指定的各列宽度的总和大于该控件的宽度，则在控件内部，列表将左对齐，而最右边的一列或数列不被显示。用户可用水平滚动条来滚动列表，以显示最右边的各列。

如图 5-39 所示，若要将其 3 列的宽度设置为指定宽度，则可以通过控件的属性窗口

ColumnWidths 属性栏中直接输入如下：

30;30;30   '设置列表框控件的前3列的宽度分
            别为30磅

最后的效果如图 5-40 所示。

皮蛋：这样挺麻烦的。如果有10列，我不是要写10次吗？

无言：不用啊，不是还有循环语句吗！

皮蛋：循环语句也能设置这个吗，怎么弄的？

无言：这里还是结合控件的ListBox1.GotFocus来处理，如代码5-24所示。

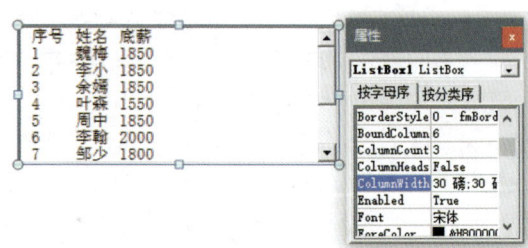

图 5-40 设置 ColumnWidth 属性

代码 5-24 设置列表框控件的列宽

```
001|    Private Sub ListBox1_GotFocus()
002|        Dim Rng As Range, i As Integer, Col_W As String
003|        Set Rng = Worksheets(2).Cells(2, "H").CurrentRegion
004|        With ListBox1
005|            .Left = Cells(4, 4).Left
006|            .Top = Cells(4, 4).Top
007|            For i = 1 To Rng.Columns.Count
008|                Col_W = Col_W & "40;"
009|            Next i
010|            Col_W = Left(Col_W, Len(Col_W) - 1)
011|            .ColumnCount = -1
012|            .ColumnWidths = Col_W
013|            .Width = Rng.Columns.Count * 40 + 30
014|            .ListStyle = fmListStyleOption
015|            .List = Rng.Value
016|        End With
017|    End Sub
```

代码 5-24 事件过程中将引用 Sheet2 表中 H1:M13 连续区域赋值给 Rng 变量，然后设置 ListBox1 控件的坐标位置，通过指数循环将多列的磅数通过循环组合成一个字符串后赋值给 Col_W 变量，再将控件的 ColumnCount 属性赋值为 -1（显示所有列），并将 Col_W 变量赋值给 ColumnWidths 属性；在调整了所有数据列宽后，再根据列数 * 列磅数 +10 来调整列表框控件的宽度尺寸；最后改变列表框控件的外观并将 Rng 变量赋值给 List 属性作为可选的条目内容。

? 皮蛋：原来可以这样啊，明白了。那我要如何提取选中的信息或者说提示呢？

💬 无言：获取选中行的数据，单列的比较简单，只需按照如下语句即可获取。

Msgbox ListBox1.List(ListBox.ListIndex)　'显示列表中的被选中的条目内容

上述简例其实是运用了 ListIndex 属性，但如果是多列则必需依靠 ListBox.BoundColumn 属性获取相关信息。

ListBox.BoundColumn 属性——标识多列组合框或列表框中的数据的来源
object.BoundColumn [= Variant]

其实 ListBox.BoundColumn 属性用来指定要获取的列表框控件的列号——即指定多列条目中的哪一列作为返回信息值列，刚好和 ListIndex 属性组合起来，就类似于 Cells(Row,Column) 属性语法。

? 皮蛋：是不是只要知道了 ListIndex 的行坐标和 BoundColumn 属性的列坐标，就可以获取需要的信息啦？

💬 无言：没错，BoundColumn属性就用来指定读取的列坐标，但是这些如果在ColumnCount属性的值为-1的时候就难办了。

? 皮蛋：为什么呢？

💬 无言：因为若为-1，就不能通过读取ColumnCount属性的值，不知道列表中有几列，这样只能通过Ubound函数来读取List属性的维数了。

List 属性为多列时均为二维数组，即平时说的行列组合，所以要获取其列坐标只需用以下的函数方法即可。

Ubound(Activesheet.ListBox1.List,2)+1　'获取列表框控件 List 属性的列坐标数量

? 皮蛋：为什么这里要+1呢？

💬 无言：因为List的开始值为0，而Ubound函数统计出来的数字刚好比实际数字小1，所以必需+1才符合实际的列数量，现在结合这个知识特性再配合列表的双击事件来获取对应的信息提示，效果如图 5-41 所示。示例过程如代码5-25所示。

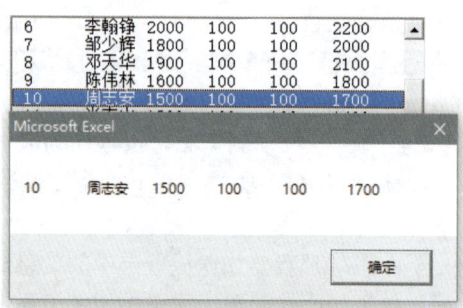

图 5-41 双击列表提示选中条目信息

```
001|    Private Sub ListBox1_DblClick(ByVal Cancel As MSForms.ReturnBoolean)
002|        Dim Tem_Str As String, i As Integer
003|        With ListBox1
004|            For i = 1 To UBound(.List, 2) + 1
005|                Tem_Str = Tem_Str & .List(.ListIndex, i - 1) & vbTab
006|            Next i
007|        End With
008|        MsgBox Tem_Str
009|    End Sub
```

代码 5-25 示例过程使用 ListBox.DblClick 事件,当双击列表中的任意条目时,会弹出图 5-41 的提示。

过程中通过循环获取双击条目的信息:i 变量用于指数循环,循环的终值通过 UBound(.List, 2) + 1 语句获取列表的列数;.List(.ListIndex, i -1) 语句读取已设置读取列的对应条目 ListIndex 行的内容并入 Tem_Str 文本变量,分隔符采用 VbTab 的制表符隔开;最后通过 Msgbox 函数提示 Tem_Str 变量的值。

皮蛋:挺方便的,利用这个属性可以将双击的数据导入到单元格中。对了,上面你说过列表框控件可以多选,要怎么设置?

列表框控件的多选功能需要通过设置 MultiSelect 属性来设置。如图 5-42 所示,该属性中存在 3 个选项:fmMultiSelectSingle 枚举常数为设置列表框只可选择一个条目(默认);

fmMultiSelectMulti1 枚举常数则是按空格键或单击以选定列表中一个条目或取消选定；而 fmMultiSelectExtended2 枚举参数则是按 Shift 键并单击，或同时按 Shift 键和一个方向键，将所选条目由前一项扩展到当前项，按 Ctrl 键的同时单击鼠标可选定或取消选定。

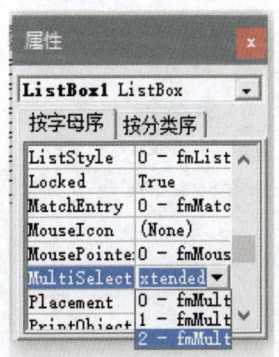

图 5-42　设置列表框支持多选

💬 无言：当需要设置多选时，直接通过设置该属性或者语句赋值属性。只有设置了 MultiSelect 属性为1或2时才能多选，如要获取选中信息的话则必需通过另外一个属性判断。

ListBox.Selected 属性用于返回或设置列表框中条目的选定状态，判断条目是否为选中状态，其语法如下。

object.Selected(index) [= Boolean]

其中，index 参数是必需的，其指取值范围是 0 到列表中的条目数减 1 之间的数值；Boolean 参数是可选的，其判断条目是否被选中，若条目被选中则返回 True，未选中则返回 False，若将该属性赋值为 True 则代表该条目被选中，设置为 False 则代表该表不被选中。

💬 无言：例如，获取被选中条目的信息内容，如代码5-26所示。

代码 5-26　获取列表框的多选的内容信息

```
001|    Sub ListBoxSelected()
002|        Dim Tem_Str As String, Sel_i As Long
003|        Dim List_Cs As Integer, Col_i As Integer
004|         Tem_Str = "序号" & vbTab & "姓名" & vbTab & "底薪" & vbTab & "全勤奖" _
                & vbTab & "电脑补助" & vbTab & "实际工资" & vbCr
```

```
005|    With ActiveSheet.ListBox2
006|        If .ListIndex = -1 Then Exit Sub
007|        For Sel_i = 1 To .ListCount
008|            If .Selected(Sel_i - 1) Then
009|                List_Cs = UBound(.List, 2)
010|                For Col_i = 0 To List_Cs
011|                    Rem 将行列数据并入Tem_Str
012|                    Tem_Str = Tem_Str & .List(Sel_i - 1, Col_i) & vbTab
013|                Next Col_i
014|                Tem_Str = Tem_Str & vbCr
015|            End If
016|        Next Sel_i
017|    End With
018|    MsgBox Tem_Str
019| End Sub
```

代码 5-26 示例过程中通过灵活运用 ListIndex、Selected、List 属性的特点，通过判断列表中 ListIndex 是否为 -1，从而判断是否存在条目；若存在则通过逐一判断条目的 Selected 属性是否被选中，若被选中则通过 Ubound 函数获取 List 第 2 维的列数赋值给 List_Cs 变量，并通过 Sel_i 行循环变量和 Col_i 列循环变量来提取 List 属性中的信息内容，其最后效果如图 5-43 所示。

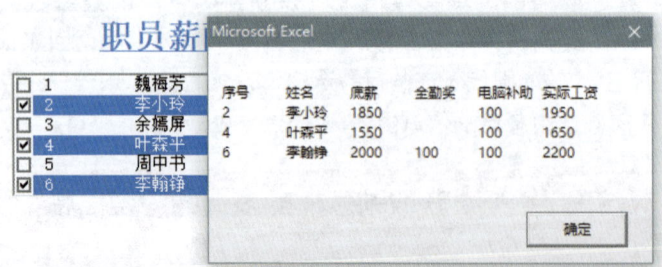

 图 5-43 获取别选中多条目信息

❓ **皮蛋**：为什么这次UBound(.List, 2)语句不需要+1呢？

💬 **无言**：因为这次没有通过ListBox.BoundColumn属性来指定列号，而是直接通过List的内存数组来提取，且List属性的开始下限都从0开始，所以不需要+1了。

? **皮蛋**：这样啊，明白了。那如果我不要直接引用工作表的所有数据，而是将需要的数据加入，这个要怎么操作呢？

无言：按需创建条目这个操作需要运用到ListBox.AddItem方法。

AddItem 方法：对于单列的列表框或组合框，在列表中添加一项；对于多列的列表框或组合框，在列表中添加一行，其语法如下。

列表中添加一项
object.AddItem [item[,varIndex]]

AddItem 方法的参数说明如表 5-14 所示。

表 5-14　AddItem 方法的参数说明

参 数 名 称	作 用 说 明
object	必需，一个有效对象
item	可选，指定要添加的项或行。第一个项或行的编号为 0；第二个项或行的编号为 1，以此类推
varindex	可选，整数，指定新的项或行在对象中的位置

object 参数为指定的控件对象；item 参数则是要添加的条目具体内容；varindex 参数则是指定要插入条目的指定坐标，该坐标由 0 开始，但不可大于 ListIndexd 的最大值。

AddItem 方法只能创建第 1 列的条目内容，而 varindex 若指定具体整数且小于等于 ListIndexd 的值，将在指定的坐标位置插入指定的条目内容，如下所示。

```
ListBox1.AddItem "a"       '将 a 添加在列表框控件的 List 属性的 0 行位置
ListBox1.AddItem "b"       '将 b 添加在列表框控件的 List 属性的 1 行位置，不指定 varindex，新添加的都将顺延
ListBox1.AddItem "c", 0    '将 c 添加到 a 的位置后，其他原来位置的条目都下移
```

对于多列列表框或者组合框，AddItem 方法可以插入一个完整的行。也就是说，它为此控件的每一列都插入一项。为了给第 1 列后面的项赋值，可用 List 或 Column 属性来规定项的行和列。

无言：现在咱就运用AddItem方法将名字中带有指定字符的姓名添加到列表框中，如代码5-27所示。

代码 5-27　加载关键字姓名到列表

001|　　Private Sub ListBox1_GotFocus()
002|　　　　Dim Rng As Range, Rng_F As Range, Gjz As String

```
003|        Set Rng = Worksheets(2).Range("O2:O70")
004|        Gjz = Application.InputBox("请输入指定姓名中含有的关键字,默认为添加
            所有!","指定关键字", "*", Type:=2)
005|        If Gjz = "" Or Gjz = "False" Then Exit Sub '关键字为空或者为按了取消则退
            出过程
006|        Gjz = IIf(Gjz = "*","*","*" & Gjz & "*")
007|        With ListBox1
008|            If .ListCount > 0 Then .List = Array(""): .RemoveItem (0)
009|            For Each Rng_F In Rng
010|                If Rng_F Like Gjz Then .AddItem Rng_F
011|            Next Rng_F
012|            .Width    80
013|            .Height = IIf(.ListCount > 10, 80, .ListCount * 15)
014|        End With
015|    End Sub
```

代码 5-27 示例过程的运行机制如下。

（1）当控件获取焦点时，将 Sheet2 表的 O2:O70 单元格区域赋值给 Rng 变量；运用 Application.InputBox 方法让用户输入需要查找的姓名关键字并赋值给 Gjz 变量（见图 5-44）；再通过 If 语句判断如果未输入任何字符或者单击【取消】按钮时都将退出过程。

（2）当用户输入的关键字符合要求则通过 Iif 函数判断关键字是星号或者其他字符，若为其他字符则在字符两端用星号组合一个新的通配字符重新赋值给 Gjz 变量。

（3）前期赋值完成后，通过 If .ListCount > 0 判断列表是否存在条目，若存在则将列表的 List 属性先赋值为空，此时列表中 0 坐标的条目为空值；接着通过 .RemoveItem (0) 移除 0 坐标的条目（也可以用 ListBox.Clear 方法）。

（4）通过 Rng_F 对象循环逐一判断单元格内容是否满足 Rng_F Like Gjz 语句，若满足则将该单元格的内容通过 AddItem 方法依次添加到列表中。

（5）当循环结束后通过设置列表框控件的宽度和高度尺寸，其中 Width 属性固定为 80 磅，而 Height 则通过 ListCount 统计加入的条目个数，并结合 Iif 函数设置高度磅数。

无言：最终效果如图 5-45 所示，但这个 Additem 还是只能添加一列条目，若需要增加多列条目则需要运用前面的 List 列表者数组。

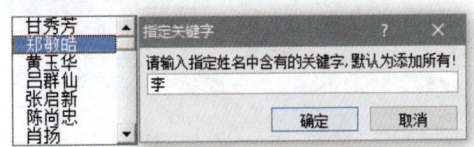

图 5-44 添加指定关键字条目　　图 5-45 获取焦点后的添加效果

皮蛋：这么坑啊，好吧，一般也是单列的而已。
无言：这个虽然坑，但是还有更坑的——不能直接在列表框中输入新的信息。
皮蛋：还有这个限制啊？
无言：这个不是限制，是特性而已。接下来介绍另外一个与列表框控件相似，但是可随时向控件中添加条目。

5.2.9 组合框（ComboBox）控件：让你选数据，也让你写入

皮蛋：我知道，又是孖宝了，是吧？
列表框控件的常用属性及方法在上一节已经介绍了，但是它有一个硬伤，即无法让用户直接在列表框的条目框中添加新的条目，而必需通过其他过程进行添加，所以列表框一般用于显示已存且不增加数据的时候运用。
若需要随时直接在列表中添加新的条目，则必需使用另一个 ActiveX 控件——组合框（ComboBox）。
组合框将列表框和文本框的特性结合在一起，用户可以像在文本框中那样输入新值，也可以像在列表框中那样选择已有的数据。
无言：组合框和列表框控件的形状差不多。
从图 5-46 中可以看出，在同样的高度情况，组合框控件自带一个下拉箭头，而列表框没有，且组合框的文本栏可以存在光标（见图 5-47），而列表框不存在光标，只能通过选择操作。

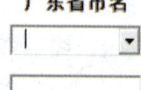

图 5-46 组合框和列表框的差别　　　　　　图 5-47 组合框中的光标

无言：本节不介绍组合框控件的 List、ListIndex、ListCouont、AddItem、RemoveItem 等常用属性或方法，因为这些属性或方法与 ListBox 控件用法相同。

皮蛋：那你要介绍什么呢？

无言：很简单，如何通过组合框的文本框直接添加新的条目。

ComboBox 控件创建条目的方法同样是用 AddItem，现在将广东省的部分市名称加入到 ComboBox 控件的条目中并查阅，如代码 5-28 所示。

代码 5-28　ComboBox 控件添加新条目

```
001|    Rem 加载N2:N6的市名
002|    Private Sub ComboBox1_GotFocus()
003|        ComboBox1.List = Range("N2:N6").Value
004|    End Sub
005|
006|    Rem 按Enter键将文本框内容添加进列表中
007|    Private Sub ComboBox1_KeyDown(ByVal KeyCode As MSForms.ReturnInteger,
        ByVal Shift As Integer)
008|        Dim i As Long, Bol As Boolean
009|        Bol = False
010|        With ComboBox1
011|            If KeyCode = vbKeyReturn And .Text <> "" Then
012|                For i = 0 To .LineCount
013|                    If .List(i) Like .Text Then Bol = True: Exit For
014|                Next i
015|                If Not Bol Then .AddItem .Text
016|            End If
017|        End With
018|    End Sub
```

代码 5-28 示例过程中运用了 2 个事件。

（1）第 1 段过程首先利用 ComboBox1.GotFocus 事件（获得焦点）加载同工作表上的 N2:N6 区域的市名；第 2 段过程利用 ComboBox1.KeyDown 事件为用户按下指定键时，响应该事件过程。

（2）在 KeyDown 事件过程中，定义 i 变量用于循环，Bol 变量用于反馈信息——Bol 变量一开始被赋值为 False，代表文本框中的文本默认不存在列表中；接着判断用户按下的键位是否为 Enter 键且文本框内容不为空，并通过循环判断输入的内容是否存在列表中，若相同时则将 Bol 赋值为 True，并通过 Exit For 退出循环避免资源浪费。

（3）退出循环后，运用 Not 函数取 Bol 变量的反值，若为 True 则运用 AddItem 方法将组合框框架的 Text 加入列表的最后。

💬 无言：图 5-48 所示是在组合框控件的文本框中输入内容后按 Enter 键的结果。

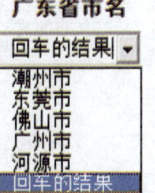

图 5-48　文本框输入后按 Enter 键后的效果

❓ 皮蛋：厉害啊，这样不仅可选，而且还可添加。言子，你说上面的过程是运用了按键值来控制的，你怎么设定那个按键呢？

💬 无言：vbKeyReturn 枚举常数就是需要指定的键值，其对应了 Keycode 的常数值，表 5-15 中列出了 Keycode 的常用功能键常数。

表 5-15　Keycode 的常用功能键常数

常数名称	值	说　明	常数名称	值	说　明
vbKeyLButton	0×1	鼠标左键	vbKeyDown	0×28	Down Arrow 键
vbKeyRButton	0×2	鼠标右键	vbKeySelect	0×29	Select 键
vbKeyCancel	0×3	Cancel 键	vbKeyPrint	0×2A	Print Screen 键
vbKeyMButton	0×4	鼠标中键	vbKeyExecute	0×2B	Execute 键
vbKeyBack	0×8	Backspace 键	vbKeySnapshot	0×2C	Snapshot 键
vbKeyTab	0×9	Tab 键	vbKeyInsert	0×2D	Insert 键
vbKeyClear	0×C	Clear 键	vbKeyDelete	0×2E	Delete 键

续表

常数名称	值	说明	常数名称	值	说明
vbKeyReturn	0×D	Enter 键	vbKeyHelp	0×2F	Help 键
vbKeyShift	0×10	Shift 键	vbKeyF1	0×70	F1 键
vbKeyControl	0×11	Ctrl 键	vbKeyF2	0×71	F2 键
vbKeyMenu	0×12	Menu 键	vbKeyF3	0×72	F3 键
vbKeyPause	0×13	Pause 键	vbKeyF4	0×73	F4 键
vbKeyCapital	0×14	Caps Lock 键	vbKeyF5	0×74	F5 键
vbKeyEscape	0×1B	Esc 键	vbKeyF6	0×75	F6 键
vbKeySpace	0×20	Spacebar 键	vbKeyF7	0×76	F7 键
vbKeyNumlock	0×90	Num Lock 键	vbKeyF8	0×77	F8 键
vbKeyPageUp	0×21	Page Up 键	vbKeyF9	0×78	F9 键
vbKeyPageDown	0×22	Page Down 键	vbKeyF10	0×79	F10 键
vbKeyEnd	0×23	End 键	vbKeyF11	0×7A	F11 键
vbKeyHome	0×24	Home 键	vbKeyF12	0×7B	F12 键
vbKeyLeft	0×25	Left Arrow 键	vbKeyF13	0×7C	F13 键
vbKeyUp	0×26	Up Arrow 键	vbKeyF14	0×7D	F14 键
vbKeyRight	0×27	Right Arrow 键	vbKeyF15	0×7E	F15 键

皮蛋：言子麻溜啊，不错赞一个。

无言：利用组合框的输入功能还可以和列表框控件一样获取含有关键字的条目——要配合组合框控件的 **MatchEntry** 属性及文本框 **Change** 事件即可。

MatchEntry 属性为返回或设置一个值，用来表示列表框或组合框如何按用户输入的内容来搜索它的列表，即让控件是否自动匹配一个存在列表中的条目，其有 3 个常数值，其作用如表 5-16 所示。

表 5-16 MatchEntry 属性的常数作用

常数名称	值	作用说明
fmMatchEntryFirstLetter	0	基本匹配。控件搜索以输入的字符开头的下一条条目。反复输入相同的字母，将在以该字母开头的所有条目中循环
fmMatchEntryComplete	1	扩充匹配。每输入一个字符，控件就搜索能与全部已输入字符相匹配的条目（默认）
fmMatchEntryNone	2	不进行匹配

无言：这里选择 fmMatchEntryNone 常数，将控件的自动匹配关闭，在配合一下事件代码过程获取与关键字相符的信息加入列表中，如代码 5-29 所示。

代码 5-29　逐次依据关键字获取股票名称

```
001|    Rem 加载股票名称数据
002|    Private Sub ComboBox2_GotFocus()
003|        With ComboBox2
004|            .List = Range("P2").Resize(Range("P2").End(XlDown).Row-1).Value
005|        End With
006|    End Sub
007|
008|    Rem 依据文本框内容逐渐获取相符内容
009|    Private Sub ComboBox2_Change()
010|        Dim Rng As Range, Rng_F As Range
011|        Set Rng = Range("P2").Resize(Range("P2").End(XlDown).Row-1)
012|        With ComboBox2
013|            .MatchEntry = fmMatchEntryNone
014|            If .Text <> "" Then
015|                Application.ScreenUpdating = False
016|                .List = Array(""): .RemoveItem (0)
017|                For Each Rng_F In Rng
018|                    If Rng_F Like "*" & .Text & "*" Then .AddItem Rng_F
019|                Next Rng_F
020|                Application.ScreenUpdating = True
021|            End If
022|        End With
023|    End Sub
```

代码 5-29 示例过程中共有 2 个事件。

（1）第 1 段事件过程还是运用控件获取焦点后加载有效的数据范围，这里加载 P 列的股票名称（总共有 3000 个）。

（2）第 2 段事件过程运用 Change 事件过程，该过程用于每当组合框中的文本框字符串改变时都会自动执行内部代码过程。

（3）第 2 段事件过程首先将 Rng 赋值为当前表的股票名称区域，接着将 MatchEntry 赋值 fmMatchEntryNone 关闭其自动匹配功能；再判断文本框中是否存在内容，若存在则关闭屏幕

刷新提速、清空 List 列表，并通过在 Rng 中循环获取满足的文本串信息添加。

💬 无言：输入单个字符和输入多个字符后列表的变化如图5-49和图5-50所示。

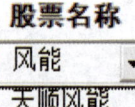

图 5-49　单字符的相符信息　　　　图 5-50　多字符的相符信息

❓ 皮蛋：处处有惊喜，编程真厉害。

💬 无言：再厉害也要结束ComboBox控件的介绍了，这个功能用于类似多级数据有效性，特别好用，可以试一试哟。

 **5.2.10** 按钮（CommandButton）控件：你点我，我就按命令执行

按钮是最经常基础的表单控件之一，它的作用一般仅限于附加一个宏过程，而在显示网页或者程序中经常接触到的按钮则是一种 ActiveX 控件，它用于执行一段内置其中的代码过程。

按钮（CommandButton）控件用于启动、结束或中断一项操作或一系列操作。

💬 无言：以上就是CommandButton控件的作用说明，实际上按钮最经常用的就是启动（执行）一段操作，其Caption属性是经常用的属性，用于设置按钮的文本显示内容，如图 5-51 所示。

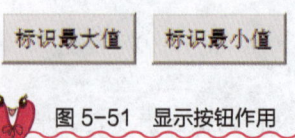

图 5-51　显示按钮作用

从上面的各 ActiveX 控件的学习中，了解到每个控件都拥有自己的默认事件：CommandButton 控件的默认事件是 Click 事件；命令按钮的 Click 事件所指定的宏或事件过程决定了命令按钮可以完成什么操作。例如，可以创建能够打开另一个窗体的命令按钮、在命令按钮上可以显示文本或图片或者二者同时显示。

💬 无言：现在利用Click事件，并配合工作表上H1:I2区域的最大和最小值，将A4:E13区域内符合的单元格进行标识（涂色），如代码5-30所示。

代码 5-30　依据最大值标识指定区域的对应单元格

```
001|    Private Sub CommandButton1_Click()
002|        Dim Maxs As Double, Bs_Rng As Range, Rng_F As Range, Uin_Rng As Range
003|        Maxs = Range("I1")
004|        Set Bs_Rng = Range("A4").CurrentRegion
005|        Bs_Rng.Interior.ColorIndex = XlColorIndexNone
006|        For Each Rng_F In Bs_Rng
007|            If Rng_F = Maxs Then
008|                If Uin_Rng Is Nothing Then
009|                    Set Uin_Rng = Rng_F
010|                Else
011|                    Set Uin_Rng = Application.Union(Uin_Rng, Rng_F)
012|                End If
013|            End If
014|        Next
015|        Uin_Rng.Interior.ColorIndex = 19
016|    End Sub
```

代码 5-30 示例过程中利用 Click 事件标识满足 I1 单元格的最大值的单元格。首先将 I1 单元格的值赋值给 Maxs 变量，并将 A4:E13 区域赋值给 Bs_Rng 对象作为标识区域，且将该区域的底色设置为无；接着使用 Rng_F 对象循环，在 Bs_Rng 区域循环满足 Maxs 变量的单元格并加入 Uin_Rng 对象变量中；最后根据 Uin_Rng 变量中的单元格一次性涂色。

💬 无言：代码 5-31 与上一段事件过程基本相似，只是通过Excel的Min函数先获得区域中的最小值，并通过该代码获取对应单元格并进行涂色。

代码 5-31 依据最小值标识指定区域的对应单元格

```
001|    Private Sub CommandButton2_Click()
002|        Dim Mins As Double, Bs_Rng As Range, Rng_F As Range, Uin_Rng As Range
003|        Mins = Range("I2")
004|        Set Bs_Rng = Range("A4").CurrentRegion
005|        Bs_Rng.Interior.ColorIndex = XlColorIndexNone
006|        For Each Rng_F In Bs_Rng
007|            If Rng_F = Mins Then
008|                If Uin_Rng Is Nothing Then
009|                    Set Uin_Rng = Rng_F
010|                Else
011|                    Set Uin_Rng = Application.Union(Uin_Rng, Rng_F)
012|                End If
013|            End If
014|        Next
015|        Uin_Rng.Interior.ColorIndex = 40
016|    End Sub
```

ActiveX 控件 CommandButton 与表单 CommandButton 的最大差别——ActiveX 按钮可以拥有自己的过程，而表单控件只能附加其他对象中编写的宏或过程；ActiveX 按钮可以自由设置字体、字号、颜色及背景图片等。

> 无言：这里利用按钮、切换按钮及标签3个控件来制作一个简单的摇奖功能，摇奖前和摇奖后的效果分别如图5-52和图5-53所示。

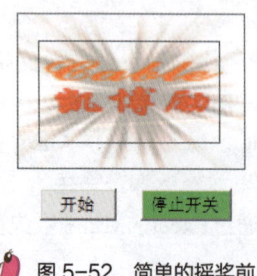

图 5-52 简单的摇奖前

图 5-53 简单的摇奖后

具体过程如 5-32 所示。

代码 5-32　简单的摇奖

```
001|     Rem 摇奖启动按钮
002|     Private Sub CommandButton1_Click()
003|         Dim i As Integer, Tem_Str As String
004|         CommandButton1.Caption = "摇奖中"
005|         With Label1
006|             .Caption = ""
007|             .Font.Size = 70
008|             .Font.Bold = True
009|             .ForeColor = vbRed
010|             .TextAlign = fmTextAlignCenter
011|             Do
012|                 DoEvents
013|                 Tem_Str = Round(Rnd * 140, 0) + 1
014|                 .Caption = Tem_Str
015|                 If ToggleButton1.Value = True Then .Caption = Tem_Str: Exit Do
016|             Loop
017|             MsgBox "中间号码为：" & Tem_Str
018|         End With
019|     End Sub
020|
021|     Rem 停止摇奖
022|     Private Sub ToggleButton1_Click()
023|         With ToggleButton1
024|             If .Value = True Then
025|                 .Caption = "停止摇奖"
026|                 .BackColor = vbRed
027|                 CommandButton1.Caption = "开始"
028|             Else
029|                 .Caption = "停止开关"
```

```
030|                    .BackColor = vbGreen
031|              End If
032|          End With
033|      End Sub
```

代码 5-32 中采用 2 个控件的 Click 事件来配合摇奖功能。

（1）CommandButton1.Click 事件过程：首先当单击按钮后修改其 Caption 属性字符为"摇奖中"，接着设置标签 1 的 Caption 为空文本及其字体的相关设置；接着采用 Do 循环，该循环没有具体的退出条件，循环中的 DoEvents 的作用是让用户可以随时单击其他控件或位置；Tem_Str 通过 Round(Rnd * 140, 0) + 1 语句获得一个在 1~140 的区间之间的数字；.Caption = Tem_Str 语句配合了 Do 循环让标签上出现滚动翻数字的效果；If ToggleButton1.Value = True 语句则用于判断切换按钮的值为 True 则退出 Do 循环，退出前先设置标签的文本，并最后通过 Msgbox 函数提示中间号码。

（2）ToggleButton1.Click 事件过程主要负责根据切换按钮值改变该控件的 Caption 属性设置需要显示的字符及按钮底色——为 True 时将 CommandButton1 的 Caption 属性设置为"开始"字样。

❓ 皮蛋：这个有趣，我也去自己整一个。

💬 无言：嗯，可以有，但是要说明的是，这里因为使用了 Msgbox 函数，会造成一种延迟感，这样标签1的Caption属性将不能达到同步，所以非必要可以将该语句其删除。关于 CommandButton控件的也就这些了。

5.2.11 分组框/框架（Frame）控件：兄弟姐妹们集合了，开团

前面介绍了几种常用的 ActiveX 控件：Label、TextBox、CheckBox、OptionButton、ToggleButton、ListBox、ComboBox、CommandButton，它们各有特点，但是其中 OptionButton 控件由于其具有多个选项按钮存在只能选中（激活）组中的一个，那么要如何做多个不同作用的选项按钮不会因为存在而相互影响呢？

当需要使得多个选项按钮能因需而选，则需要将它们分组组合在一个框架内，此时就需要另外一个控件——分组框（Frame）控件。

分组框（Frame）控件用于创建功能上及视觉上的控件组。

所谓的控件组即概念或逻辑上相关的控件集合。概念上相关的控件通常被看作一个整体，但它们并不一定会互相影响。逻辑上相关的控件相互之间会发生影响。例如，在一组选项按钮中设置某个按钮时，会同时将该按钮组中其他按钮的值设置为 False。

皮蛋：那具体作用是什么呢？

无言：分组框/框架控件就是用来把某一个控件，特别是OptionButton按钮分类分组，才能使得不同功能选项的OptionButton按钮用得其所。

Frame控件分类表单控件和ActiveX控件，图5-54中使用的是表单分组框控件，该控件只对于表单的OptionButton按钮能起到分组作用。对于ActiveX控件的OptionButton按钮则无效，所以用ActiveX控件选项按钮时必需采用ActiveX控件类型的框架（Frame）控件。

ActiveX框架控件不能直接从开发工具的插入组中直接选择，需通过单击图5-55中红色框住的图标弹出的【其他控件】，下拉找到Microsoft Forms 2.0 Frame控件（见图5-56），单击【确定】按钮，就可以将该控件插入到工作表。

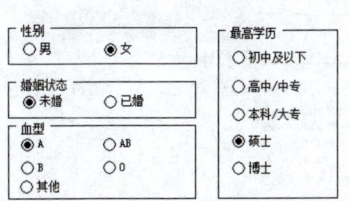 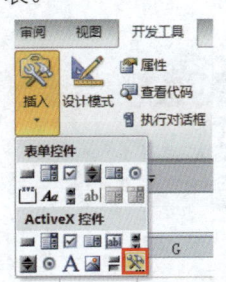 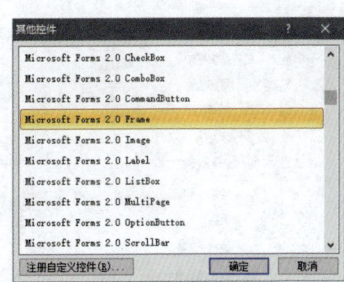

 图5-54　表单分组框控件　　 图5-55　插入其他ActiveX控件　　图5-56　插入框架控件

无言：该方法适用插入任何在系统中注册过的控件，例如WMP、Flash、PS等控件，以丰富功能。

皮蛋：我试试看。言子，不对啊，为什么插入框架控件后再插入ActiveX选项按钮后总是不能组合，那些按钮总是不见了，你看图5-57和图5-58。

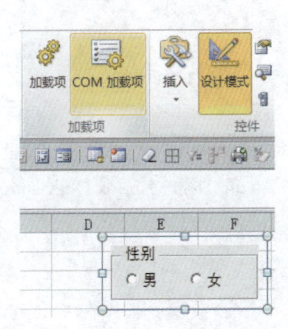

 　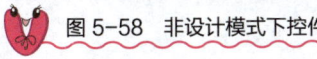

图5-57　设计模式下的控件　　　　图5-58　非设计模式下控件

> 无言：在工作表中使用ActiveX框架控件时，不能直接使用开发功能区的ActiveX控件进行图形组合，而需要在右击控件后弹出的快捷菜单中依次选择【框架对象】→【编辑】命令（如图5-59所示），才能对控件进行编辑操作。

当选择【编辑】命令后将弹出如图5-60所示的【工具箱】窗口，该对话框中包含有所有在工作表上可见的 ActiveX 控件外，还含有多页控件（Pages 和 Tabstrip）和 RefEdit 控件；通过该工具箱可向编辑状态下的控件添加可用的工具。

> 无言：图 5-61所示是向处于编辑状态下的ActiveX框架控件添加2个ActiveX选项按钮——处于编辑状态下的框架控件会出现坐标黑点和斜纹线。

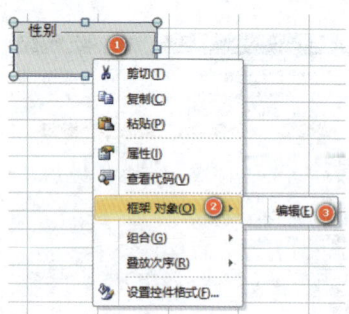 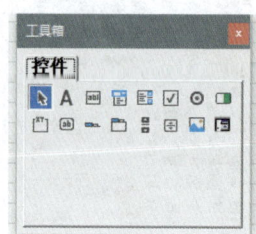 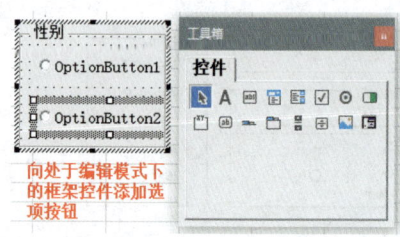

 图 5-59　编辑框架对象　　 图 5-60　ActiveX 控件工具箱　　 图 5-61　编辑状态下添加工具

> 皮蛋：那样添加后就可以修改和显示了吗？
> 无言：必需可以。配合Frame.Click事件被选中的选项按钮的内容，过程如代码5-33所示。

代码 5-33　单击获取框架控件 1 中的选定信息

```
001|    Private Sub Frame1_Click()
002|        Dim i As Long, Obj As Object
003|        For i = 0 To Frame1.Object.Count - 1
004|            Set Obj = Frame1.Object.Item(i)
005|            If TypeName(Obj) = "OptionButton" And Obj = True Then MsgBox Obj.Caption
006|        Next i
007|    End Sub
```

（1）代码 5-33 事件过程中运用了 Frame.Click 事件，当单击框架的任意位置后都将显示框架中选项按钮值为 True 的 Caption 信息，其中 Frame1.Object.Count - 1 语句为统计框架中存在几个控件对象，由于对象中的控件组的下限为 0，所以当统计出来的对象个数为 2 时必需 -1 才是正确的。

（2）在循环中将 Frame1.Object.Item(i) 语句获得的每个控件对象赋值给 Obj 变量，并通过 TypeName(Obj) 语句判断该控件的类型是否为 OptionButton 类型，且其值必需为 True；若满足就通过 Msgbox 函数提示该按钮的信息内容，如图 5-62 所示。

图 5-62 单击获取框架选定信息

皮蛋：那如果有多个框架控件，要如何做呢？不会一个个地右击后选择【查看代码】吧——多累啊！

无言：这个不用，用前面学习到的对象来判断就好了，刚好我也做了一个多框架控件（见图 5-63）。咱们来实战吧，过程如代码5-34所示。

代码 5-34　获取表中框架控件的信息

```
001|    Private Sub CommandButton1_Click()
002|        Dim Sh_Shp As Object, Obj As Object, i As Long, Tem_Str As String
003|        For Each Sh_Shp In Me.Shapes
004|            If Sh_Shp.Name Like "Frame*" Then
005|                With Sh_Shp
006|                    Set Obj = Me.OLEObjects(.Name).Object
007|                    For i = 0 To Obj.Count - 1
008|                        If TypeName(Obj(i)) = "OptionButton" And Obj(i) = True Then _
009|                            Tem_Str = Tem_Str & Obj.Caption & ":" & vbTab & Obj(i).Caption & vbCr
010|                    Next i
```

```
011|            End With
012|          End If
013|       Next Sh_Shp
014|       MsgBox Tem_Str
015|  End Sub
```

代码 5-34 利用 CommandButton 的 Click 事件来获取图 5-63 中所有框架控件的选项按钮中被选中的信息，如图 5-64 所示。

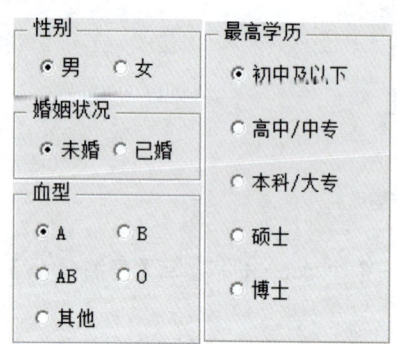
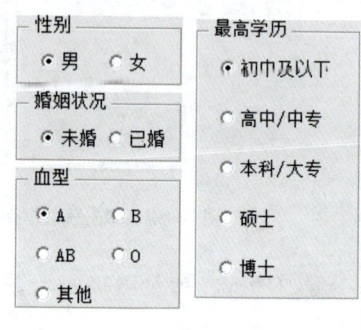
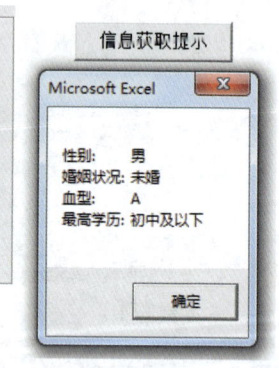

图 5-63 获取多框架选定信息

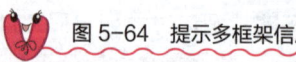
图 5-64 提示多框架信息

（1）首先声明 2 个 Object 对象变量，i 为 long 变量，Tem_Str 为文本变量；接着通过 Sh_Shp 对象循环读取工作表上的所有形状，如果 Sh_Shp.Name 形状类型含有 Frame，则通过 Me.OLEObjects(.Name).Object 语句转换赋值给 Obj 变量（转换为一个可识别的 ActiveX 控件）。

（2）通过 i 循环获取该框架控件中含有多少个其他控件，通过 If TypeName(Obj(i)) = "OptionButton" And Obj(i) = True 语句判断其内置控件的类型是否为选项按钮且值为 True，是则将该框架的 Caption 内容及该选项按钮的 Caption 内容都组合并入 Tem_Str 变量，最终通过 Msgbox 函数提示结果。

无言：至此，关于常用的 ActiveX 控件的告一段落，下一节将简单介绍用户窗体的作用等。

皮蛋：窗体很高大上哦，我没学 VBA 时，经常看到人家的 Excel 利用窗体做了一些登录界面等，很神奇。

5.3 用户窗体的运用

💬 **无言**：嗯，这些都是VBE下插入用户窗体的运用，它不同于工作表上的ActiveX控件，其不能直接插入在工作表上，而只能在VBE编辑器下的【插入】菜单栏内插入编辑。现在就进行用户窗体简单运用的讲解。

什么是用户窗体

由于 VBA 是继承于 Visual Basic 应用程序，并成功地继承了 Visual Basic 的事件驱动模型。该模型中包含可编程的元素，这些元素可被初始化并在窗体上显示。当用户与这些元素进行交互时，又导致引发调用事件处理程序的事件。这在设计上极大拓宽了可以组合的用户界面的丰富程度，并且降低了需要支持它的代码的复杂性。

用户窗体窗口就是在工程中创建的窗口或对话框，可以画出并查看窗体上的控件。如图5-65所示，即为一用户窗体，该窗体通过在其上添加了几类控件并编写了需要的子过程或事件，以满足功能需求。

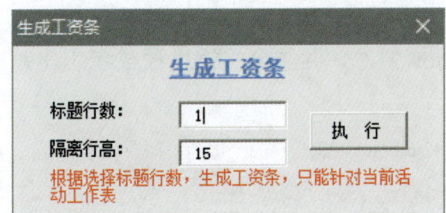

 图 5-65 用户窗体——生成工资条

在设计窗体时，每个窗体窗口都拥有【关闭】按钮；可以查看窗体网格并从【选项】对话框的【标准】选项卡中决定网格的大小；利用【工具箱】中的按钮，在窗体上画出控件。可以从【选项】对话框的【标准】选项卡中设置控件对齐窗体的网格。

💬 **无言**：原来的Visual Basic编程中的窗体都带有【最大化】和【最小化】按钮，但是在VBA中窗体中只剩下【关闭】按钮了。

单击【关闭】按钮相当与卸载当前窗体

5.3.2 如何显示/隐藏/卸载用户窗体

插入窗体，我们当然需要让窗体显示出来，那么要如何让窗体显示/隐藏/卸载。

让窗体显示/隐藏的方法是 Show 和 Hide 方法；而卸载的方法只能使用 Unload 语句。

首先插入窗体后，只能在 VBE 编辑器下通过单击菜单栏内的【运行】命令或者工具栏上的【运行】按钮或者直接按 F5 键才能在调试的环境下显示窗口，如图 5-66 所示。

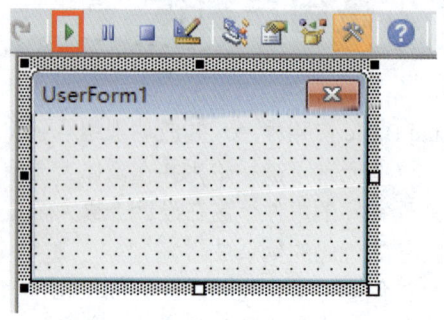

图 5-66　VBE 下运行用户窗体的方式

❓ **皮蛋**：那么要如何才能自动显示窗体呢？

💬 **无言**：使用 UserForm.Show 方法，并结合按钮过程或者工作簿打开事件来运行，先来介绍下 Show 方法。

> UserForm.Show 方法——显示 UserForm 对象
> [object.]Show modal

Show 方法的 Object 对象，本节默认为 UserForm 窗体，在指定窗体对象后使用 Show 方法就可以显示指定对象。

❓ **皮蛋**：modal 参数是干什么用呢？

modal 参数为可选的，其 Boolean 值决定 UserForm 是处于模态还是无模式，如表 5-17 所示。

表 5-17　modal 参数的枚举常数的作用

参数名称	值	作用说明
vbModal	1	UserForm 是模态的，默认的
vbModeless	0	UserForm 是无模式的

- 无言：这里简单说下模态和无模式的简单差别，其中窗体默认为模态。

启用显示该窗体时，我们将不能单击其他窗体，也不能单击 Excel 的单元格或其他功能，窗体将一直保持在最前端，只有关闭该窗体后才能进行其他界面的单击操作。

当使用无模式状态则在显示该窗体的情况，可以单击其他界面，例如 Excel 的单元格或其他功能，而该窗体会由高亮变为灰色，如图 5-67 所示。

- 无言：用户窗体的 Show 比较简单，那么要如何做到自动显示窗体呢，结合事件——打开工作簿时启动如图 5-68 所示的登录界面。

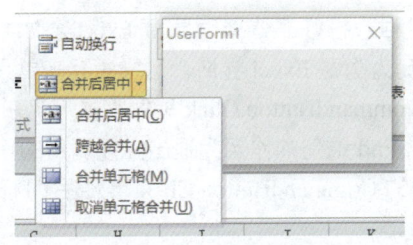
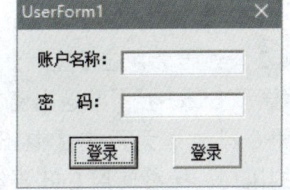

图 5-67 使用无模式的用户窗体

图 5-68 自动启动简易登录界面

具体过程如代码 5-35 所示。

代码 5-35 自动启用登录界面

```
001|    Rem 打开工作簿自动启用用户窗体1
002|    Private Sub Workbook_Open()
003|        Application.Visible = False
004|        UserForm1.Show
005|    End Sub
006|    Rem 窗体按钮事件
007|    Rem 点击登录
008|    Private Sub CommandButton1_Click()
009|        MsgBox "登录成功！"
010|        Application.Visible = True
011|        End '关闭窗体
012|    End Sub
013|
```

```
014|      Rem 退出窗体
015|      Private Sub CommandButton2_Click()
016|          Application.Visible = True
017|          End
018|      End Sub
```

代码 5-35 示例过程中总共有 3 个事件过程。

（1）第 1 段过程为 Workbook.Open 事件过程，打开工作簿时隐藏 Excel 窗体并调用显示指定的用户窗体；Application.Visible = False 语句为隐藏 Excel 界面，这样看起来更具程序感。

（2）第 2 段过程为双击【登录】按钮后的 CommandButton.Click 事件为提示用户登录信息，并在提示后显示 Excel 界面并退出窗体；这里的 End 语句的作用为退出当前调用的用户窗体。

（3）第 3 段过程为双击【退出】按钮后的 CommandButton.Click 事件后同样是先显示 Excel 界面的语句，接着使用 End 语句退出窗体。

上面的示例过程中，最重要的是要将隐藏的 Excel 窗体显示出来；否则，将只能通过其他途径显示；在完成了某些操作之后，可以通过 End 语句关闭窗体或者单击窗体上的【X】按钮关闭都等同于退出该窗体。

Show 方法的 modal 参数无法改变已经打开窗体的模式

💬 无言：说完了显示窗体，那接下来必然是隐藏了。但是此处的隐藏不是平常接触到的 Visible 属性，而是 Hide 方法，先来看看语法。

Hide 方法——隐藏一个对象，但不卸载它
object.Hide

object 代表对象表达式，其值为"应用于"列表中的对象。如果省略掉 object，则把焦点所在的 UserForm 当做 object——不注明对象时，直接隐藏当前代码所在的窗体。

在隐藏一个对象后，它会从屏幕上删除，且将其 Visible 属性设为 False。用户不能访问隐藏对象中的控件。

隐藏一个 UserForm 之后，用户就不能与应用程序交互作用了，直到 UserForm 隐含事件过程代码完成执行为止。

如果在使用 Hide 方法时，尚未装载 UserForm，则 Hide 方法就会装载此 UserForm，但不会显示出来。

💬 无言：Hide 方法会将指定窗体对象从屏幕上删除，且会将其 Visible 属性设为 False，这样被隐藏的窗体及内部控件都将不可访问。

现在先在工作表上插入一个 ActiveX 按钮,并写入单击事件过程用于调用 VBE 中插入 2 个窗体 UserForm2 和 UserForm3,分别添加一个按钮并命名为【调用窗体 2】和【调用窗体 3】,然后再双击窗体后编写各自的单击事件过程,如图 5-69 所示。过程如代码 5-36 所示。

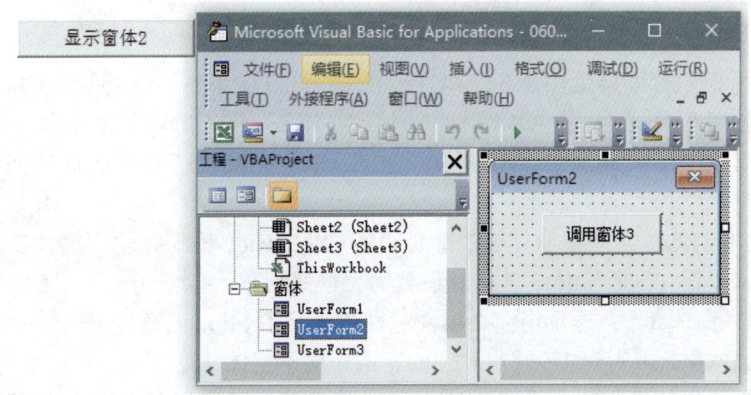

 图 5-69　隐藏 / 调用多个窗体

代码 5-36　隐藏 / 调用多个窗体的示例

```
001|    Rem 工作表ActiveX按钮控件——显示窗体2
002|    Private Sub CommandButton1_Click()
003|        UserForm2.Show
004|    End Sub
005|
006|    Rem 隐藏本窗体2并调用窗体3
007|    Private Sub CommandButton1_Click()
008|        Me.Hide
009|        UserForm3.Show 1
010|    End Sub
011|
012|    Rem 隐藏本窗体3,并显示窗体2
013|    Private Sub CommandButton1_Click()
```

```
014|            Hide
015|            UserForm2.Show
016|      End Sub
```

代码 5-36 示例过程同样运用了 3 个事件过程，但是 3 个事件过程都同为 Click 事件：

（1）首先在工作表上的 AX 按钮（显示窗体 2）的 Click 事件中写入调用窗体的 UserForm2.Show 语句；接着激活 VBE 编辑器并在 UserForm2 和 UserForm3 的按钮上分别写入单击事件。

（2）隐藏本窗体 2 并调用窗体 3 的事件过程中 Me.Hide 语句为隐藏窗体 2 本身，再通过 UserForm3.Show 1 语句显示窗体 3 并将其设置为无模式状态。

（3）隐藏本窗体 3，并显示窗体 2 事件过程中省略了 Me，而直接书写为 Hide，同样达到了隐藏本窗体的作用，并通过 UserForm2.Show 语句显示窗体 2。

当窗体不需要再使用时，可不使用 Hide 方法来隐藏，而采用 Unload 语句将窗体直接从内存删除而非隐藏，其语法及作用如下。

Unload 语句——从内存中删除一个对象
Unload object

❓ **皮蛋**：言子，这里窗体中的 Me 代表了啥意思呢？

💬 **无言**：这里的 Me 代表代码所在窗体本身这个对象，就像在工作表事件中，那个 Me 代表了代码所在工作表本身。

在窗体中 Me 等于窗体本身这个对象

object 参数是必需的，代表对象表达式，其值为"应用于"列表中的对象。

当卸载对象时，就将这个对象从内存中删除，使释放出来的内存空间可再使用。直到用 Load 语句再次将对象放入内存之前，用户都不能与此对象交互作用，且不能用程序操作对象。

💬 **无言**：Unload 语句很简单，就是直接在 Unload 后面书写要删除的对象即可。示例即为卸载指定的对象。

```
Unload Me                '卸载语句所在窗体
Unload UserForm3         '卸载指定窗体
Unload GongziT           '卸载指定名称窗体，GongziT 为已修改的窗体名称
```

💬 **无言**：关于窗体的显示/隐藏/卸载就讲这么多。最常用的还是 Show 方法，如果想在显示窗体时还可以执行其他窗体，只需要该窗体的 modal 参数赋值 0 即可。

5.3.3 用户窗体工具箱的运用

在插入窗体,对其尺寸、Caption、位置等进行设置后,还需要在该窗体上添加前面学到的标签、文本框、复选按钮、列表框等ActiveX控件,这些要怎么添加呢?

与在工作表的插入组中选择需要的控件有点类似,在插入用户窗体后,随即会在窗体旁边弹出一个工具箱窗体,如图5-70所示。

该工具箱上分布着前面学到的多数ActiveX控件,同样只需要轻轻一点,再在窗体单击一下,控件就会出现在窗体上。

此时就可以像在工作表上一样随意移动其坐标位置以及调整其尺寸大小等设置,还可以编写过程;若需要添加其他控件则只需右击工具箱上的任意位置就会弹出另外一个窗体(见图5-71),单击其红色框的【附加控件(A)】即可出现与图5-56一样的界面,并选择需要控件名称单击【确认】按钮就可以添加至工具箱上。

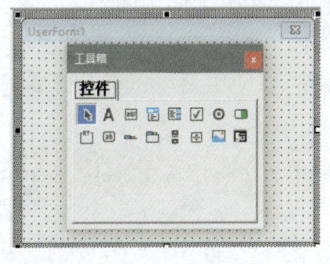

图5-70 窗体的工具箱

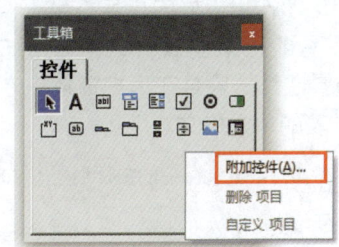

图5-71 添加附加ActiveX控件

同样也可以通过右键任意一个控件,单击弹出窗体上的【删除项目】进行删除操作。

5.3.4 用户窗体下控件的ControlTipText属性

在用户窗体的多数控件中都含有一个ControlTipText属性,该属性的作用及语法如下。

ControlTipText 属性——指定当用户将鼠标指针放在控件上但未按下时所显示的文本
object.ControlTipText [= String]

该属性的作用是当鼠标移动到具有该属性并已赋值的控件，并未激活或单击该控件的情况下将显示其赋值的 String 文本内容。

💬 无言：图 5-72 所示是在属性窗口中设置好控件的提示文本，图 5-73 所示则是运行用户窗体后将光标放置在按钮上浮现已设置的提示文本内容。

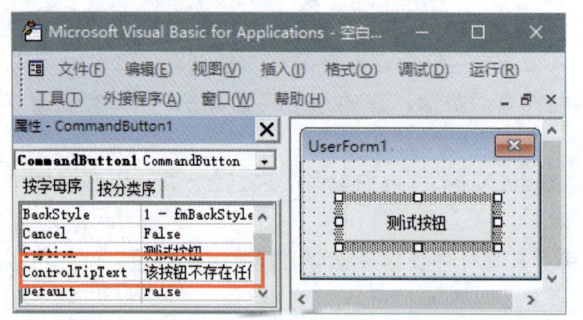
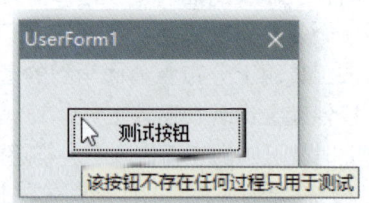

图 5-72　设置控件 ControlTipText 属性提示文本　　图 5-73　鼠标放置在其上的提示

❓ 皮蛋：这个作用挺好的，是不是工作表上的AX控件都没有这个属性呢？

💬 无言：是的，某些属性只有在用户窗体中。例如 ListBox.RowSource 和 ComboBox.RowSource 属性都是只有在用户窗体中才有，作用是引用列表或组合框的数据来源，一般为指定引用工作表的单元格文本地址。

> RowSource 属性接受 Microsoft Excel 的工作表区域时的文本下写法示例 ListBox1.RowSource = "Sheet1!A1:A13"

❓ 皮蛋：这个引用数据的方法也挺方便的。

 **用户窗体的 Initialize 和 Terminate 事件**

💬 无言：是的，挺方便。接着来说说事件。

用户窗体作为一个 Visual Basic 编程原来的主构件，它和其他 AX 控件一样，同样存在着很多事件、属性和方法，现在就来说说用户窗体的 Initialize、Terminate 事件这两个主要事件的运用。

Initialize 事件的作用是发生在加载对象之后、显示对象之前，对窗体内容的设置。例如运行窗体时，如果不设置其他操作，只有单击窗体、列表或者其他按钮才能让某些控件显示需要的信息内容，此时就需要运用 Initialize 事件来完成多个其他控件事件才能完成的设置。

- 无言：这个过程更类似于在准备一顿饭前，买菜、做菜和最后上桌的过程一样。

  例如，现在需要一运行窗体就能设置好窗体背景图片、设置好列表框的数据来源等，或者直接运用该事件创建该窗体上的所有控件及必需要信息内容。

- 无言：咱们先来看下 Initialize 事件过程外壳，代码如下。

```
发生在显示或加载窗体前发生的一切操作
Private Sub UserForm_Initialize()
        Statements( 中间代码语句 )
End Sub
```

- 无言：Initialize 事件过程不具有参数，所以使用的时候只需要写好中间的代码语句就可以。现在利用这个功能来做一个简单的人员调查信息记录界面，并将该人员的信息写入工作表。加载前和加载后的窗体效果分别如图5-74和图5-75所示。

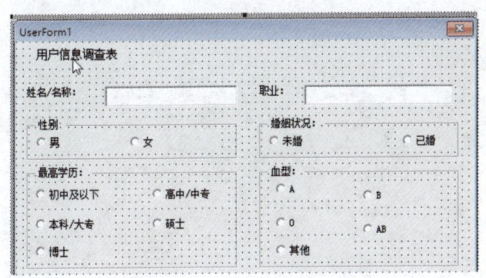

图 5-74 加载前的窗体效果

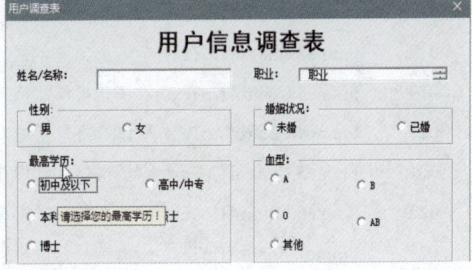

图 5-75 运用 Initialize 加载事件后的效果

首先设计插入调查表的用户窗体及相应控件并调整好控件位置坐标，并将必需的信息内容（Caption）设置完善，如图 5-74 的效果；接着在用户窗体上右击并选择【查看代码】选项后转入窗体的代码窗口，此时会出现一个默认的窗体单击事件过程。

此时选择事件栏内 Initialize 字样后，VBE 会自动给予写入完整的 Initialize 加载事件过程外壳，接着在外壳过程中间写入如代码 5-37 所示代码。

代码 5-37　加载显示前设置用户窗体的部分控件的属性

```
001|    Private Sub UserForm_Initialize()
002|        Me.Caption = "用户调查表"
003|        With Label1
004|            .Caption = "用户信息调查表"
005|            .Font.Name = "黑体"
```

```
006|        .Font.Size = 20
007|        .Font.Bold = True
008|        .Top = 8
009|        .Width = Me.Width - 20
010|        .AutoSize = True          '自动调整尺寸
011|        .Left = (Me.Width - .Width) / 2 '
012|    End With
013|    With ListBox1
014|        .ControlTipText = "请选择你的职业，滚动对应职业时请双击确认！"
015|        .RowSource = "Sheet1!E1:E20"
016|    End With
017|    Frame1.ControlTipText = "请选择您的性别！"
018|    Frame2.ControlTipText = "请选择您的最高学历！"
019|    Frame3.ControlTipText = "请选择您的喜欢的音乐风格，可多选！"
020|    Frame4.ControlTipText = "请选择您的喜欢的电影类型，可多选！"
021|    Frame5.ControlTipText = "请选择您的婚姻状态！"
022|    Frame6.ControlTipText = "请选择您的血型！"
023|    Frame7.ControlTipText = "请选择您的喜欢的运动类型，可多选！"
024|    Frame8.ControlTipText = "请选择您的喜欢的小说类型，可多选！"
025|    With TextBox1
026|        .ControlTipText = "请输入您的姓名或昵称！该项最大字符长度不超16个字符！"
027|        .MaxLength = 16          '限制昵称字符最大数
028|    End With
029|    With TextBox2
030|        .ControlTipText = "请输入您的其他想说的！"
031|        .MultiLine = True         '显示多行
032|        .ScrollBars = 2           '多行时拥有垂直的滚动条
033|    End With
034| End Sub
```

代码 5-37 加载事件过程中通过显示 UserForm1 前进行了如下设置。

（1）设置了窗体的 Caption 属性为要显示的字符；接着设置 Label1 的 Font 对象的相关属

性（字体名称、字号、加粗），再设置标签1的顶端位置和标签的宽度，并设置AutoSize属性为自动适应文本多少；.Left = (Me.Width - .Width) / 2 语句为获取窗体的宽度减去标签1的宽度后除以2，以获取标签1靠左的坐标位置，该位置刚好使得标签1的位置处于窗体的中间位置。

（2）设置ListBox（职业信息列表）的ControlTipText属性（提示信息）及RowSource（引用的数据的具体信息），显示时立马加载列表框的信息。

（3）设置几个框架控件的ControlTipText对应提示信息内容；最后设置2个TextBox控件的信息提示——其中TextBox1.MaxLength属性设置为显示最多输入字符数为16个；而TextBox2则设置了其他MultiLine属性可显示多行，并且增加ScrollBars的垂直滚动条的属性设置。

💬 **无言**：单击运行窗体后效果如图5-75所示。

❓ **皮蛋**：我嘞，挺高大上的啊，不错不错。

这是运用了Initialize加载事件的作用，某些数据或设置必需在显示前进行加载设置的时候就可以运用该事件。

❓ **皮蛋**：那这个窗体上的数据选择完后，我要如何导出呢，你这个可没有按钮来执行啊？

💬 **无言**：这里介绍用Terminate事件来导出。

关闭或卸载窗体后发生的操作
Private Sub UserForm_Terminate ()
　　　　Statements(中间代码语句)
End Sub

Terminate事件将所有引用对象的变量设置成Nothing，从而删除对象示例的所有引用，或者对象的最后一个引用超出范围，在这两种情况下都会发生此事件。

Terminate事件发生在卸载对象之后。如果由于应用程序不正常退出而从内存中删除UserForm的示例或类，则不会触发Terminate事件。

例如，如果从内存中删除类的所有示例或UserForm之前，应用程序调用了End语句，则该类或UserForm并不会触发Terminate事件。

💬 **无言**：该事件是发生在窗体卸载或者说关闭后才执行的一个事件过程，运用Terminate事件把调查表的选择信息写入指定的工作表内，而不一定需要通过按钮等其他控件来完成该操作，具体过程如代码5-38所示。

代码 5-38　在卸载/关闭前将数据写入指定工作表

```
001|    Private Sub UserForm_Terminate()
002|        Dim Xm As String, Xb As String, Hy As String, Zgxl As String, Xx As String
003|        Dim Yy As String, Yd As String, Xs As String, Dy As String, Qt As String
```

```
004|    Dim Zy As String, i As Byte, Cous As Byte, Row_s As Long
005|    Rem 获取姓名信息
006|    Xm = IIf(Trim(TextBox1.Text) = "", "未输入", TextBox1.Text)
007|    Rem 获取性别信息
008|    For i = 0 To Frame1.Controls.Count - 1
009|        If Frame1.Controls(i).Value = True Then
010|            Xb = Frame1.Controls(i).Caption
011|        Else
012|            Xb = "未选"
013|        End If
014|    Next i
015|    Rem 获取学历信息
016|    For i = 0 To Frame2.Controls.Count - 1
017|        If Frame2.Controls(i).Value = True Then
018|            Zgxl = Frame2.Controls(i).Caption
019|        Else
020|            Zgxl = "未选"
021|        End If
022|    Next i
023|    Rem 获取婚姻信息
024|    For i = 0 To Frame5.Controls.Count - 1
025|        If Frame5.Controls(i).Value = True Then
026|            Hy = Frame5.Controls(i).Caption
027|        Else
028|            Hy = "未选"
029|        End If
030|    Next i
031|    Rem 获取血型信息
032|    For i = 0 To Frame6.Controls.Count - 1
033|        If Frame6.Controls(i).Value = True Then
034|            Xx = Frame6.Controls(i).Caption
035|        Else
```

```
036|            Xx = "未选"
037|         End If
038|      Next i
039|   Rem 获取音乐风格
040|   For i = 0 To Frame3.Controls.Count - 1
041|      If Frame3.Controls(i).Value = True Then
042|         Cous = 1
043|         Yy = Yy & Frame3.Controls(i).Caption & " "
044|      End If
045|   Next i
046|   Yy = IIf(Cous = 0, "未选", Yy)
047|   Cous = 0    '归零
048|   Rem 获取运动项目
049|   For i = 0 To Frame7.Controls.Count - 1
050|      If Frame7.Controls(i).Value = True Then
051|         Cous = 1
052|         Yd = Yd & Frame7.Controls(i).Caption & " "
053|      End If
054|   Next i
055|   Yd = IIf(Cous = 0, "未选", Yd)
056|   Cous = 0    '归零
057|   Rem 获取小说类型
058|   For i = 0 To Frame8.Controls.Count - 1
059|      If Frame8.Controls(i).Value = True Then
060|         Cous = 1
061|         Xs = Xs & Frame8.Controls(i).Caption & " "
062|      End If
063|   Next i
064|   Xs = IIf(Cous = 0, "未选", Xs)
065|   Cous = 0    '归零
066|   Rem 获取电影类型
067|   For i = 0 To Frame4.Controls.Count - 1
```

```
068|        If Frame4.Controls(i).Value = True Then
069|            Cous = 1
070|            Dy = Dy & Frame4.Controls(i).Caption & " "
071|        End If
072|    Next i
073|    Dy = IIf(Cous = 0, "未选", Dy)
074|    Rem 获取其他文本框内容
075|    Qt = IIf(Trim(TextBox2) = "", "", TextBox2.Text)
076|    Rem 获取职业信息
077|    For i = 0 To ListBox1.ListCount - 1
078|        If ListBox1.Selected(i) Then Zy = ListBox1.List(i): Cous = 1
079|    Next i
080|    Zy = IIf(Cous = 0, "未选", Zy)
081|    Rem 将以上信息卸载前写入Sheet2中,对应写入
082|    With Sheet2
083|        Row_s = .Cells(Rows.Count, 1).End(XlUp).Row
084|        .Cells(Row_s + 1, 1) = Row_s '写入序列号
085|        .Cells(Row_s + 1, 2) = Trim(Xm)
086|        .Cells(Row_s + 1, 3) = Xb
087|        .Cells(Row_s + 1, 4) = Hy
088|        .Cells(Row_s + 1, 5) = Zgxl
089|        .Cells(Row_s + 1, 6) = Xx
090|        .Cells(Row_s + 1, 7) = Trim(Yy)
091|        .Cells(Row_s + 1, 8) = Trim(Yd)
092|        .Cells(Row_s + 1, 9) = Trim(Xs)
093|        .Cells(Row_s + 1, 10) = Trim(Dy)
094|        .Cells(Row_s + 1, 11) = Qt
095|        .Cells(1).Resize(Row_s + 1, 11).Borders.LineStyle = 1
096|    End With
097| End Sub
```

（1）代码5-38事件过程中，首先定义了多个存储指定内容的文本变量和其他3个不同类型的变量，i用于循环框架控件中的控件个数循环，Cous是用于确认控件中项是否有选中，

Row_s则是用于统计Sheet2表中的已用行数。

（2）定义变量后首先通过Xm变量记录TextBox1中的内容，并通过Iif函数判断是否为空文本内容；接着通过在框架1（性别）中循环获取两个控件是否被选中，若被选中则把Caption属性值赋值给Xb变量，没有则统一写入为"未选"字样（后面的都同样设置）；其他几个框架控件的都是通过同样的循环和判断来获取对应的信息——选项按钮则都是通过唯一判断写入对应变量，而复选框按钮则通过Value的True来获取选中的按钮的Caption属性都并入对应的变量中。

（3）最后统一将Xm（姓名/昵称）、Xb（性别）、Hy（婚姻）、Zgxl（学历）、Xx（血型）、Zy（职业）、Yy（音乐）、Yd（运动）、Xs（小说）、Dy（电影）、Qt（其他）都能对应的变量内容写入到Sheet2表中；通过Cells(Rows.Count, 1).End(XlUp).Row语句获取表中已使用的行数并将其赋值给Row_s变量，并将该该变量代入Cells的第1个行参数，列参数则从1~11顺序写入；对应单元格的赋值按标题和变量名称对应；最后在设置使用区域的边框线。

💬 无言：每次输入完成后，都只需关闭窗体即可将内容写入到工作表中了，其前后效果分别如图5-76和图5-77所示。

❓ 皮蛋：哦，两个事件过程配合起来"天衣无缝"啊！

💬 无言：上面的Terminate事件过程只是为了举例而做的，平时还通过按钮命令过程来执行对数据的写入或清空等操作。关于Excel的VBA中形状（图片）、图表控件、ActiveX控件及窗体的简单运用就介绍这么多了。

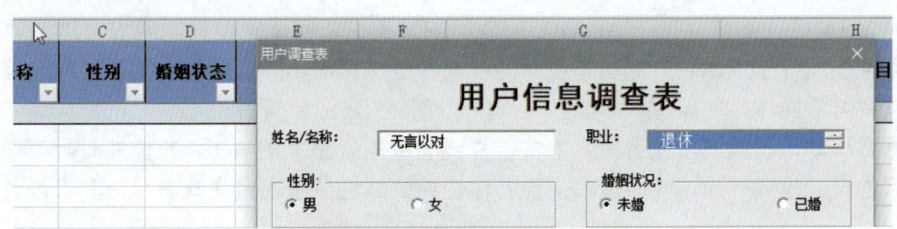

图5-76 关闭前的效果

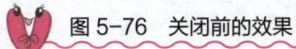

图5-77 关闭后自动写入的效果

> ❓ **皮蛋**：好像这个只能在VBE编辑器上启动，是不是应该加个按钮事件来启用这个调查表窗体？
>
> 💬 **无言**：完全可以啊，用一个简单的按钮单击事件即可搞定，如代码5-39所示。

代码 5-39　启用调查表窗体按钮单击事件

```
001|    Private Sub CommandButton1_Click()
002|        UserForm1.Show 0
003|    End Sub
```

5.4　小结

　　对于形状（图片）的运用，只需确定 Shape 的具体对象类型，再依据该对象的方法 / 属性来操作就能达到事半功倍；而对于表单控件则很多简单，其作用的对象主要还是以单元格数字的写入为主。

　　使用 VBA 控件的重点在于 ActiveX 控件类的运用：如何设置控件的属性，这些属性有什么作用；某些属性在工作表上保留是没有的，而哪些是保留用户窗体具有的；如何合理运用每个控件具有方法操作，例如写入具体列表清单、清除列表清单等。

　　当需要移动、设置属性或者写入事件过程或者编辑表格上的 ActiveX 控件时，都必需将开发功能区的设计模式开启，并通过右击查看该控件的属性或者通过【查看代码】来设置和写入中间代码。

　　每个 ActiveX 控件都拥有自己的默认事件和属性，合理利用这些默认来节省代码，并合理利用控件的事件来完成需要的载入、删除、选取的一系列操作。某些控件的属性的赋值或者设置只能通过代码过程进行设置。

　　当使用用户窗体时，Me 代表的窗体本身这个对象，而每一个框架控件内部的控件都可以通过其内部循环来获取，同样可以通过 object.Controls 多控件组合的循环来获取每个控件的相关属性要素。例如获取窗体中每一个控件、多页控件、框架控件等都可以通过此获取。

　　使用用户窗体的好处：比在工作表输入能更加直观，也能限制用户的某些不合格操作，并能通过控件的某些事件来控制用户的输入信息。